普通高等教育测控技术与仪器专业系列教材

智能检测技术

主　编　王　伟

副主编　宋正河　徐　云

参　编　褚　璇　赵　昕　魏超杰

U0191182

机 械 工 业 出 版 社

本书旨在介绍当前先进的智能检测技术方法。全书共分四部分，第一部分即绪论，指出智能检测技术的核心问题："先进感知"和"智能信息处理"技术。第二部分即第2章，讲述多变量数据统计分析与人工智能算法，主要包括主成分分析、回归分析、分类与判别分析等常用的多变量数据统计分析方法，又简述了ANNs、SVM等机器学习和深度学习算法，并附上Matlab实例代码供参考。第三部分包括第3~7章，从对眼、耳、口、鼻、触的仿生传感技术角度，对应阐述光学与图像检测、声学传感与声发射检测、电化学与生物传感器、气敏传感与电子鼻技术，以及能感知对象内部成分的近红外光谱和高光谱成像等先进传感技术。第四部分即第8章，讲述多传感器信息融合以及大数据与云计算技术。

本书可作为机械电子、自动化、仪器、电子信息等专业的本科生教材，也可供相关领域工程技术人员参考。

图书在版编目（CIP）数据

智能检测技术/王伟主编 . —北京：机械工业出版社，2021. 12

普通高等教育测控技术与仪器专业系列教材

ISBN 978-7-111- 69847-0

Ⅰ.①智…　Ⅱ.①王…　Ⅲ.①自动检测系统—高等学校—教材　Ⅳ.①TP274

中国版本图书馆 CIP 数据核字（2021）第 253226 号

机械工业出版社（北京市百万庄大街 22 号　邮政编码 100037）
策划编辑：王雅新　责任编辑：王雅新　安桂芳
责任校对：张　征　王明欣　封面设计：陈　沛
责任印制：郜　敏
北京盛通商印快线网络科技有限公司印刷
2022 年 3 月第 1 版第 1 次印刷
184mm×260mm · 17. 75 印张 · 438 千字
标准书号：ISBN 978-7-111-69847-0
定价：59. 00 元

电话服务

网络服务

客服电话：010-88361066

机　工　官　网：www. cmpbook. com

010-88379833

机　工　官　博：weibo. com/cmp1952

010-68326294

金　书　网：www. golden-book. com

封底无防伪标均为盗版

机工教育服务网：www. cmpedu. com

前　言

　　"智能检测技术"课程涉及的内容新、领域宽、学科交叉性强。本书的目标是让学生了解当前各类先进检测技术及其发展动态。什么是"智能检测技术"？本书结合传统对"智能"的定义，即所谓智能是指一种随外界条件的变化（自适应）正确地进行感知、分析推理、判断并决策的能力。绪论即第 1 章以当前先进的智能仿人机器人和无人驾驶汽车技术为例，指出智能检测技术主要包含能对外部环境有感知能力的先进或智能型传感器；和能实现"记忆-推理-决策"能力的人工智能算法或软件模型。

　　传统检测技术的核心也是传感器，当前最智能的传感器莫过于人类的五官，眼、耳、口、鼻、身（触）是人基于内心感知外界事物之途径。因此，本书第 3~7 章分别从代表视觉、听觉、味觉、嗅觉的眼、耳、口、鼻的仿生传感器模块入手，分别对应阐述光栅光纤与图像检测、声学传感与声发射检测、电化学与生物传感器、气敏传感器与电子鼻技术，以及能够感知对象内部成分的近红外光谱与高光谱成像技术。考虑到工科学生除学习了有限的工程数学课程外，尚缺乏对实际问题的基本数据处理、多源数据统计分析的系统学习和训练，因此设计了第 2 章作为理论基础部分，包括主成分分析、回归分析、分类与判别分析等常规多变量数据统计分析方法，同时简要阐述了人工神经网络、支持向量机等机器学习和深度学习方法，并附上 Matlab 实例代码供学习参考。第 8 章简要介绍多传感器信息融合技术和大数据、云计算技术。

　　本书是在编者所承担《智能检测技术》课程讲义基础上，经多次修订和加工完善逐步形成的。全书由王伟教授负责统稿、修订和定稿，各章执笔人如下：第 1 章，王伟；第 2、6 章，王伟、赵昕、宋正河、徐云；第 3 章，宋正河、王伟；第 4 章，王伟、魏超杰；第 5、7 章，王伟、褚璇、徐云；第 8 章，徐云、魏超杰。

　　作为以传播知识为目标的教材，本书形成过程中参考了诸多著作和网络资源，在此对相应作者的辛勤付出一并表示诚挚的感谢。本书的出版得到"十三五"国家重点研发计划项目（2018YFC1603500）和国家自然科学基金面上项目（31772062）的大力支持。科技的发展日新月异，智能检测技术也在持续不断地向前发展，加之编者水平有限，定有疏漏之处，恳请读者不吝赐教，对本书提出宝贵意见和建议。

编　者

目　录

第 1 章

绪　论

21 世纪是高度信息化的时代。信息可以反映事物和现象的属性，并通过一定形式的信号表现出来。要达到了解和掌握事物、现象的属性，就需要检测信号，并对其进行各种处理和分析，定性、定量地认识和改造世界。在对照常规检测技术的基础上，本章以当前最先进的仿人机器人和自动驾驶汽车为例，通过阐述智能检测技术的定义、组成和特点，给出本书的架构体系与所涵盖的知识内容。

1.1　检测技术与传感器

检测是检查和测量的总称。在工业实际生产和科学实验中，对描述被测对象特征的某些参数进行必要的检测，以达到及时了解工艺和生产过程情况的目的，同时要获得其某些参数的准确信息，达到对被测对象定性判别和定量分析的目的。

检测技术指工业、农业生产、科学实验乃至日常生活中，对一些参数的测量技术。检测技术也称非电量的电测技术，它是工业、农业自动化的一个重要组成部分。

检测系统相当于人类的五官，是智能设备的重要组成部分之一。五官将其感知到的外界信息反馈给大脑，大脑相当于设备的控制系统，大脑做出判断使四肢做出回应，而人体的四肢则类似于设备的执行机构。一台完整的设备能否按设计要求完成预定任务，首先取决于检测系统的精度和可靠性。

传感器相当于人类五官的延长，故通常被称为电五官，是获取信息的源头，以传感器为核心的检测系统就像人的神经和感官一样，源源不断地向人类提供外部环境的种种信息，成为人们认识世界、改造世界的有力工具。如图 1-1 所示，传感器早已在各大生产领域应用，

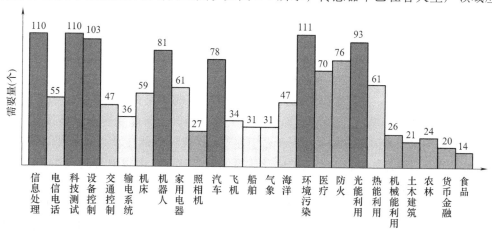

图 1-1　传感器的主要应用

如信息处理、电信电话、科技测试、设备控制、交通控制、甚至货币金融等极其广泛的领域。上到茫茫太空，下到浩瀚海洋，现代化的工业生产与应用中，都离不开各种各样的传感器，毫不夸张地说，没有传感器就没有现代科学技术。生活中最常见的全自动洗衣机就包括多种类型的传感器，如水温传感器、衣物重量传感器、液位传感器、浊度（洗净度）传感器、电阻传感器（衣物烘干检测）以及水质和衣质传感器等。

本科生对常规传感技术并不陌生，例如，从实现原理分类的角度来看，包括电阻式、电容式、电磁式、磁电式、压电式、半导体式、光电式和数字式等各种各样的传感器。因此，在传感器方面，本书结合对"智能检测技术"定义的剖析以及当前人工智能技术的发展趋势，着重阐述仿人类五官的先进智能化传感技术，对所涉及的常规传感技术仅作简要描述。

1.2　智能的基本概念

1.2.1　何谓智能

智能是智力和能力的总称，中国古代思想家一般把"智"与"能"看作是两个相对独立的概念。其中，"智"指进行认知活动的某些心理特点，"能"则指进行实际活动的某些心理特点。也有不少思想家把二者结合起来作为一个整体看待。东汉王充把"人才"和"智能之士"相提并论，认为人才就是具有一定智能水平的人，其实质在于把"智"与"能"结合起来作为考察人的标志。

智能一般被认为是"知识"和"智力"的总和，前者是智能的基础，后者是指获取和运用知识求解的能力。针对这种仅在操作层面并未揭示智力全貌和本质的狭隘定义，从20世纪70年代开始，研究者们从心理学不同领域对智力概念进行重新检验，耶鲁大学心理学家罗伯特·斯滕伯格（Robert Sternberg）所提出的三元智力理论（分析性智力、创造性智力和实践性智力）最具影响力。而20世纪80年代，哈佛大学认知心理学家加德纳则认为，以往的智力概念过于狭隘，不能正确反映一个人真实的水平与能力，他提出的多元智能理论认为，人的智力应该使用以衡量其解题能力（ability to solve problems）的指标来量度。根据这个定义，他在《心智的架构》（frames of mind, gardner, 1983）这本书里提出，将人类的智能（intelligence）分为七个范畴（后来增加至九个）：逻辑—数理智能（logical/mathematical intelligence）、语言智能（verbal/linguistic intelligence）、空间智能（visual/spatial intelligence）、音乐智能（musical/rhythmic intelligence）、身体-运动智能（bodily/kinesthetic intelligence）、内省智能（intra-personal/introspective intelligence）、人际交往智能（inter-personal/social intelligence）及自然探索或自然认知智能（naturalist intelligence）。

2016年初，李世石与Alpha Go的人机围棋大战，使人工智能受到全世界瞩目，各国政府纷纷提出人工智能发展研究相关计划，希望在新一轮人工智能技术竞争中取得先机。经过多年的人工智能研究，如今在业界内被广泛认可的人工智能主要发展方向包括：运算智能、感知智能和认知智能。

运算智能，即快速计算和记忆存储能力。人工智能涉及的领域包含计算机视觉、机器学习、自然语言处理和语音识别等，这些技术的发展是不均衡的。现阶段运算能力和存储能力方面计算机比人有明显的优势。1996年，国际象棋冠军卡斯帕罗夫被深蓝计算机打败，表明人类在强运算型比赛方面已无法战胜机器。

感知智能，即听觉、视觉和触觉等感知能力。人类和动物通过各种感知器官都能与自然界进行强有力的交互。自动驾驶汽车，即是通过激光雷达和图像传感器等感知设备配合人工智能算法来实现智能感知。与人类相比，机器在感知外部世界方面可以变被动为主动，从这个角度来看，机器要强于被动感知的人类。

认知智能，即理解、思考能力。人类和其他生物的根本区别在于：人类可以吸收外界信息，将其转化为知识，再消化吸收成为智慧，进而能改造世界。《三字经》中提到：人之初，性本善，性相近，习相远，说明人与人的差别也在于对知识的获取、消化、吸收和应用能力。

综合上述，智能是一种随外界条件的变化正确（自适应）地进行感知、分析推理、判断并做出相应决策的能力。生活中不乏各种各样的智能案例，例如，炎热的夏天，人们下班推开家门，几秒钟后空调会自动开启；而当家里来了很多客人时，空调会自动调节制冷量，使房间始终保持舒适的温度；当离家后，如果忘关空调，也不必担心，它会自动关闭。甚至空调会根据所记忆的主人通常回家的时间和倾向的温度和风量等，提早开启，进入合适的设置下运行，这种空调就是智能空调。

1.2.2 人工智能与自动化的区别

自动化是基础学科的一种，通常来讲，自动化是指在没有人或者少量人参与的情况下，机器能够自动地完成其相应的检测、判断和基本操作控制，而自动化仅仅是机械性的重复工作，并无人脑的智慧参与，能够帮助人类完成重复、危险与疲劳的工作，但是缺乏智能性。

人工智能（artificial intelligence，AI）是模拟人类的意识和思维的过程，不是对人类智能的简单模拟或复制，而是要像人类那样思考并试图超越人类的智能。也就是说，人工智能企图了解智能的实质，并生产出一种新的能以与人类智能相似（或表象、结果相似而策略全新）的方式做出反应的智能机器。正如人工智能领域的巨擘明斯基（Minsky）所坚信的，人的思维过程可用机器去模拟，使得机器也有智能，他指出"大脑无非是肉做的机器而已"。可以设想，未来人工智能带来的科技产品，将不会只是人类智慧的"容器"。人工智能的目标不仅仅是追求"像"人，而是以人的能力为目标，试图经过学习和革新以实现辅助和服务，甚至超越和代替人。换言之，人工智能为了在具有特定规则的象棋比赛中实现赢的目标，除了学习人类，利用计算机强大的存储和计算能力，也可以采取与人不同的思维方式、模式或策略战胜人类。目前包括自动驾驶汽车、机器人、图像和语音识别、自然语言处理，以及专家系统等均属于人工智能领域的范畴。

1.3 智能检测的基本概念

1.3.1 智能检测技术的层次

（1）初级智能化检测　即将传统检测方法与微处理器、微控制器或计算机进行结合，实现检测的方法，其主要特征和功能如下：

1）数据自动采集、存储与记录。

2）利用计算机数据处理功能，实现如中值滤波等简单的数据处理。

3）采用按键、操纵盒或面板输入各种常数、参数或控制信息。

（2）中级智能化检测　目前大部分智能仪器或检测系统属于该层次。即检测系统或仪器具有部分自治功能，包括：自校正、自补偿、量程自动转换、自诊断和自学习功能，可以自动进行极限值判断、逻辑操作和程序控制等功能。

（3）高级智能化检测　即利用人工智能原理和方法改善传统检测方法，将检测技术与人工智能原理相结合，其主要特征和功能如下：

1）知识处理功能。可利用各领域经验或知识，并通过人工神经网络、专家系统，解决检测中的问题，具有特征提取、自动识别、冲突消解和决策能力。

2）多源数据融合和多维检测功能。可实现检测系统的高度集成化，并通过环境因数补偿提高检测精度。

3）具有动态过程参数预测能力，可自动调整增益与偏置量，实现自适应检测。

4）具有网络通信和远程控制功能，可实现分布式测控功能。

5）具有视觉、听觉、嗅觉和味觉等类似人五官的高级检测功能。

1.3.2　智能检测的特点

智能检测解决了传统检测理论与技术难以解决的复杂系统的检测问题，其基本特点如下：

1）被检测对象具有不确定性、高度非线性，检测需求复杂，多参数综合检测需要实时性和准确性。

2）学习功能、适应功能、组织功能及多源信息处理和检测功能智能化。

1.3.3　检测与控制技术发展过程的简单回顾

检测与控制技术发展过程大致可分为三个阶段：第一阶段是常规目视观测信息结合手动调整的人工控制；第二阶段是以机械、电子和光学机械式自动仪表检测为核心的自调节控制；第三阶段是以运行先进自适应算法的微控制器（微处理器）作为核心反馈检测器的现代自动检测控制，例如，石油化工行业最典型的过程控制，由人工控制向常规仪表控制的变化，如图 1-2 所示。

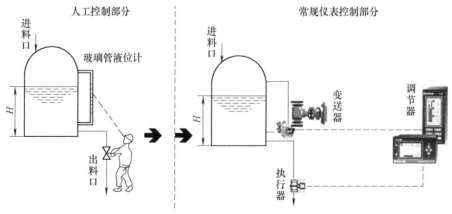

图 1-2　从人工控制向常规仪表控制

如图 1-3 所示，以压力、温度、液位和流量等过程工艺参数作为被控变量的自动检测控制称为工业过程控制，也称实时控制，是计算机利用实时采集的检测数据，经处理后迅速对控制对象进行自动调节和控制，如流水线控制和数控机床的控制等。一般，根据控制与行动的时间先后关系，例如，控制可以在行动开始之前、进行之中或结束之后进行，分为三种控制模型，对应的控制过程分别被称为：预先控制（或前馈控制）、同期控制（或过程控制）和事后控制（或反馈控制）。

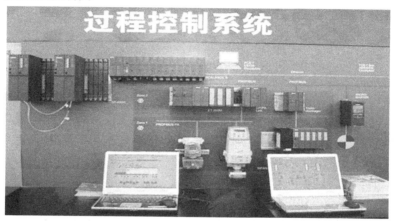

图 1-3　工业过程控制系统

随着网络、通信技术和总线控制技术的飞速发展，目前，已存在实现了对待检测设备的数据采集、状态监测、网络传输、远程监控、故障处理和安全防护等功能的智能监控系统。例如，如图 1-4 所示的 CRH380BL 型动车组高铁列车运行状态监控系统，它以信息网络技术为平台，可实现对列车的远程监控、车载监控和地面监控等功能，以确保列车运行安全。

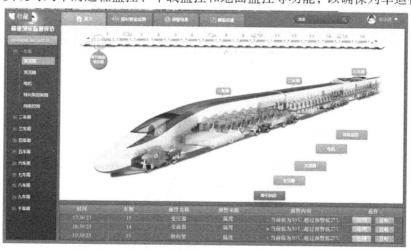

图 1-4　CRH380BL 型动车组高铁列车运行状态监控系统

1.3.4　智能检测系统的结构

常规自动检测技术是借助仪器仪表实现尽量减少所需人工的检测技术，其目的是减轻人员的工作压力，并减少人们对检测结果有意或无意的干扰，从而在确保被检测信息可靠性同时实现自动化。常规自动检测系统体系结构如图 1-5 所示，主要由硬件传感器、嵌入式处理器和执行机构三部分构成。通过硬件传感器采集被控对象的相关数据，实现信息

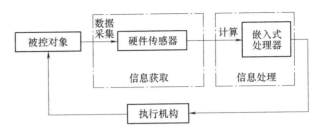

图 1-5　常规自动检测系统体系结构

获取。硬件传感器将采集到的数据传输给嵌入式处理器进行运算，实现信息处理。处理器将运算结果传输给执行机构。执行机构根据收到的命令作用于被测对象。自动检测技术有两项主要职责：一方面，直接获得被检测对象的数值及变化趋势；另一方面，将测得的被检测对象信息纳入考虑范围，从而制定相关决策。例如，最典型的 PID 检测控制，利用实时检测获得的系统实时输出信号与给定信号的偏差，对系统进行相应调整校正控制。

智能检测以多种先进传感器技术为基础，同计算机系统结合，实现依托具有学习、记忆和推理等功能的智能传感器或智能仪器的智能化检测，并进一步与人工智能技术进行融合，实现数据的采集、处理、特征提取、识别、多种分析判断，以及决策计算。检测自动化发展过程与方向如图 1-6 所示。

如图 1-7 所示，智能检测是检测设备模仿人类智能的结果，主要体现为依赖先验知识的传感器智能化、信息的高度融合能力和智能化处理或决策，从而做出类似人类或超越人类的决策判断。

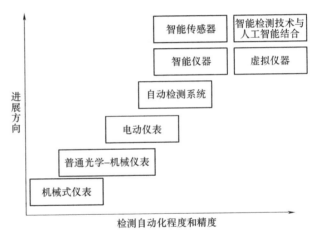

图 1-6　检测自动化发展过程与方向

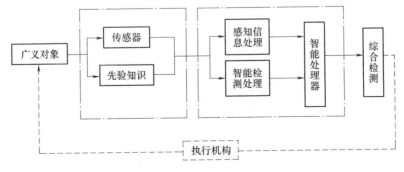

图 1-7　智能检测系统结构

1.4 仿人机器人和自动驾驶汽车举例

为进一步阐明智能检测技术的概念及本书对课程内容及其体系的设计依据，本节以仿人机器人和自动驾驶汽车技术为例作进一步阐释。

1.4.1 高仿人机器人

人类在建设世界时往往期望制造出自己的复制品。科学家发现，人类可本能地对类人形式做出反应，人类大脑的某个区域专门用以识别人类的表情和姿势等，从而轻易做出认知反应。因此，模仿人类外形的仿人机器人和人类的交流更有效率。按照定义，仿人机器人既可以明显被识别为机器人，但又具有人类的一些外形特征，如头、手臂和双足等，如图 1-8 所示。仿人机器人面临的挑战不仅在于外表和结构要类似人类，还需具备像人类一样从事户内外活动的能力，如上下楼梯和使用家具等。对仿人机器人的研究不仅在于制造仿人机器人，还有助于人类重新认识自己，仿人机器人

图 1-8 仿人机器人

在心理学治疗，如自闭症等，以及在教育和艺术领域均有很大的应用潜力。

近年来，仿人机器人被赋予了更高的要求，即其不仅作为机器人研究项目，还要为人类提供一定服务。当前仿人机器人按照功能可划分为高仿人机器人、多功能仿人机器人、生化机器人和场地机器人。高仿人机器人顾名思义为容貌高度接近人类的机器人，并可以模仿人类的表情、样貌和神态，达到以假乱真的效果。"佳佳"是中国科学技术大学于 2016 年研发的第三代特有体验交互机器人，如图 1-9 所示。在此之前，"佳佳"曾做过校史讲解员、商场导购员、主持人和记者等，初步具备了面部微表情、人机对话理解、口型及躯体动作匹配、大范围动态环境自主定位导航等功能。在传统功能体验之外，研究人员首次探索了机器人品格定义，赋予"佳佳"善良、勤恳和智慧的品格。

2016 年美国汉森公司（Hanson Robotics）研发了如图 1-10 所示的女性机器人 Sophia，其外表以奥黛丽·赫本和创始人大卫·汉森的妻子为原型。Sophia 被称为最像人类的超仿真机器人，她的颈部和脸部有多达 62 块肌肉结构，可做出极其接近人类的表情。在全世界范围内，Sophia 是第一个正式拿到公民身份的机器人。

2018 年日本大阪大学教授石黑浩的团队向媒体公开了其开发的能与人交流或提问，能进行自然对话的人形机器人 ERICA，如图 1-11 所示。ERICA 拥有世界上最先进的人工语言合成系统之一，她被赞誉"如此逼真"，似乎"拥有灵魂"。值得注意的是，ERICA 能够通过摄像头和传声器（俗称麦克风）获取对方的表情及语调，若表示认同则称"真棒啊"，还可以就发言进一步提问，能够顺畅地持续对话。

图 1-9　高仿人机器人

图 1-10　超仿真机器人 Sophia（右二）

图 1-11　智能美女机器人 ERICA

在实际表演过程中，当 ERICA 与人对话时出现双方同时开口说话的情景，还出现了如图 1-12 所示的 ERICA 问"我可以先说吗？"的这一幕。ERICA 热情体贴，可能很快拥有"独立意识"，可以按照自己的想法去完成事情。据石黑浩透露，ERICA 会运用人工智能（AI）去播报人类剪辑好的新闻。

美国汉森公司研制了一款"爱因斯坦"仿人机器人。该机器人具有和爱因斯坦相仿的外貌，远看像爱因斯坦穿着宇航服的样子。它可以识别人类面部表情，如恐惧和惊喜等，也可以做出表情进行回应。汉森公司的另一款 Zeno 机器人具有小男孩相貌，面部材料由一种与人类皮肤相近的材料 Frubber 制成，Zeno 可以行走以及做面部表情，在交谈时用眼神与人交流。韩国工业技术研究所开发的 EveR-2 Muse 机器人具有硅树脂皮肤，在面部、脖子和身体上下共有

图 1-12　ERICA 与人对话

60 个关节，可以模仿逼真的面部表情，也可以完成跳舞动作。

1.4.2 美国 Boston Dynamics 军用机器人

2005 年美国波士顿动力公司（Boston Dynamics）研发的四组机器人大狗首次亮相。该机器人外形像驴，如图 1-13 所示，长 3ft（约 0.9144m），宽 2.5ft（约 0.762m），重 240lb（约 108.862kg），可载重 340lb（约 154.221kg）。能够在各种地形上行走，被踢可保持平衡不倒，可跳跃鸿沟，在冰面上也不会滑倒。其强壮耐用，获得了军方的青睐。

图 1-13 美国 Boston Dynamics 公司的军用机器人

2013 年，美国 DARPA 资助波士顿动力公司研发了如图 1-14 所示的双足人形机器人 Atlas。其设计初衷是在各种灾难环境中执行搜救任务。机器人高 1.8m，重 150kg，配备有一个激光雷达和一个立体相机两个视觉系统。手部具有精细动作能力，四肢共有 28 个自由度。在 2016 年波士顿动力公司发布的 Atlas 机器人的演示视频中，Atlas 具有相当好的稳定性，可以在崎岖路面和雪地中行走。在 2017 年的视频中，Atlas 具备搬运重物，并且能够在外力推搡和打落重物时迅速恢复平衡，还可以实现原地起跳后空翻并平稳落地。在 2018 年的视频中，Atlas 已经可以实现了在野外奔跑。

图 1-14 美国 Boston Dynamics 公司的 Atlas 机器人

1.4.3 帮助高效睡眠的 Somnox 机器人

随着生活压力越来越大，无论是老年人群中还是在年轻人群中均存在越来越多的失眠现象，为了提高人类的睡眠质量，荷兰大学生设计团队开发了如图 1-15 所示的 Somnox 机器人。该机器人内置多传感器用以收集用户的睡眠数据，然后分析用户的睡眠信息，进而可以依据人工智能算法模拟出为用户量身定制的呼吸节奏，当用户抱着它时，会不由自主地随着枕头的稳定呼吸节奏，很快实现同步稳定呼吸，身心也会随之放松，变得更易入睡。除了这些功能外，Somnox 还具有一些贴心的小功能，例如，在睡眠前，Somnox 可以利用自身的蓝牙音响装置播放轻音乐帮助睡眠，而且它可以通过自动检测用户是否完全深睡来控制音乐的开关。在它的内部设定了闹钟，但是它不会使用粗暴的声音唤醒深睡的用户，而是模仿太阳光逐步增强的光照将用户唤醒。该产品一经发布，立刻吸引了人们的关

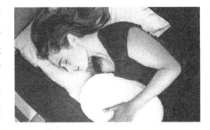

图 1-15 睡眠机器人 Somnox

注，目前也逐步进入市场，相信它能够为人类的健康做出贡献。

1.4.4　自动驾驶汽车

自动驾驶汽车（autonomous vehicles，AV）是一种智能汽车，也可以称为轮式移动机器人，自动驾驶的实现主要依靠以计算机系统为主的智能驾驶仪。自动驾驶技术的出现大大改变了目前传统的驾驶方式，结合大数据与全球定位系统，自动驾驶技术的社会化应用将提高改善整体的交通路况，降低事故风险，但前提是系统的可靠性。自动驾驶技术的核心技术包括传感器、定位、避障、识别与控制。自动驾驶汽车是一种借助车载传感系统感知道路环境，自动规划行车路线并控制车辆到达预定目标的智能汽车。自动驾驶汽车的发展阶段大致分为三个：辅助驾驶阶段、半自动驾驶阶段与全自动驾驶阶段。目前属于半自动驾驶阶段，一些高端汽车已经实现了在高速公路上自动巡航，而全自动驾驶是我们追求的目标。在2018年春晚中，我国百度公司的百余辆自动驾驶汽车穿越港珠澳大桥，立刻引来了众多国际车企谋求合作的邀请。目前，5G技术的发展为自动驾驶汽车的批量生产提供了很多可能，5G技术具有强大的低时延、低功耗与万物互联的特点，车与人、车与车、车与路以及车与云端服务平台之间将会建立联系，称为"车联万物"，这将进一步提高自动驾驶的安全性，同时可实现道路的即时调控，交通信号灯可根据道路情况实时准确调控，大大缓解交通堵塞问题。不过，5G信号网络的建设与车辆生产的成本依然会是一大难点，随着科技的发展，自动驾驶技术将会更加完善。

当前世界AV的主要制造商包括：通用汽车公司（GM）、福特汽车（Ford）、一汽-大众奥迪（VW-Audi）、沃尔沃（Volvo）、日产（Nissan）、丰田（Toyota）、戴姆勒股份公司（Daimler AG）、特斯拉（Tesla）和上汽集团（SAIC Motors）。零部件供应商包括：博世（Bosch）、德国大陆集团（Continental）和德尔菲法（Delphi）。技术和创意创新者包括：亚马逊（Amazon）、优步（Uber）、苹果（Apple）和阿里巴巴/百度（Alibaba/Baidu）。合作伙伴包括：卡内基梅隆大学和凯迪拉克（SRX Carnegie Mellon and Cadillac SRX）、美国宾夕法尼亚州匹兹堡市（Pittsburgh，PA）、上汽与阿里巴巴（SAIC and Alibaba）、美国国家航空航天局与日产（NASA and Nissan）、加利福尼亚州（CA）、福特（Ford）、美国密歇根大学（The University of Michigan）和州立农业保险公司（State Farm Insurers）。可见，世界顶尖车企、高技术公司和研究机构普遍看好该技术的巨大前景。

如图1-16所示，自动驾驶汽车可以看作是一种自己驾驶自己的汽车，没有人的交互作用，不需要人工监督。AV中的每个人都是乘客，或者它可以在没有乘客的情况下行驶，也可以称作是"机器人"。通过安装一系列布局良好的传感器，以检测不同的物体及其动态，如其他车辆、人员和交通信号灯的动态信息，即感知环境并移动到安全和理想的地方。

图1-17所示为一个自主车辆监测

图1-16　自动驾驶汽车

系统，由图 1-17 可知该系统主要采用雷达和超声波两类传感器。雷达传感器主要用于路口交通警报、侧面撞击监测和盲点监测等。超声波传感器主要用于车道偏离警报、停车辅助/视野和自动停车等。

　　除上述传感器外，自动驾驶汽车还包括纳米激光雷达、立体视觉系统、红外相机、GPS 和车轮编码器，如图 1-18 所示，用以进行更丰富、更精确的信息获取、计算与控制，进而实现更多的算法和系统功能，包括三维成像、边缘检测算法、运动检测算法、跟踪算法、防抱制动、电子稳定控制、自适应巡航、车道偏离警报和自动引导周围车辆等。

　　设计制造和推广应用自动驾驶汽车的利与弊：

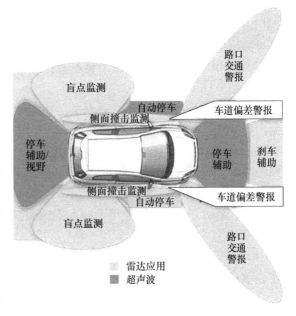

图 1-17　自主车辆监测系统

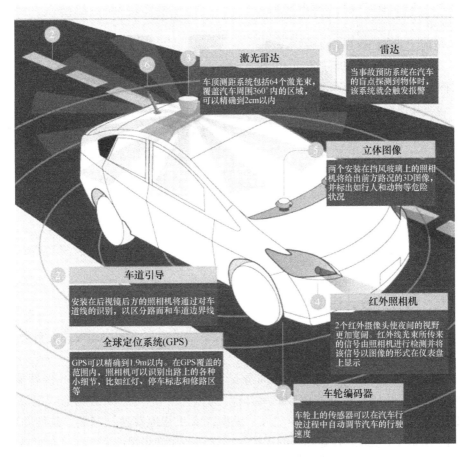

图 1-18　自动驾驶汽车的自动控制技术

1. 好处

（1）提高安全性　在美国数以万计的车祸中，90%是由于驾驶人失误造成的。车祸死亡是世界上第 8 大死因，自动驾驶汽车可有效增加驾驶安全性。

（2）提高生产力/个人储蓄　将花费在驾驶汽车上的时间用在生产上，将会产生更多经济价值。

（3）减少交通拥堵　AV 的联网通信功能可以更好地响应交通状况，根据交通状况实时规划出行路线，有效减小交通拥堵的概率。

（4）环境效益　汽车尾气是温室排放气体之一，AV 的电动或混合动力可有效降低石油使用量及温室气体的排放。同时，自动驾驶汽车可以避免无效的拥堵、拐弯和绕道等，可提高燃油效率。

因此，新的万亿美元产业将为企业提供无数的机会。

2. 弊端

（1）传统行业的失业率上升　自动驾驶汽车的普及应用将直接冲击卡车运输、出租车、快递、导游和代驾等服务业。

（2）市政预算收入损失　自动驾驶汽车的普及应用，将会取消常规的超速或停车罚单、减少执法部门监控道路和事故的需要以及减少公共交通的使用。

（3）当前土地财政格局的破产　人们可能会从城市搬到郊区，因为他们可以用常规通勤时间来工作。

还有一些其他采用智能检测系统的具体应用，如图 1-19 所示的 NASA 的火星车，其采用 5 个激光雷达、2 个 CCD（charge-coupled device）相机和加速度计等传感器，可以在火星表面进行建图、导航与岩石监测。

图 1-19　NASA 的火星车

1.5　课程内容和体系结构

1.5.1　本书内容的设计思路

什么是"智能检测技术"？总结上文具有人类性情的机器人和引人关注的自动驾驶汽车的案例，我们发现：

首先，以上两个技术案例均需要在周身安装最先进的仿人类"五官"的智能传感器，即需要具备对外部环境有先进或智能的感知能力；其次，不可或缺的就是"记忆—推理—决策"的能力，即我们常规所理解的软件、模型或人工智能算法。当然，我们并不排斥先进传感器技术离不开先进或智能算法的支持；同样地，在许多情况下，二者有机融合、难以割裂。但从技术发展和知识掌握的角度，本书将二者划归为独立的两个部分。

概括起来，智能检测技术主要包括："先进感知" + "智能决策"。这与我们对智能的定义恰好吻合，即"智能"是一种随外界条件的变化，正确（自适应）地进行感知、分析推理、判断并做出相应决策的能力。

"检测"的核心是传感器，而当前最先进或最智能的传感器莫过于我们人类的五官。通常说的五官，指用以判断一个人容貌长相的五大面部特征，它们分别是眉、眼、鼻、口、耳。而从感知的角度，眼、耳、鼻、口、身则是人基于内心感知外界事物之主要途径。战国时期思想家、教育家荀子（荀况）在《天论》中提出："耳目鼻口形，能各有接而不相能也，夫是之谓天官"。现在人们说的眼、耳、鼻、口、身，分别负责视、听、嗅、味、触五种感觉，如图 1-20 所示，而检测技术领域的五官正是归于此类。

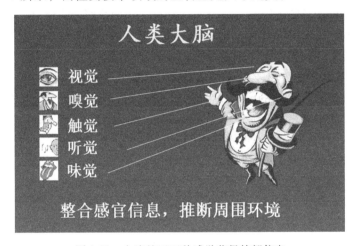

图 1-20　人脑基于五种感觉获得外部信息

因此，本书首先从分别代表视觉、听觉、嗅觉、味觉的眼、耳、鼻、口的仿生传感器技术模块入手，重点讲授相应的光栅光纤与图像检测技术、声学传感与声发射无损检测技术、电化学与生物传感器技术、气敏传感器与电子鼻技术等各种国际前沿传感技术的工作原理、检测方法、检测装置与应用实例。需指出的是，触觉传感技术相对而言较为常规，因此，设计了近红外光谱与高光谱成像这一先进的、能够感知对象内部品质、成分或浓度等的无损检测技术，以适应当前农产品、食品、分析化学、石油化工和制药等行业对有机物组分、浓度或含量、真伪判别、分级分选等定性和定量检测，以及航空航天等需要对地物进行遥感的广泛需要。

在机器学习和人工智能算法方面，重点讲授包含人工神经网络、支持向量机、模糊神经网络等机器学习方法，并对最新的包括多层神经网络或深度信念网络即深度学习在内的人工智能算法进行介绍，为更好地适应工科学生和强化实用的目的，本部分着重从技术发展历程和实用性的角度展开论述，而非对数学基础知识或公式推导的复述。

无论对于传感器局部智能化信息处理，还是全局系统化的人工智能自学习算法，都需要基本的多变量数据统计分析理论知识。考虑到工科学生除学习了有限的工程数学课程外，尚缺乏针对实际问题中的基本数据处理和多变量数据统计分析进行系统的学习和训练，这对于学习理解和应用人工智能算法来说相当于无源之水。因此，本书将多变量数据统计分析与人工智能算法统筹为专门的一章，作为本书的基础理论进行专题讲述，这样既涉及最新的人工智能算法，又涉及多变量数据统计分析方法。同时，为便于学生学习实践，本书附上了编者编写的包括数据预处理、主成分分析、回归分析、判别分析和人工神经网络等数据统计分析方法的 MATLAB 实例代码，以供理解和练习。

作为本书总—分—总体系结构的概括，最后针对多传感器信息融合技术的背景、定义、基本原理、融合模型及其结构、信息融合方法，以及当前广受关注的大数据和云计算技术进行简要阐述。

1.5.2　本书内容设置与框架体系

"智能检测技术"的教学目标是为让学生了解现代多学科交叉的智能检测技术的前沿技术和发展动态。课程涉及的内容新、领域宽、题材广，而且当前人工智能技术也在不断地发展。我们发现，截至目前，尚没有一本既能体现前沿特色，又能涵盖广泛领域且能符合本科生系统学习专业技术知识的教材。主要体现在以下几方面：

1）翻阅很多同名相关教材发现，绝大多数为常规仪表技术与传感器、工程测试技术及常规检测器件等重复或再组织的内容，导致课程内容与期望不符，影响学生学习兴趣和积极性。

2）课程过于突出智能，将大量内容用于讲解神经网络、支持向量机和深度学习等算法及公式推导的数学问题，与现有课程脱节或关联度不大，不能适应通用工程类专业学生的实际需要。

3）也有教材，例如，在化工过程控制专业领域，能做到兼顾知识的新颖性和内容的系统性，但其内容又过于具体、冗长和复杂，并不适于作为通识性质的教材。

4）当然，也有一些课件未考虑到内容的新颖性和广泛性，采取多人讲授的讲座模式，虽然可以照顾到前沿性，但内容过于笼统，不利于学生学到系统、深入的专门知识。

考虑到以上这些问题，如何在有限的教学时间内，把经典和现代传感器检测技术传授给学生，同时需要体现专业的特色，必须进行相应课程的内容设计。为此本课程采取总—分—总模式设计三大模块。

1）紧密围绕对人的五官（眼、耳、鼻、口、身）进行仿生应用的现代新型传感技术。

2）人工智能算法和多变量数据统计分析基础理论。

3）多源信息数据融合与大数据云计算技术。

针对骨干章节的内容，本书附编者在科研实践中的三个代表性的案例。

各章节的具体内容如下：

第 1 章　绪论：从检测、智能的定义入手，结合当前人工智能领域最活跃的自动驾驶汽车和仿人机器人技术的典型案例，给出智能检测技术重点关注的核心问题，即"先进感知"和"智能决策"，引出本书以模仿人类五官的先进传感技术、多变量数据统计分析、人工智能算法和多传感器信息融合为基础的内容框架体系。

第 2 章　现代智能检测技术的基础理论：该章作为先进传感信息处理和人工智能算法必需的基础理论。从实用角度，先普及讲解主成分分析、回归分析和判别分析等多变量数据统计分析基础知识，进而从技术发展角度讲述人工神经网络的起源、发展并简要形象地描述作为其最新进展的深度学习技术，以及支持向量机和模糊神经网络技术。

第 3 章　光栅、光纤与 CCD 图像传感器：作为代替人类五官中眼的先进光学传感技术，同时为兼顾全面性和先进性，该章着重讲解现代数字式传感器典型代表的光栅、光电编码器，以及光纤传感器，最后着重讲解作为机器视觉技术核心器件的 CCD 图像传感器的组成、工作原理、黑白与彩色图像的成像方法及应用实例。

第 4 章 声学传感与声发射检测技术：作为代替人类五官中耳的先进声学传感技术，同时为兼顾全面性和先进性，该章从声波概念、基本性质与分类讲起，重点讲解超声波传感器原理及应用，简要介绍次声波及其应用和展望，最后阐述作为当前先进无损检测技术代表的声发射无损检测技术及其应用实例。

第 5 章 近红外光谱与高光谱成像技术：该章突破常规人类五官的限制，讲解作为光学分析重要分支的光谱分析技术。主要讲解分子光谱与振动光谱技术及其产生机理，红外和近红外光谱分析技术的检测机理、仪器组成、建模方法及其典型应用，以及高光谱成像技术及优点，光谱成像技术的原理、仪器组成及其在遥感和食品品质安全领域的应用实例。

第 6 章 气敏传感器与电子鼻技术：作为代替人类五官中鼻的气敏传感技术，该章着重讲解气敏传感器所依托的物理基础及其分类，半导体气敏传感器的结构组成、分类与典型应用举例，进一步讲解电子鼻技术的仿生机理、组成和检测原理及其应用。

第 7 章 电化学与生物传感器技术：作为代替人类五官中舌的先进味觉技术，该章着重讲解电化学技术的基础，电化学传感器的概念、原理、组成、分类与应用实例，进一步讲解生物传感器及电化学生物传感器的概念、工作原理、组成、分类与应用。

第 8 章 多传感器信息融合与大数据云计算技术简介：作为本书总结性的一章，着重讲解多传感器信息融合技术的定义、组成、融合模型及其结构、信息融合方法和典型实例，最后简要介绍大数据和云计算技术。

最后，为加强学生对理论内容实用性的理解，对应本书的第 3~5 章等核心章节中的内容，紧密结合编者在农产品和食品品质安全无损检测技术多年的科研实践，本书附三个实验案例（CCD 图像、近红外光谱和高光谱成像技术的检测应用）及其视频讲解，并根据第 2 章的基础理论，设计开发了相应的 MATLAB 实验程序代码供教师和学生参考。

第2章
现代智能检测技术的基础理论

2.1 数据分析简介

2.1.1 数据的类型、格式和分析流程

数据可用来描述客观事实或观察的结果，可以是连续的值，称为模拟数据，如温度和压力等；也可以是离散值，称为数字数据，如身高和体重等。此外，数据也不仅指狭义上的数字，还可以是具有一定意义的字母、文字和数字符号的组合，如音频、视频、图像和图形等，用于对客观事物的数量、属性、位置及相互关系等进行抽象表示。例如，"1、2、3…""晴、升温、风力等级""职员的个人情况档案""仓库的货物储藏情况"等都是数据。

通常所见的数据的格式多为表格，例如，大学四年同一专业所有同学各科的学习成绩记录表，再比如表 2-1 所示的销售情况统计表。

表 2-1　表格型数据格式

2006 年客户销售分析报表								
	12 月	1 月	2 月	3 月	4 月	5 月	6 月	7 月	8 月
A 客户	99	98	98	100	101	108	108	114	110
B 客户	67	70	73	74	75	77	82	80	80
C 客户	87	84	88	85	79	85	91	92	93
D 客户	148	143	143	145	137	141	136	134	139
E 客户	75	76	76	77	79	78	82	78	78
F 客户	87	86	92	100	103	100	97	89	91
G 客户	132	134	141	142	160	154	150	136	137
合计	695	691	711	723	734	743	746	723	728

图形可以帮助我们将数据转换成较为直观或形象的信息，如折线图（见图 2-1）和曲线图（见图 2-2）等可用来表示离散或连续变量，向量和矩阵等也是数据统计与运算的常用基本数据格式（见图 2-3）。

数据按来源可分为财务数据、营销数据、采购数据、仓储数据、生产数据和编辑数据等。数据经过解释并赋予一定的意义之后，便成为信息。数据按照性质可分为定性数据和定量型数据。定性数据分析是对如照片、类别、词语和观察结果等非数值型数据的分析，以便对事物或现象进行解释、辨认、描述和分类。定性数据常用做频数或频率分析，如上文所提到的"晴、升温、风力等级"，以及"美、丑、地沟油"的定义等。例如，在分析化学中，定性分析的目的是识别和鉴定物质中元素、原子团、官能团或化合物等的构成，确定物质

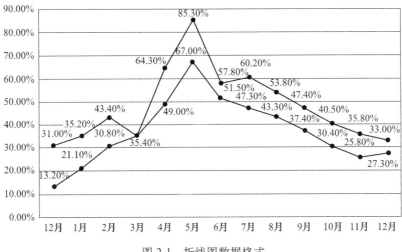

图 2-1 折线图数据格式

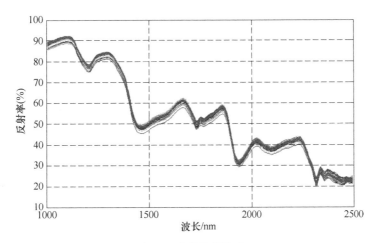

图 2-2 曲线数据格式

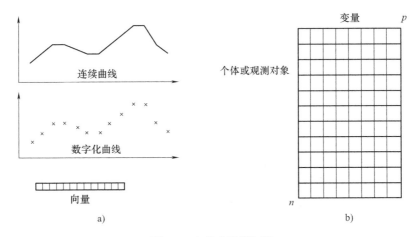

图 2-3 向量和数据矩阵

a) 向量及图像显示 b) 数据矩阵

的内部组成。定量型数据是可以用数字量化的数值。在分析化学中，定量分析是测量物质中有关组分的含量，确定物质各组分的多少。定量分析的核心是在统计数据的基础上构建用于计算分析对象的各项指标数值的数学模型。当分析对象中含有的组分未知时，通常在定量分析之前进行定性分析，以便为后续的定量分析提供相关信息。

数据分析的目的是通过统计分析方法对收集的大量数据进行分析，提取对分析目标有价值的信息，找到规律或趋势，最终提供决策依据。在测定好预测变量（X）与因变量（Y）后便可通过统计分析，建立两者间的关系，进一步解析数据间反映的规律，以达到最终利用已测得预测变量，实现未知因变量的预测，如图 2-4 所示。

数据统计分析的流程如图 2-5 所示。具体步骤：①确定问题及其分析目标；②采用科学方法收集数据；③考察数据时效性，并整理数据；④统计分析；⑤出具分析报告，提出解决意见或建议。

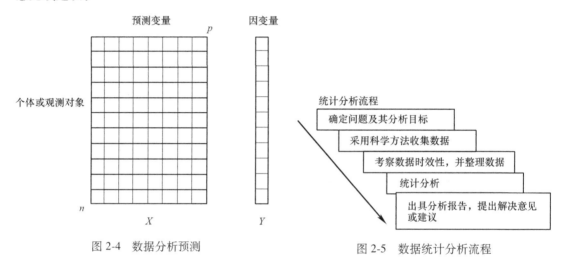

图 2-4　数据分析预测　　　　　　图 2-5　数据统计分析流程

需要注意的是统计分析必须遵循以下原则：①尊重客观数据事实；②收集与分析目标相关的数据；③确保数据的来源的可靠性与真实性；④认真执行数据整理过程。

2.1.2　常用描述性定量数据统计分析方法

通过对一组数据进行描述性统计分析，可以了解这份数据的集中和离散情况。

1. 样本均值

样本均值的计算公式为

$$X = \frac{X_1 + X_2 + X_3 + \cdots + X_n}{n} \tag{2-1}$$

假设有 12 个人的工资（以元为单位）按递增次序显示：30，31，47，50，52，52，56，60，63，70，70，110，则均值计算如下：

$$\bar{x} = \frac{30 + 31 + 47 + 50 + 52 + 56 + 60 + 63 + 70 + 70 + 110}{12}$$

$$= \frac{696}{12} = 58$$

因此，均值为 58 元。均值极易受到极值的影响。例如，一个企业的人均年收入容易被少数总监或经理的高收入显著拉高；同样地，一个班级某一科目的考试平均成绩会被少数学生的极低成绩拉低。为避免这种情况，我们可以使用截尾均值代替全体均值。截尾均值是丢弃高、低极端极值后的均值。例如，首先对人均年收入统计值按照从低到高排序，在计算均值前去掉高端和低端 2% 左右的数据。需要注意的是，若在两端截去的数据太多（如 20%），则可能因有价值的信息丢失导致计算的均值失真，即不再能准确描述该组数据的真实情况。

2. 样本中位值

中位值是数据按照大小顺序排列位于中间的数值，中位值记为 X。

1）假设观测值为偶数个，则取位于中间两个数值的均值为中位值。有工资数据如下（以元为单位），按递增次序显示：30，31，47，50，52，52，56，60，63，70，70，110，则中位数为

$$\frac{52 + 56}{2} = \frac{108}{2} = 54$$

2）假设观测值为奇数个，则直接取位于最中间的数值为中位值。有工资数据如下（以元为单位），按递增次序显示：30，31，47，50，52，53，56，63，70，70，110，则中位数为最中间的第 6 个数值即 53，如图 2-6 所示。

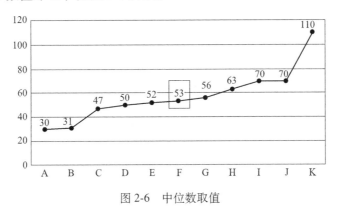

图 2-6　中位数取值

3. 样本极差

样本极差是数据中最大值与最小值的差，用来表示一组数据分布的范围，计算公式为

$$R = X_{\max} - X_{\min} \tag{2-2}$$

4. 样本方差和标准偏差

样本方差（variance）和标准偏差（standard deviation）用于度量数据波动幅度的大小。样本方差是将一组数据中每一个数值与平均值之差的二次方和求均值。样本方差的二次方根称作样本标准偏差，它与样本方差一样，可以反映一组数据的发散程度。数值属性 X 的 N 个观测值 x_1，x_2，$\cdots$，x_n 的方差计算公式为

$$\sigma^2 = \frac{1}{N} \sum_{i=1}^{N} (x_i - \bar{x})^2 = \frac{1}{N} \sum_{i=1}^{n} x_i^2 - \bar{x}^2 \tag{2-3}$$

式中，$\bar{x}$ 是观测的均值，标准偏差 σ 是样本方差 σ^2 的平方根。以如下数列为例：30，31，47，50，52，53，56，63，70，70，110，其方差和标准偏差计算为

$$\sigma^2 = \frac{1}{12}(30^2 + 31^2 + 47^2 + \cdots + 110^2) - 58^2 \approx 351.25$$

$$\sigma \approx \sqrt{351.25} \approx 18.741$$

标准偏差的物理意义如图 2-7 所示。图 2-7a 表明当选择均值作为中心度量时，σ 可度量关于均值的发散程度。仅当不存在发散时，即当所有的观测值都具有相同值时，$\sigma = 0$；否则，$\sigma > 0$。标准差越小，表明观测数据越趋向于靠近均值；标准差越大，表明数据分布离均值越远，说明数据散布的值域较大。图 2-7b 中第 1 幅图相较于后面 2 幅，数据点分散程度大，表明 σ 最大。后面 2 幅图的数据点分散程度相近，区别是两组数据点的均值不同，第 3 幅图数据点更接近目标值。进一步解释 μ 和 σ 见图 2-7c，由图 2-7c 可知，最理想的数据情况为最上面第一组数据，均值等于被测量真值，且精密度高，即 σ 小。

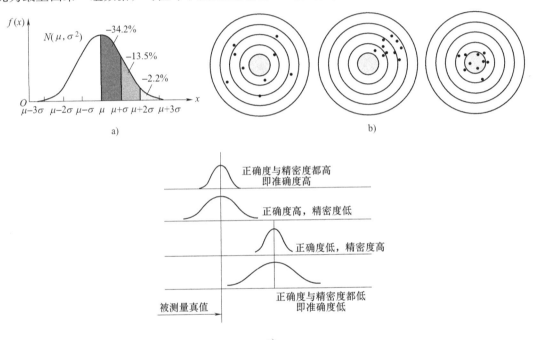

图 2-7　标准偏差的物理意义

a）正态分布钟形曲线　b）数据的发散情况　c）观测数据与真值的对比分析

5. 相关系数和协方差

（1）Pearson 相关系数　Pearson 相关系数用于当两个变量分别为正态连续变量，且存在线性关系时，描述这两个变量之间的相关程度，计算公式为

$$r = \frac{\sum\limits_{i=1}^{n}(x_i - \bar{x})(y_i - \bar{y})}{\sqrt{\sum\limits_{i=1}^{n}(x_i - \bar{x})^2 \sum\limits_{i=1}^{n}(y_i - \bar{y})^2}} \tag{2-4}$$

由式（2-4）可知 $-1 \leqslant r \leqslant 1$，其取值表示不同程度的线性相关。$r > 0$，表示两变量存在正相关关系，反之则为负相关关系；$|r| = 0$，表示两者间不存在线性关系；$|r| = 1$，表示完全

线性相关。$|r|>0.8$，表示高度线性相关；$0.5<|r|\le0.8$，表示显著线性相关；$0.3<|r|\le$ 0.5，表示低度线性相关；$|r|\le0.3$，表示不存在线性相关。

可根据数据直接绘制散点图，判断其相关性，如图 2-8 所示。

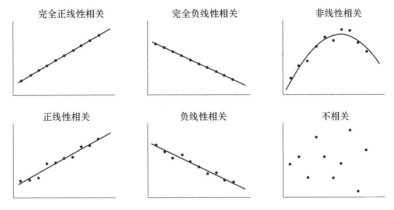

图 2-8　散点图判断数据相关性

（2）协方差　协方差（covariance，Cov）用于衡量两个变量的总体误差。当两个变量相同时，协方差等于方差。两个实数变量 X 与 Y 之间的协方差计算公式为

$$\text{Cov} = E[X - E(X)][Y - E(Y)] \tag{2-5}$$

相关系数又称为标准协方差，对于随机变量 X 与 Y，若方差 $D(X)\ne0, D(Y)\ne0$，随机变量 X 与 Y 的相关系数计算公式为

$$\rho_{XY} = \frac{\text{Cov}(X,Y)}{\sqrt{D(X)}\ \sqrt{D(Y)}} \tag{2-6}$$

若 $\rho_{XY}=0$，则两个变量完全不相关。

（3）协方差矩阵　协方差矩阵用来表示多维随机变量的概率密度。二维随机变量 (X_1, X_2) 对应四个二阶中心矩（设它们都存在），计算公式为

$$\begin{cases} c_{11} = E\{[X_1 - E(X_1)]^2\} \\ c_{12} = E\{[X_1 - E(X_1)][X_2 - E(X_2)]\} \\ c_{21} = c_{12} = c_{12} = E\{[X_2 - E(X_2)][X_1 - E(X_1)]\} \\ c_{22} = E\{[X_2 - E(X_2)]^2\} \end{cases} \tag{2-7}$$

将它们排成矩阵的形式即为 $\begin{pmatrix} c_{11} & c_{12} \\ c_{21} & c_{22} \end{pmatrix}$。

对于 n 维随机变量 $(X_1, X_2, X_3, \cdots, X_n)$，设其二阶混合中心矩 $c_{ij} = \text{Cov}(X,X) =$

$E\{[X_i - E(X_i)][X_j - E(X_j)]\}, i,j = 1, 2, \cdots, n$ 都存在。则称矩阵 $\boldsymbol{C} = \begin{pmatrix} c_{11} & c_{12} & \cdots & c_{1n} \\ c_{21} & c_{22} & \cdots & c_{2n} \\ \vdots & \vdots & & \vdots \\ c_{n1} & c_{n2} & \cdots & c_{nn} \end{pmatrix}$ 为 n

维随机变量 $(X_1, X_2, X_3, \cdots, X_n)$ 的协方差矩阵。由于 $c_{ij} = c_{ji}$ $(i\ne j, i, j = 1, 2, \cdots, n)$，因而协方差矩阵是一个对称矩阵。

2.1.3　常用数据预处理方法

1. 归一化（normalization）

归一化预处理用于消除不同类型测量数据之间数量级的差异或传感器响应信号之间的数值差异，计算公式为

$$x'_{ik} = \frac{x_{ik}}{\sqrt{\sum_{i=1}^{n} x_{ik}^2}} \tag{2-8}$$

在光谱数据预处理中，归一化可以去除由于光程差异和粉末样本不同粒径差异等非目标因素导致的光强变化。光谱数据归一化校正效果如图 2-9 所示，原始数据中光谱曲线差异较大，但经归一化校正处理后消除非目标因素导致的光谱差异。

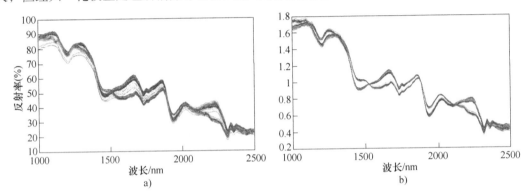

图 2-9　光谱数据归一化校正效果

a）原始数据　b）归一化校正后数据

2. 中心化（centering）**变换**

中心化变换的作用是改变数据相对于坐标轴的位置，将数据集的均值与坐标轴的原点重合。假设 x_{ik} 为一组观测值的第 i 个样本的第 k 个测量数据，该数据位于矩阵的第 i 行、第 k 列。中心化变换就是数据矩阵中的每一个元素减去该元素所在列均值的运算，如图 2-10 所示，计算公式为

$$x_u = x_{ik} - \overline{x}_k \tag{2-9}$$

3. 正规化（normalization/regularization）**处理**

正规化处理的作用是变换数据空间，使数据点的分布放大至整个数据空间。区间正规化处理是一种常用的正规化方法。计算原理为将原始数据集中的各元素减去所在列的最小值，再除以该列的极差，计算公式为

$$x'_{ik} = \frac{x_{ik} - \min(x_k)}{\max(x_k) - \min(x_k)} \tag{2-10}$$

该方法可以将量纲不同，范围不同的各种变量表达为值均在 0~1 范围内的数据。这种方

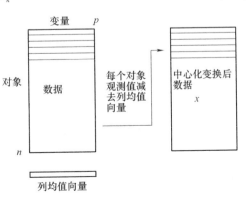

图 2-10　矩阵数据中心化变换

法对量程范围内减小各测点的温度漂移，以及光谱检测领域消除暗电流有重要作用。图 2-11 所示为光谱数据利用式（2-10）进行黑白校正前后的光谱曲线。

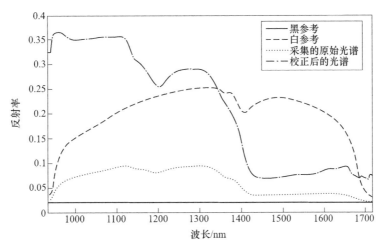

图 2-11　光谱数据进行黑白校正前后的光谱曲线

4. 标准正态变量（standard normal variate，SNV）变换

标准正态变量变换是基于光谱矩阵的行向量数据对一组光谱数据进行处理的预处理方法，能够消除光程差异、散射和样品稀释等引起的误差，计算公式为

$$x_{SNV} = \frac{x - \bar{x}}{\sqrt{\dfrac{\sum\limits_{i=1}^{n}(x_i - \bar{x})^2}{n - 1}}} \qquad (2-11)$$

式中，$\bar{x} = \dfrac{\sum\limits_{k=1}^{n} x_k}{n}$，$n$ 为光谱波长数，$k = 1, 2, \cdots, n$。经 SNV 处理后的光谱曲线变化如图 2-12 所示，SNV 可以大大减少模型的过拟合现象。

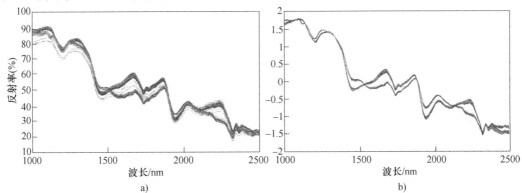

图 2-12　光谱数据 SNV 校正效果

a）原始光谱　b）校正后

5. 数字平滑与滤波（smoothing and filtering）

平滑预处理主要用于消除由于仪器稳定性和传感器响应等导致光谱曲线出现的抖动与"毛刺"。这些噪声会影响后续特征吸收峰等的提取，以及其他一系列的数据分析。移动平均平滑和 Savitzky-Golay 卷积平滑方法是两种常用的平滑方法。

移动平均平滑是最简单的平滑方法。首先定义奇数个相邻数据点为一个窗口，计算窗口内所有数据点的平均值，用所得均值替换窗口中心数据点处的值，依次移动窗口重复上述操作，直到完成从第一个数据点到最后一个数据点的所有计算。处理后数据点 X_i 的计算公式为

$$X_i = \frac{1}{2m+1} \sum_{j=-m}^{m} x_{k+j} \qquad (2\text{-}12)$$

式中，k 为原始数据点的序号；$2m+1$ 表示移动窗口的大小，m 为调节窗口大小的参数。平滑使数据的噪声减小，但在实用中应慎重选择平滑的窗口大小，否则会扭曲数据，使数据失真。

Savitzky-Golay 卷积平滑方法是移动平滑方法的改进。根据曲线的平均趋势，确定合适的平滑参数，用多项式实现滑动窗内的最小二乘拟合，根据拟合后多项式计算所得的值代替窗口中心数据点的原始数据值，处理后数据点的计算公式为

$$x_{i,\text{smooth}} = \frac{1}{H} \sum_{j=-m}^{m} x_i \qquad (2\text{-}13)$$

数据噪声的类型不同，不同的平滑方法对数据信噪比的改善情况也不相同。在应用过程中，需要根据数据实际情况选择适合的平滑方法。同时窗口大小设置的不同，对平滑效果也有不同的影响，一般窗口设置过小会导致平滑效果不明显，窗口设置过大会导致丢失部分有效信息。

6. 微分（derivative）

光谱曲线会因附加基线（见图 2-13 中的曲线 1）而导致变形，假设光谱数据的数学表达可分解为

$$x_i = a + b\lambda_i + z_i \qquad (2\text{-}14)$$

式中，a 和 b 是随机数；λ 是波长；z_i 是光谱相关部分。其中 a 表示在实际情况下数据中的基线漂移，$b\lambda_i$ 表示线性漂移。对式（2-14）做一阶微分可以消除 a 的影响，做二阶微分可以消除 a 和 $b\lambda_i$ 的影响。经微分处理后的光谱变化情况如图 2-14 所示。

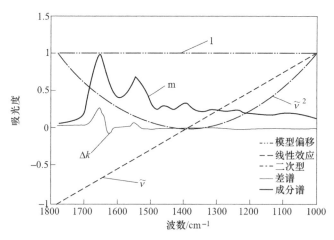

图 2-13 光谱曲线分解

$$\frac{\mathrm{d}x_i}{\mathrm{d}\lambda_i} = b + \frac{\mathrm{d}z_i}{\mathrm{d}\lambda_i} \qquad (2\text{-}15)$$

$$\frac{d^2 x_i}{d\lambda_i^2} = \frac{d^2 z_i}{d\lambda_i^2} \qquad (2\text{-}16)$$

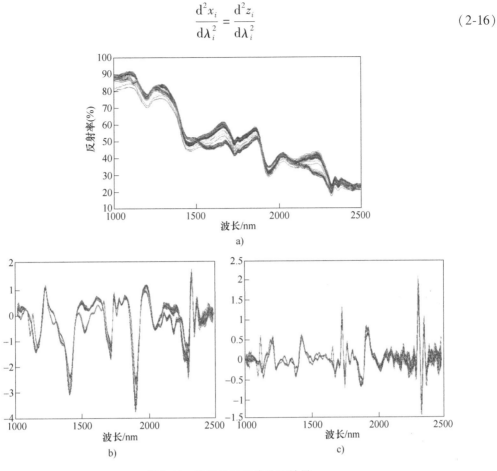

图 2-14　光谱数据微分处理效果

a) 原始光谱　b) 一阶微分　c) 二阶微分

微分算法能够较好地净化图谱信息，平缓背景干扰和基线漂移的影响，分辨峰值，突出强烈吸收中的微小峰值，确定吸收波长，但有时也会对噪声起强调作用，甚至出现伪谐波峰值。因此为了避免微分变换引入噪声，通常在微分前对数据进行平滑处理。离散光谱 x_k 在波长 k 处进行差分宽度为 g 的一阶微分和二阶微分的计算分别为

$$x_{k,1st} = \frac{x_{k+g} - x_{k-g}}{g} \qquad (2\text{-}17)$$

$$x_{k,2nd} = \frac{x_{k+g} - 2x_k + x_{k-g}}{g^2} \qquad (2\text{-}18)$$

2.2　常用数据统计分析方法

2.2.1　常用数据统计分析方法分类

常用化学计量学数据统计分析方法分类如图 2-15 所示。最右侧的各种分析方法按照线

性模型与非线性模型、无监督与监督、定性与定量等基本概念进行分类。下文首先对这几个基本概念进行简要介绍。

非线性模型（non-linear model）是反映自变量与因变量间非线性关系的数学表达式，与线性模型不同，其因变量与自变量在坐标空间中不能表示为线性对应关系，即如果解释变量 X 的单位变动引起因变量 Y 的变化率（即斜率）是一个常数，则回归模型是一种（解释）变量线性模型。相反，如果斜率不能保持不变，则回归模型就是一种（解释）变量非线性模型。

根据是否需要先验知识，模式识别方法可分为监督学习分类和非监督学习分类。如果已知分类情况，有训练集与测试集，基于训练集数据确定规律，对测试样本应用该规律，这种建模方法属于监督学习分类。在模式识别中也会遇到不能事先获取任何样本先验知识的情况，即没有训练集，只有一组数据，必须先通过一种有效的数据分析方法提取样本的内在关联，在该组数据集内寻找规律，这种方法为非监督学习分类。

定性分析与定量分析是分析化学中的基本概念。定性分析是鉴定物质中存在的元素、离子或官能团等的种类和结构，不能确定其含量多少。定量分析是确定物质中各种构成成分的含量，包含重量分析、容量分析和仪器分析三类。

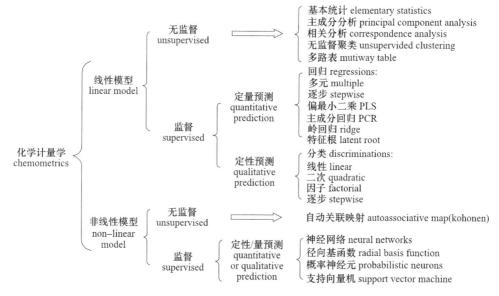

图 2-15　常用化学计量学数据统计分析方法分类

2.2.2　主成分分析方法

在课题研究中，为了保证研究的严谨和全面，通常会提出很多相关变量（或因素），不同程度地反映研究目的的相关信息。然而用统计分析方法对多变量数据进行研究时，变量个数太多会增加数据解析的复杂程度，因此数据变量个数较少而有效信息较多是理想的数据情况。在很多情况下，变量间存在一定的相关关系，即变量间反映的信息有一定的重叠。主成分分析是删去原始变量中关系紧密的重复变量，建立尽可能少的两两不相关的新变量，且新变量尽可能保持原有变量所反映有效信息的信息量，转换后的新变量称为主成分，即该方法通过将多个变量降维为少数的几个综合变量，达到简化数据结构的目的。综合变量依然能表达原始变量的主要有效信息。

例如，每位同学所修各门课程成绩有高有低，各同学之间也有成绩的优劣对比，但从烦琐的以学科做变量的成绩表中（见表 2-2），一般都很难清晰和直观地判断各个同学之间的综合成绩优劣差异。但表 2-2 中行和列的最后一排，即每人所有科目平均成绩和单科所有同学平均分成绩，作为两个新变量，就能很好地实现优劣判断或特长学生选拔的目的。

表 2-2　学生成绩统计表

学号	语文	数学	外语	物理	化学	政治	平均成绩
1	65	61	72	84	81	79	73.7
2	77	77	76	64	70	55	69.8
3	67	63	49	65	67	57	61.3
4	80	69	75	74	74	63	72.5
5	74	70	80	84	81	74	77.2
6	78	84	75	62	71	64	72.3
7	66	71	67	52	65	57	63
8	77	71	57	72	86	71	72.3
9	83	100	79	41	67	50	70
单科平均成绩	74.1	74	70	66.4	73.6	63.3	

再以图 2-16 中所示三个二维数据为例进行分析，如果单独看 x_1 维度（见图 2-17）。可以看到将点投影到 x_1 这个维度上时，数据 1 的离散性最高，数据 3 的离散性次之，数据 2 的离散性最低。数据离散性越大，代表数据在所投影的维度上具有越大的分布区间，即越大的信息量。如果用方差来形容数据的离散性的话，则数据的方差越大，表示数据蕴含的信息量越大。

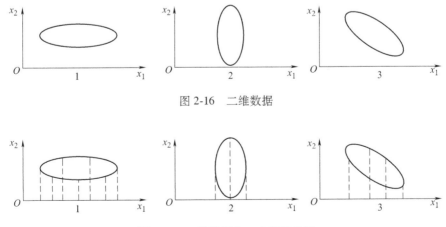

图 2-16　二维数据

图 2-17　二维数据向 x_1 坐标轴投影

基于这个知识，如果想将两个维度的数据 1 降成一维，可以选择保留 x_1 这个维度的数据，因为这个维度上蕴含的信息量最多。同理，数据 2 可以保留 x_2 这个维度的数据。但是，对于数据 3 来说不管保留 x_1 还是 x_2 维度的数据，都会丢失较大的信息量。因此需要对数据 3 中的坐标轴进行旋转变换，如图 2-18b 所示。可以看出在新坐标轴下可以进行降维处理。因此主成分分析的核心思想可理解为变换数据坐标轴，根据新维度上的数据方差大小，确定保留哪个维度的数据。

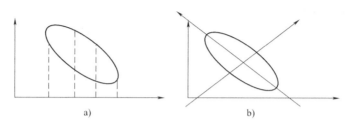

图 2-18　变换数据坐标轴

a）原坐标投影　b）新坐标投影

选取正确的坐标轴的过程中，需要作矩阵变换，变换公式为

$$X = \begin{pmatrix} x_1 \\ x_2 \end{pmatrix} \xrightarrow{\text{矩阵变换}} \begin{pmatrix} y_1 \\ y_2 \end{pmatrix} = Y \tag{2-19}$$

也就是

$$AX = \begin{pmatrix} a_{11} & a_{12} \\ a_{21} & a_{22} \end{pmatrix} \begin{pmatrix} x_1 \\ x_2 \end{pmatrix} = \begin{pmatrix} a_{11}x_1 + a_{12}x_2 \\ a_{21}x_1 + a_{22}x_2 \end{pmatrix} = \begin{pmatrix} y_1 \\ y_2 \end{pmatrix} = Y \tag{2-20}$$

经过式（2-19）和式（2-20）可以得出，特征值对应的特征向量即对应理想中正确的坐标轴，而特征值对应数据在旋转之后的坐标上相应维度上的方差。直接求出矩阵 A 的特征向量，就能找到旋转后正确的坐标轴，即数据在各个维度中方差达到最大的坐标轴。因此，可直接用特征值来描述对应特征向量方向上包含的信息量，而某一特征值除以所有特征值之和的值就表示：该特征向量的方差贡献率，代表数据在该维度下蕴含信息量的比例。

一个矩阵可理解为代表一个线性变换规则，而一个矩阵的乘法运算代表一个数学变换。假设有一个矩阵 A：$A = \begin{pmatrix} a_{11} & a_{12} \\ a_{21} & a_{22} \end{pmatrix}$，一个列向量 X：$X = \begin{pmatrix} x_1 \\ x_2 \end{pmatrix}$，一个矩阵的乘法为式（2-20）；式（2-20）可理解为向量 X 通过矩阵 A 这个变化规则变换为向量 Y，即式（2-19）。

式（2-19）变换在几何上的含义如图 2-19 所示：原始为由 x_1 和 x_2 构成的一个向量，Y 为由 y_1 和 y_2 构成的向量，其中 y_1 和 y_2 分别由 x_1 和 x_2 的数学公式推导得出。

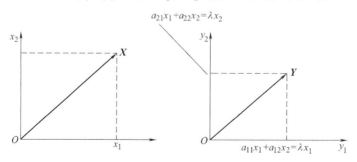

图 2-19　矩阵乘法变换在几何上的含义

进一步从几何上理解特征值和特征向量，由 $AX = \lambda X$ 可知：

$$AX = \begin{pmatrix} a_{11} & a_{12} \\ a_{21} & a_{22} \end{pmatrix} \begin{pmatrix} x_1 \\ x_2 \end{pmatrix} = \begin{pmatrix} a_{11}x_1 + a_{12}x_2 \\ a_{21}x_1 + a_{22}x_2 \end{pmatrix} = \begin{pmatrix} \lambda x_1 \\ \lambda x_2 \end{pmatrix} = \lambda X \qquad (2\text{-}21)$$

所以，确定了特征值之后，向量 X 变换的几何含义如图 2-20 所示。

引用《线性代数的几何意义》的描述：
"矩阵乘法对应了一个变换，是把任意一个向量变成另一个方向或长度都大多不同的新向量。在这个变换的过程中，原向量主要发生旋转、伸缩的变化。如果矩阵对某一个向量或某些向量只发生伸缩变换，不对这些向量产生旋转的效果，那么这些向量就称为这个矩阵的特征向量，伸缩的比例就是特征值。"

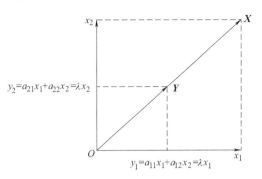

图 2-20　向量 X 变换的几何含义

在上述基础上理解主成分分析变换的几何意义，如图 2-21 所示。一组数据在三维坐标空间中的分布如图 2-21a 所示，任意某一坐标不能很好反映数据的最大信息量，因此，对坐标进行平移和旋转变换，变换后数据可以通过二维坐标反映出最大信息量，从而实现数据的压缩降维。对于多维变量的情况和三维类似，首先把数据分布的主轴找出，再用代表大多数数据信息的最长的几个轴作为新变量，即完成主成分分析。主轴是互相垂直的，且互相正交的新变量是原先变量的线性组合，称作主成分 PCs（principal components）。

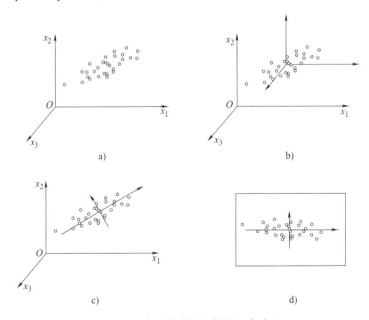

图 2-21　主成分分析变换的几何意义

a）数据原始点云分布　b）坐标轴平移变换　c）坐标轴旋转变换　d）二维坐标数据显示

主成分分析方法的基本原理：

对于有 n 个变量的 m 个样本，构成 $m×n$ 阶数据矩阵如下：

$$\begin{pmatrix} x_{11} & x_{12} & \cdots & x_{1n} \\ x_{21} & x_{22} & \cdots & x_{21} \\ \vdots & \vdots & & \vdots \\ x_{m1} & x_{m2} & \cdots & x_{mn} \end{pmatrix}$$

如果变量个数 n 较大时，对于我们来说，直接观察这些变量很难看出一些指标，为方便我们观察指标，需要将其降维处理，且降维后要尽可能多地反应原来包含的信息量。

设有 p 个主成分，则：

$$\begin{cases} PC_1 = a_{11}X_1 + a_{12}X_2 + \cdots + a_{1n}X_n \\ PC_2 = a_{21}X_1 + a_{22}X_2 + \cdots + a_{2n}X_n \\ \qquad\qquad\qquad \vdots \\ PC_p = a_{p1}X_1 + a_{p2}X_2 + \cdots + a_{pn}X_n \end{cases} \tag{2-22}$$

其中，PC 之间互相无关。若令 $\boldsymbol{A}_1 = (a_{11}, a_{12}, \cdots, a_{1n})$，$\boldsymbol{X} = (X_1, X_2, \cdots, X_n)$，则

$$PC_1 = \boldsymbol{A}_1^{\mathrm{T}}\boldsymbol{X} \tag{2-23}$$

此时称向量 $\boldsymbol{A}_1$ 为第一主成分的载荷，计算出来的值为第一主成分的得分。同理其他主成分也类似，我们进行主成分分析，其实质就是确定原来变量在 p 个主成分上的载荷，即 a_{ij}，其中 $i = 1, 2, \cdots, p$ 且 $j = 1, 2, \cdots, n$，数学上证明 a_{ij} 是相关矩阵的 p 个较大特征值对应的特征向量。

相关系数用于描述变量之间相关关系的密切程度，对于 p 个变量，相关矩阵为

$$\boldsymbol{R}_{p×p} = \begin{pmatrix} r_{11} & r_{12} & \cdots & r_{1p} \\ r_{21} & r_{22} & \cdots & r_{2p} \\ \vdots & \vdots & & \vdots \\ r_{p1} & r_{p2} & \cdots & r_{pp} \end{pmatrix}$$

左上角到右下对角线的上半部分和下半部分是对称的，r_{ij} 表示两个变量的相关，其中 $(i, j = 1, 2, \cdots, p)$，且有 $r_{ij} = r_{ji}$，计算公式为

$$r_{ij} = \frac{\sum\limits_{k=1}^{n}(x_{ki} - \bar{x}_i)(x_{kj} - \bar{x}_j)}{\sqrt{\sum\limits_{k=1}^{n}(x_{ki} - \bar{x}_i)^2 \sum\limits_{k=1}^{n}(x_{kj} - \bar{x}_j)^2}} \tag{2-24}$$

确定主成分：

求解特征方程 $|\lambda\boldsymbol{E} - \boldsymbol{R}| = 0$，获得特征值，将其按照大小顺序排序，$\lambda_1 \geqslant \lambda_2 \geqslant \cdots \geqslant \lambda_p$。然后分别求出相应特征值的特征向量 $\boldsymbol{a}_i$ $(i = 1, 2, \cdots, p)$，其中要求 $\|\boldsymbol{a}_i\| = 1$，即 $\sum\limits_{i=1}^{p} a_{ij}^2 = 1$，$j$ 表示向量的第 j 个分量。

计算贡献率和累计贡献率，计算公式为

$$\frac{\lambda_i}{\sum\limits_{k=1}^{p}\lambda_k}(i = 1, 2, \cdots, p), \frac{\sum\limits_{k=1}^{i}\lambda_k}{\sum\limits_{k=1}^{p}\lambda_k}(i = 1, 2, \cdots, p) \tag{2-25}$$

主成分分析法本质上是一种正交线性变换的方法，用于捕捉光谱域中的最大差异。通过线性变换，把一组多元数据、矩阵变换到新坐标系统中一组线性不相关的变量，转换后的这组变量称为主成分（principal component，PC）。在主成分空间，这些主成分依据相关特征值降序排列，即第一主成分包含最大方差，第二主成分包含剩余的最大方差，依此类推。然后，新的主成分得分矩阵计算公式为

$$T = XP + E \qquad (2\text{-}26)$$

式中，T 是得分矩阵；P 是载荷矩阵；E 是光谱残差矩阵。

选择的主成分越少，降维效果越好。那么如何确定所需的主成分数目呢？被选的主成分所代表的主轴的长度之和占主轴长度总和的大部分（约为 85%）为佳。具体选几个，还是要根据实际情况而定。图 2-22 所示为特征值数目与其大小的变化规律，由图 2-22 可知，特征值按照从大到小的顺序排列，越靠后的特征值大小越小，表明所包含信息量越少。

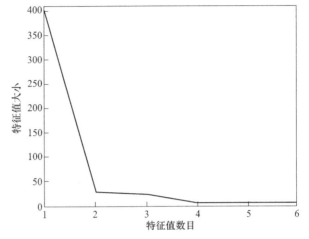

图 2-22　特征值数目与其大小的变化规律

总体来说主成分分析可大致分为以下几个步骤：

1）将原始数据按行排列组成矩阵。

2）将数据进行标准差标准化处理。

3）计算相关系数矩阵。

4）根据相关矩阵计算特征值，并按照从大到小顺序排列。

5）计算各特征值的特征向量，并且要求 $\| a_i \| = 1$。

6）计算各主成分的贡献率及累计贡献率，一般选取累计贡献率大于 85% 的前 p 个主成分。

7）得到 p 个主成分对应的特征向量（载荷）。

下文通过一个具体例子帮助大家进一步理解主成分分析。根据表 2-3 中的数据，对某农业生态经济系统做主成分分析。

表 2-3　某农业生态经济系统各区域单元的有关数据

样本序号	X_1：人口密度/（人/km²）	X_2：人均耕地面积/hm²	X_3：森林覆盖率（%）	X_4：农民人均纯收入/（元/人）	X_5：人均粮食产量/（kg/人）	X_6：经济作物占农作物播面比例（%）	X_7：耕地占土地面积比率（%）	X_8：果园与林地面积之比（%）	X_9：灌溉田占耕地面积之比（%）
1	363.912	0.352	16.101	192.11	295.34	26.724	18.492	2.231	26.262
2	141.5.3	1.684	24.301	1752.35	452.26	32.314	14.464	1.455	27.066
3	100.695	1.067	65.601	1181.54	270.12	18.266	0.162	7.474	12.489
4	143.739	1.336	33.205	1436.12	354.26	17.486	11.805	1.892	17.534

（续）

样本序号	X_1：人口密度/（人/km²）	X_2：人均耕地面积/hm²	X_3：森林覆盖率（%）	X_4：农民人均纯收入/（元/人）	X_5：人均粮食产量/（kg/人）	X_6：经济作物占农作物播面比例（%）	X_7：耕地占土地面积比率（%）	X_8：果园与林地面积之比（%）	X_9：灌溉田占耕地面积之比（%）
5	131.412	1.623	16.607	1405.09	586.59	40.683	14.401	0.303	22.932
6	68.337	2.032	76.204	1540.29	216.39	8.128	4.065	0.011	4.861
7	95.416	0.801	71.106	926.35	291.52	8.135	4.063	0.012	4.862
8	62.901	1.652	73.307	1501.24	225.25	18.352	2.645	0.034	3.201
9	86.624	0.841	68.904	897.36	196.37	16.8611	5.176	0.055	6.167
10	91.394	0.812	66.502	911.24	226.51	18.279	5.643	0.076	4.477
11	76.912	0.858	50.302	103.52	217.09	19.793	4.881	0.001	6.165
12	51.274	1.041	64.609	968.333	181.38	4.005	4.066	0.015	5.402
13	68.832	0.836	62.804	957.14	194.04	9.11	4.484	0.002	579
14	77.301	0.623	60.102	824.37	188.09	19.409	5.721	5.055	8.413
15	86.948	1.022	68.001	1255.42	211.55	11.102	3.133	0.01	3.425
16	99.265	0.654	60.702	1251.03	220.91	4.383	4.615	0.011	5.593
17	118.505	0.661	63.304	1246.47	242.16	10.706	6.053	0.154	8.701
18	141.473	0.737	54.206	814.21	193.46	11.419	6.442	0.012	12.945
19	137.761	0.598	55.901	1124.05	228.44	9.521	7.881	0.069	12.654
20	117.612	1.245	54.503	805.67	175.23	18.106	5.789	0.048	8.461
21	122.781	0.731	49.102	1313.11	26.29	26.721	7.162	0.092	10.078

分析步骤如下：

1）将表 2-3 中的数据做标准差处理，然后计算相关系数矩阵，结果见表 2-4。

表 2-4　相关系数矩阵

	X_1	X_2	X_3	X_4	X_5	X_6	X_7	X_8	X_9
X_1	1	−0.327	−0.714	−0.336	0.309	0.408	0.79	0.156	0.744
X_2	−0.33	1	−0.035	0.644	0.42	0.255	0.009	−0.078	0.094
X_3	−0.71	−0.035	1	0.07	−0.74	−0.755	−0.93	−0.109	−0.924
X_4	−0.34	0.644	0.07	1	0.383	0.069	−0.05	−0.031	0.073
X_5	0.309	0.42	−0.74	0.383	1	0.734	0.672	0.098	0.747
X_6	0.408	0.255	−0.755	0.069	0.734	1	0.658	0.222	0.707
X_7	0.79	0.009	−0.93	−0.046	0.672	0.658	1	−0.03	0.89
X_8	0.156	−0.078	−0.109	−0.031	0.098	0.222	−0.03	1	0.29
X_9	0.744	0.094	−0.924	0.093	0.747	0.707	0.89	0.29	1

2）根据相关系数矩阵计算特征值，以及各个主成分对应的贡献率与累计贡献率，结果见表 2-5。第一、第二和第三主成分的累计贡献率为 86.596%，>85%，故只需要求出第一、

第二和第三主成分 Z_1、Z_2 和 Z_3 即可。

表 2-5 特征值及相应主成分贡献率

主成分	特征值	贡献率（%）	累计贡献率（%）
Z_1	4.661	51.791	51.791
Z_2	2.089	23.216	75.007
Z_3	1.043	11.589	86.596
Z_4	0.507	5.638	92.234
Z_5	0.315	3.502	95.736
Z_6	0.193	2.14	97.876
Z_7	0.114	1.271	99.147
Z_8	0.0453	0.504	99.65
Z_9	0.0315	0.35	100

3）根据所特征值 $Z_1 = 4.6610$，$Z_2 = 2.0890$，$Z_3 = 1.0430$ 分别求出其特征向量 e_1、e_2、e_3，并计算各变量 X_1，X_2，$\cdots$，X_9 在主成分 Z_1、Z_2、Z_3 上的载荷，结果见表 2-6。

表 2-6 主成分载荷系数矩阵

	Z_1	Z_2	Z_3
X_1	0.739	−0.532	−0.0061
X_2	0.123	0.887	−0.0028
X_3	−0.964	0.0096	0.0095
X_4	0.0042	0.868	0.0037
X_5	0.813	0.444	−0.0011
X_6	0.819	0.179	0.125
X_7	0.933	−0.133	−0.251
X_8	0.197	−0.1	0.97
X_9	0.964	−0.0025	0.0092

显而易见，用三个主成分 Z_1、Z_2 和 Z_3 代替原来 9 个变量（X_1，X_2，$\cdots$，X_9）描述农业生态经济系统，可以使问题更进一步简化明了，见表 2-7。

表 2-7 各 X_i 变量表示的含义

样本序号	X_1：人口密度/（人/km²）	X_2：人均耕地面积/hm²	X_3：森林覆盖率（%）	X_4：农民人均纯收入/（元/人）	X_5：人均粮食产量/（kg/人）	X_6：经济作物占农作物播面比例（%）	X_7：耕地面积占土地面积比率（%）	X_8：果园与林地面积之比（%）	X_9：灌溉田占耕地面积之比（%）
1	363.912	0.352	16.101	192.11	295.34	26.724	18.492	2.231	26.262

由表 2-6 和表 2-7 可得第一主成分 Z_1 与 X_1、X_5、X_6、X_7 和 X_9 表现出较强的正相关，与 X_3 为较强的负相关，这几个变量综合地反映了生态经济结构状况，因此可以认为第一主成分 Z_1

代表了生态经济结构。

第二主成分 Z_2 与 X_2、X_4 和 X_5 表现出较强的正相关，与 X_1 表现出较强的负相关，其中，除了 X_1 为人口总数外，X_2、X_4 和 X_5 都反映了人均占有资源量的情况，因此，可以认为第二主成分 Z_2 代表了人均资源量。

第三主成分 Z_3 与 X_8 表现出最高的正相关，其次是 X_6，而与 X_7 呈负相关，因此，可以认为第三主成分在一定程度上代表了农业经济。

利用主成分分析可对光谱数据进行解析。混合物的光谱是混合物中各产物浓度加权的纯光谱之和，如图 2-23 所示。混合物光谱矩阵的构成如图 2-24 所示。

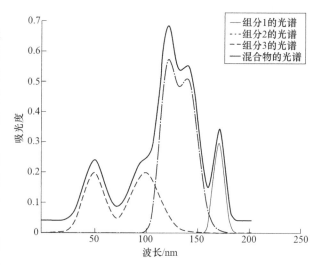

图 2-23　混合物光谱曲线构成

混合物光谱和组分纯光谱的数学矢量表示为

混合物的一条光谱情况　　　　$s = p_1 s_1 + p_2 s_2 + p_3 s_3$

混合物的多条光谱情况　　　　$X = P_1 S_1 + P_2 S_2 + P_3 S_3$　　　　（2-27）

式中，P 是浓度比例；S 是组分纯光谱。

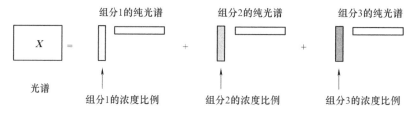

图 2-24　混合物光谱矩阵的构成

光谱数据做主成分分析变换时，矩阵 X 可如式（2-28）展开，因此主成分分析也可作为一种光谱分解方法，如图 2-25 所示。

$$X = c_1 v_1^{\mathrm{T}} + c_2 v_2^{\mathrm{T}} + c_3 v_3^{\mathrm{T}} + \cdots + c_k v_k^{\mathrm{T}} + E \qquad (2\text{-}28)$$

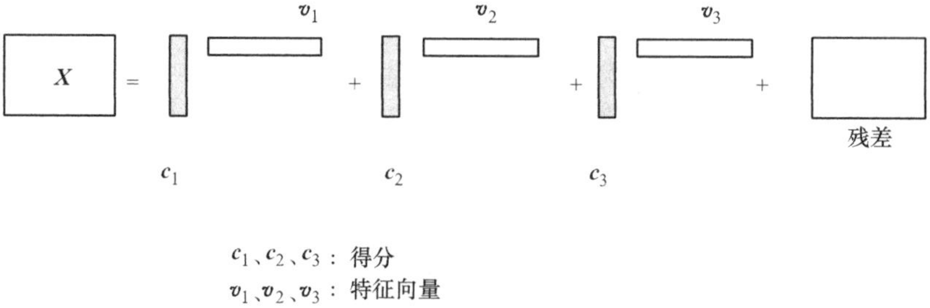

c_1、c_2、c_3：得分
v_1、v_2、v_3：特征向量

图 2-25　矩阵 X 的主成分分解

得分向量相互正交：当 $i \neq j$，$\boldsymbol{c}_i^{\mathrm{T}} \boldsymbol{c}_j = 0$。

特征向量是正交的，并且具有单位范数：当 $i \neq j$，$\boldsymbol{v}_i^{\mathrm{T}} \boldsymbol{v}_j = 0$，且当 $i = j$，$\boldsymbol{v}_i^{\mathrm{T}} \boldsymbol{v}_j = 1$。

2.2.3　回归分析方法

1. 回归分析问题的引出

通常用于回归分析的变量间主要存在两类关系，即确定性关系和非确定性关系。

1）确定性关系也称作函数关系，即

$$Y = f(X) ; \qquad Y = f(X_1, X_2, \cdots, X_p)$$

或
$$F(X, Y) = 0; \qquad F(X_1, X_2, \cdots, X_p, Y) = 0 \qquad (2\text{-}29)$$

例如，价格不变时服装店的销售收入与销售量的函数关系如图 2-26 所示，两者间可用明确的数学关系表示。

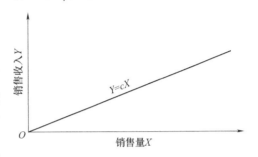

图 2-26　服装店销售量与销售收入的函数关系

2）非确定性关系：指变量间相互影响或制约，但由于无法预计和控制的因素，导致变量间表现为不确定性关系，即不能由一个或若干变量的值准确地确定另一变量的值。即使如此，大量观察表明，非确定性关系的变量间存在着某种统计性规律，称为相关关系或回归关系。例如，家庭消费支出和家庭收入两者大致符合某种线性关系趋势，数据点在该线性关系周围分布，如图 2-27 所示。

回归函数即 $Y = f(x_1, x_2, \cdots, x_m) + \varepsilon$，$m = 1$，称为一元线性回归；$m > 1$，称为多元线性回归；若 $f(x_1, x_2, \cdots, x_m)$ 是非线性函数，则称为非线性回归。

"回归"一词最初是由英国著名生物学家、统计学家高尔顿（生物学家达尔文的表弟，见图 2-28）在研究人类遗传问题时提出来的。为了研究父代与子代身高关系，高尔顿搜集了 1078 对父子的身高数据，其对试验数据进行深入分析，发现了一个很有趣的现象：当父亲高于平均身高时，他们的儿子身高比他更矮的概率大于比他更高的概率；父亲矮于平均身高时，他们的儿子身高比他更高的概率大于比他更矮的概率。以上表明这两种身高父亲的儿子身高，有向他们父辈平均身高回归的趋势。

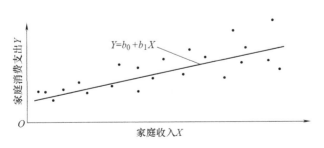

图 2-27　家庭收入与家庭消费支出的非确定性关系

图 2-28　高尔顿（Francis Galton，1822—1911）

生物学家对上述情况的解释是：人类身高存在一种自然约束力使其分布相对稳定而不产生两极分化，高尔顿将这种趋向于种族稳定的现象称为回归效应。高个子父代的子代在成年之后的身高平均来说不是更高，而是稍矮于其父代水平，而矮个子父代的子代的平均身高不是更矮，而是稍高于其父代水平。如图 2-29 所示，儿子身高（Y, in）与父亲身高（X, in）存在一定线性关系。

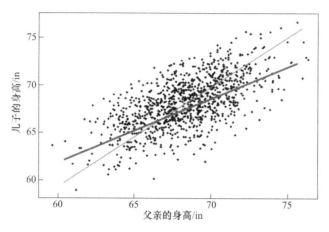

图 2-29　父亲身高与儿子身高的回归关系

由于变量间存在相互依赖的制约或相关关系，因此可以通过回归分析，研究因变量（目标）和自变量（预测变量）之间的关系，来达到预测分析，建立时间序列模型，或是发现变量间因果关系的目的，为实际生活提供便利。回归分析按照变量数量，分为一元回归分析和多元回归分析。按照自变量和因变量之间的关系类型，可分为线性回归分析和非线性回归分析（又称为曲线回归）。下面根据由简到繁的顺序依次介绍一元线性回归、曲线回归、多元线性回归、主成分回归，以及偏最小二乘回归的相关原理。

2. 一元线性回归和曲线回归

（1）一元线性回归　例如，用某饲料喂养 12 只大白鼠，统计大白鼠的进食量与体重增加量数据，作直线回归分析。由原始数据作散点图，观察两变量间的趋势，如图 2-30 所示。

量化 X 与 Y 的趋势关系，对于新的个体，如果知道进食量 X 与体重增加量 Y 的数学关系，即可用 X 来预测 Y。那么我们需要知道如下问题：如何估计参数？X 能解释 Y 的比例是多少？表 2-8 所示为 12 只大白鼠的进食量与体重增加量统计结果。

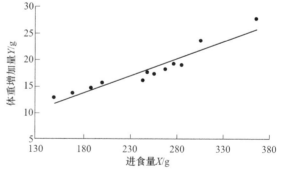

图 2-30　12 只大白鼠进食量与
体重增加量数据散点图

图 2-31 中展示了不同估计参数所获得的 2 条回归直线。总体看，观测值（散点）到蓝线（预测值）的距离小于到黑线（预测值）的距离，表明蓝线比黑线拟合效果要好。

表 2-8　12 只大白鼠的进食量与体重增加量统计结果

序号	进食量 X/g	体重增加量 Y/g	X^2	Y^2	XY
1	305.7	23.6	93452.49	556.96	7214.52
2	188.6	14.7	35569.96	216.09	2772.42
3	277.2	19.2	76839.84	368.64	5322.24
4	364.8	27.7	133079.04	767.29	10104.96
5	285.3	18.9	81396.09	357.21	5392.17
6	244.7	16.1	59878.09	259.21	3939.67
7	255.9	17.2	65484.81	295.84	4401.48
8	149.8	12.9	22440.04	166.41	1932.42
9	268.9	18.3	72307.21	334.89	4920.87
10	247.6	17.7	61305.76	313.29	4382.52
11	168.8	13.7	28493.44	187.69	2312.56
12	200.6	15.6	40240.36	243.36	3129.36
合计	2957.9 ($\sum X$)	215.6 ($\sum Y$)	770487.13 ($\sum X^2$)	4066.9 ($\sum Y^2$)	55825.2 ($\sum XY$)

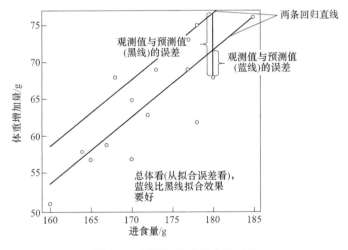

图 2-31　两种估计参数方法对比

高斯计算谷神星轨道时提出最小二乘法原则（least square method）：使各实际散点（Y）到直线（$\hat{Y}$）的纵向距离的二次方和最小，图 2-32 所示为最小二乘法原理示意图。即，使 $e = \sum(Y-\hat{Y})^2 = \sum(f(x_i)-y_i)^2 = \sum(ax_i+b-y_i)^2$（残差或剩余值）最小。最小二乘拟合的基本原理为找一条直线（即确定 a 和 b），使 $\sum(Y-\hat{Y})^2 = \min$。

观测值：(x_i, y_i)，$i=1, \cdots, n$；残差：

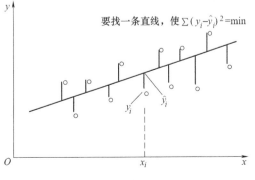

图 2-32　最小二乘法原理示意图

$$e_i = y_i - (\alpha + \beta x_i) \tag{2-30}$$

$$\text{估计方法：}\begin{cases} \text{最小二乘估计} \sum_{i=1}^{n} e_i^2 = \min \Rightarrow (\hat{\alpha}, \hat{\beta}) \\ \text{最小一乘估计} \sum_{i=1}^{n} |e_i| = \min \Rightarrow (\hat{\alpha}, \hat{\beta}) \end{cases} \tag{2-31}$$

回归方程的显著性检验：通过参数估计得到回归方程后，还需要对回归方程进行检验，以确定变量间是否存在显著的线性关系。对一元线性回归模型，如果变量 Y 与 X 之间并不存在线性相关关系，则模型中的一次项系数 $b_1 = 0$；反之，则 $b_1 \neq 0$。故对一元线性回归模型，要检验的原假设为

$$H_0 : b_1 = 0 \tag{2-32}$$

可以证明，当 H_0 为真时，统计量 $H_0 : \beta_1 = 0$。

$$F : \frac{S_Z}{S_Z/(N-2)} \sim F(1, N-2) \tag{2-33}$$

因此，在给定显著性水平 a 下，若 $F > F_\alpha(1, N-2)$，则拒绝 H_0，并称回归方程是显著的，可以用回归方程对被解释变量进行预测或控制分析；反之，则称回归方程无显著意义。

若不能拒绝 H_0，则可能有以下原因：①Y 和 X 之间不存在线性关系；②模型中忽略了 Y 的其他重要影响因素；③Y 和 X 基本无关；④数据存在较大误差。

以上为对回归方程的显著性检验，同样使用了方差分析方法。Y 的观察值 $y_1, y_2, \cdots, y_n$ 之间的差异是由两方面因素导致的：

1）解释变量 X 取值 x_i 的不同。

$$\begin{aligned} Y_i &= \hat{\beta}_0 + \hat{\beta}_1 X_i + e_i \\ &\Rightarrow e_i = Y_i - \hat{\beta}_0 - \hat{\beta}_1 X_i \end{aligned} \tag{2-34}$$

2）其他因素和试验误差的影响。

偏差平方和的分解：为检验以上两方面中哪一个对 Y 值影响是主要的，需要将它们各自对 Y 值的影响，从 y_i 总的差异中分解出来。

$SS_{总} = \sum (Y - \bar{Y})^2$，为 Y 的离均差平方和（total sum of squares），未考虑 X 与 Y 的回归关系时 Y 的总差异，$v = n-1$。

$SS_{测} = \sum (Y - \hat{Y})^2$，为剩余平方和（residual sum of squares），X 对 Y 的线性影响之外的一切因素对 Y 的变异。即总变异中，无法用 X 解释的部分。$SS_{测}$ 越小，回归效果越好，$v = n-2$。

$SS_{回} = \sum (\hat{Y} - \bar{Y})^2$，为回归平方和（regression sum of squares）。由于 X 与 Y 的直线关系而使 Y 变异减小的部分。即总变异中，可以用 X 解释的部分。$SS_{回}$ 越大，回归效果越好，$v = 1$。

$$R^2 = \frac{SS_{回}}{SS_{总}} = 1 - \frac{SS_{剩}}{SS_{总}} \tag{2-35}$$

决定系数 R^2 越接近于 1，说明数学模型的模拟效果越好。

（2）曲线回归　在实际问题中，变量间关系有时是非线性的，这时回归分析的任务就是为它们配置合适类型的曲线，如图 2-33 所示。曲线方程可以分为两种：可直线化的曲线方程和不可直线化的曲线方程（多项式）。在多数情况下两个变量间的非线性关系可以通过简单的变量代换转化为线性关系，进而采用线性回归方法来求解和进一步分析。可线性化的

曲线拟合的基本步骤：

1）绘出（X，Y）的散点图。

2）根据散点图的趋势，结合常见的曲线形状和专业知识，选定几种最可能的曲线类型。

3）根据所选定的曲线类型特点，做相应的变量变换，使曲线直线化。

4）建立直线回归方程，并做显著性检验。

5）将变量还原，写出原曲线方程。

6）若对同一批数据拟合了多个可能的模型，需作拟合优度检验，是否有显著性差异；对拟合结果最好的曲线方程作残差分析，判断拟合是否符合应用需求。

下文具体介绍几种可以通过简单的变量代换转化为线性关系的非线性函数的线性化方法。

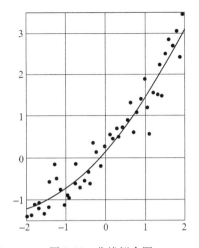

图 2-33　曲线拟合图

（1）双曲线函数　双曲线函数曲线图如图 2-34 所示，表达式为

$$\frac{1}{y} = a + \frac{b}{x} \tag{2-36}$$

令 $y' = 1/y$，$x' = 1/x$，得

$$y' = a + bx' \tag{2-37}$$

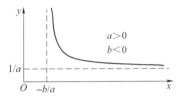
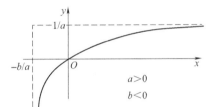

图 2-34　双曲线函数曲线图

（2）幂函数　幂函数曲线图如图 2-35 所示，表达式为

$$y = ax^b$$

若 $a > 0$，则

$$\ln y = \ln a + b\ln x \tag{2-38}$$

令 $y' = \ln y$，$b_0 = \ln a$，$x' = \ln x$，得

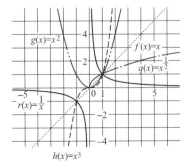
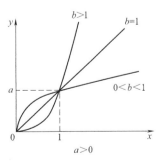

图 2-35　幂函数曲线图

$$y' = b_0 + bx' \tag{2-39}$$

（3）指数函数　指数函数 $y = a^x$ 的曲线图如 2-36a 所示。而另一常见典型指数函数 $y = ae^{bx}$，其曲线图如图 2-36b 所示。

若 $a>0$，则

$$\ln y = \ln a + bx \tag{2-40}$$

令 $y' = \ln y$，$b_0 = \ln a$，得

$$y' = b_0 + bx \tag{2-41}$$

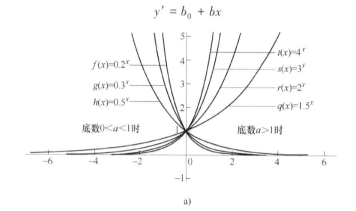

a)

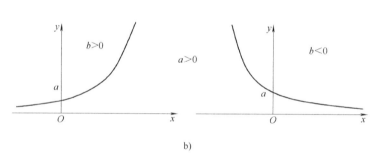

b)

图 2-36　指数函数曲线图

（4）负指数函数　负指数函数曲线图如图 2-37 所示，表达式为

$$y = ae^{b/x}$$

若 $a>0$，则

$$\ln y = \ln a + b/x \tag{2-42}$$

令 $y' = \ln y$，$b_0 = \ln a$，$x' = 1/x$，得

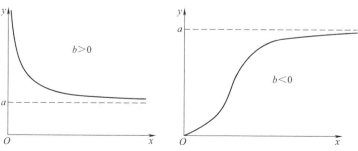

图 2-37　负指数函数曲线图

$$y' = b_0 + bx' \tag{2-43}$$

（5）对数函数 对数函数曲线图如图 2-38 所示，表达式为

$$y = a + b\ln x \tag{2-44}$$

令 $x' = \ln x$，得

$$y = a + bx' \tag{2-45}$$

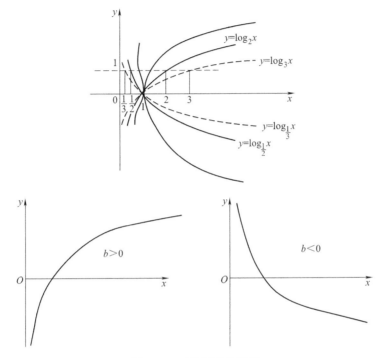

图 2-38 对数函数曲线图

（6）逆函数 逆函数曲线图如图 2-39 所示，表达式为

$$y = a + \frac{b}{x} \tag{2-46}$$

令 $x' = 1/x$，得

$$y = a + bx' \tag{2-47}$$

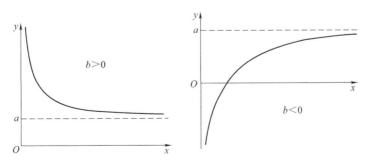

图 2-39 逆函数曲线图

（7）S 形曲线　S 形曲线曲线图如图 2-40 所示，表达式为

$$y = \frac{1}{a + be^{-x}} \tag{2-48}$$

令 $y' = 1/y$，$x' = e^{-x}$，得

$$y' = a + bx' \tag{2-49}$$

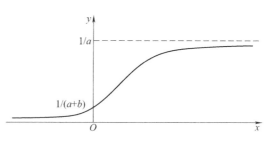

图 2-40　S 形曲线曲线图

配置曲线的原则：在实际问题中，究竟应使用哪种曲线来配置自变量与因变量间的回归模型，通常要依据相关专业理论知识，或样本数据的散点图分布规律来决定。

合适的曲线类型往往并不是一下就能选准的，需要选择多种类型，并通过求解比较经数据变换后的多个线性回归方程的显著性水平，选取显著性水平最高的曲线，其对样本数据的拟合程度最好。

3. 多元线性回归（multiple linear regression，MLR）

多元线性回归表述的是两个或两个以上的自变量与一个因变量之间的数量关系，表达式为

$$Y = XB + E \tag{2-50}$$

式中，Y 是校正集样品实测含量矩阵（$n \times m$），其中 n 表示校正集样本数，m 表示组分数；X 是校正集光谱矩阵（$n \times k$），同样 n 表示校正集样本数、k 表示个波长个数；B 是回归系数矩阵；E 是实测值残差矩阵。回归系数矩阵 B，可通过最小二乘法得到，其求解公式为

$$B = (X^T X)^{-1} X^T Y \tag{2-51}$$

需要注意的是，B 的最小二乘解可求的前提是 $(X^T X)^{-1}$ 存在。当光谱矩阵存在共线性问题时，即 X 中至少有一列或一行可用其他几列或几行线性组合表示出来时，$X^T X$ 为零或接近于零，无法求其逆矩阵，进而也无法求解回归系数矩阵 B。

另外，基于逆矩阵运算的多元线性回归方法会引入计算误差，这要求从各种波长点中选择出合适的波长点来建模，同时，波长点的数量也不应超出样品的数量。

设因变量 Y 与 P 个自变量 X_1，X_2，$\cdots$，X_P 之间存在线性相关关系，则 Y 与 X_1，X_2，$\cdots$，X_P 之间的多元线性回归模型可表示为

$$Y = \beta_0 + \beta_1 X_1 + \beta_2 X_2 + \cdots + \beta_P X_P + \varepsilon \tag{2-52}$$

设第 i 次试验数据为（x_{i1}，x_{i2}，$\cdots$，x_{ip}，y_i），则多元线性回归可表示为：$y_i = \beta_0 + \beta_1 x_{i1} + \beta_2 x_{i2} + \cdots + \beta_p x_{ip} + \varepsilon_i$，残差 $\varepsilon_i \sim N(0，\sigma^2)$，且相互独立，$i = 1，2，\cdots，N$。

多元线性回归分析的原理与一元线性回归类似，多元非线性回归通常也可化为多元线性回归方程进行求解和分析。

参数 β 的最小二乘估计：对于随机抽取的 n 组观测值（Y_i，X_{ji}），$i = 1，2，\cdots，n$，$j = 0，1，2，\cdots，k$。如果样本函数的参数估计值已经得到，则有：

$$\hat{Y}_i = \hat{\beta}_0 + \hat{\beta}_1 X_{1i} + \hat{\beta}_2 X_{2i} + \cdots + \hat{\beta}_k X_{ki}，i = 1,2,\cdots,n \tag{2-53}$$

根据最小二乘原理，参数估计值应该是式（2-54）方程组的解。

$$
\begin{cases}
\dfrac{\partial}{\partial \hat{\beta}_0} Q = 0 \\[2mm]
\dfrac{\partial}{\partial \hat{\beta}_1} Q = 0 \\[2mm]
\dfrac{\partial}{\partial \hat{\beta}_2} Q = 0 \\[2mm]
\qquad \vdots \\[2mm]
\dfrac{\partial}{\partial \hat{\beta}_k} Q = 0
\end{cases}
\tag{2-54}
$$

其中，$Q = \sum\limits_{i=1}^{n} e_i^2 = \sum\limits_{i=1}^{n} (Y_i - \hat{Y}_i)^2 = \sum\limits_{i=1}^{n} \left[Y_i - (\hat{\beta}_0 + \hat{\beta}_1 X_{1i} + \hat{\beta}_2 X_{2i} + \cdots + \hat{\beta}_k X_{ki}) \right]^2$。

多元线性回归分析模型的推广：

（1）多项式回归分析模型　多项式回归模型的一般形式为 $Y = b_0 + b_1 x + b_2 x^2 + \cdots + b_m x^m + \varepsilon$，$\varepsilon \sim N(0, \sigma^2)$，令 $x_1 = x$，$x_2 = x^2$，$\cdots$，$x_m = x^m$，则模型就变成为多元线性回归模型：

$$
Y = b_0 + b_1 x_1 + b_2 x_2 + \cdots + b_m x_m + \varepsilon
\tag{2-55}
$$

（2）多项式回归还有许多推广的形式

$$
\begin{cases}
y = b_0 + b_1 x + b_2 x^2 + \cdots + b_m x^m + \dfrac{c}{x} \\[2mm]
y = b_0 + b_1 x + b_2 x^2 + \cdots + b_m x^m + CLn^x \\[2mm]
y = Exp(b_0 + b_1 x + b_2 x^2 + \cdots + b_m x^m) \\[2mm]
y = Exp\left(b_0 + b_1 x + b_2 x^2 + \cdots + b_m x^m + \dfrac{c}{x}\right) \\[2mm]
y = Exp(b_0 + b_1 x + b_2 x^2 + \cdots + b_m x^m) x^\varepsilon
\end{cases}
\tag{2-56}
$$

上述模型的共同特点是未知参数都是以线性形式出现，因此，都可以采用恒等变换化为多元线性回归模型。

例 2-1　水泥凝固时放出热量问题。某种水泥在凝固时放出的热量 $y(\mathrm{cal/g})$ 与水泥中下列 4 种化学成分有关，x_1：$3CaO \cdot Al_2O_3$ 的成分（%），x_2：$3CaO \cdot SiO_2$ 的成分（%），x_3：$4CaO \cdot Al_2O_3 \cdot Fe_3O_3$ 的成分（%），x_4：$2CaO \cdot SiO_2$ 的成分（%）。现记录了 13 组水泥凝固时放出热量与化学成分占比关系的数据，见表 2-9，根据表 2-9 中的数据，试研究 y 与 x_1、x_2、x_3、x_4 四种成分的关系。

表 2-9　水泥凝固时放出的热量 y 与水泥中 4 种化学成分占比的关系

编号	x_1（%）	x_2（%）	x_3（%）	x_4（%）	$y/(\mathrm{cal/g})$
1	7	26	6	60	78.5
2	1	29	15	52	74.3
3	11	56	8	20	104.3
4	11	31	8	47	87.6
5	7	52	6	33	95.9
6	11	55	9	22	109.2
7	3	71	17	6	102.7

（续）

编号	x_1（%）	x_2（%）	x_3（%）	x_4（%）	y/（cal/g）
8	1	31	22	44	72.5
9	2	54	18	22	93.1
10	21	47	4	26	115.9
11	1	40	23	34	83.8
12	11	66	9	12	113.3
13	10	68	8	12	109.4

MATLAB 求解

（1）MATLAB 命令

1）求回归系数的点估计和区间估计，并检验回归模型：

$$[b,bint,r,rint,stats] = regress(Y,X,alpha)$$

其中，$bint$ 是回归系数的区间估计；r 是残差；$rint$ 是置信区间；$stats$ 是用于检验回归模型的统计量，包含有三个数值：决定系数 R^2、F 值与 F 所对应的概率 p；$alpha$ 是显著性水平。决定系数 R^2 越接近 1，说明回归效果越好；$F>F_{1-\alpha}(m,n-m-1)$ 时拒绝 H_0，F 越大，说明回归方程越显著；与 F 对应的概率 $p<\alpha$ 时拒绝 H_0，回归模型成立。

其中，b、X 和 Y 分别为

$$b=\begin{pmatrix}\hat{b}_0\\\hat{b}_1\\\vdots\\\hat{b}_m\end{pmatrix}, X=\begin{pmatrix}1 & x_{11} & x_{12} & \cdots & x_{1m}\\1 & x_{21} & x_{22} & \cdots & x_{2m}\\\vdots & \vdots & \vdots & & \vdots\\1 & x_{n1} & x_{n2} & \cdots & x_{nm}\end{pmatrix}, Y=\begin{pmatrix}y_1\\y_2\\\vdots\\y_n\end{pmatrix}$$

2）画出残差及其置信区间

$$rcoplot(r,rint)$$

（2）实际问题求解　在 MATLAB 编辑器中输入以下程序代码：

```
>> x1=[7 1 11 11 7 11 3 1 2 21 1 11 10]′;
>> x2=[26 29 56 31 52 55 71 31 54 47 40 66 68]′;
>> x3=[6 15 8 8 6 9 17 22 18 4 23 9 8]′;
>> x4=[60 52 20 47 33 22 6 44 22 26 34 12 12]′;
>> y=[78.5 74.3 104.3 87.6 95.9 109.2 102.7 72.5 93.1 115.9 83.8 113.3 109.4]′;
>> x=[ones(13,1) x1 x2 x3 x4];
>> [b,bint,r,rint,stats]=regress(y,x,0.05);
disp('回归系数估计值')
b
disp('回归系数估计值的置信区间')
bint
disp('残差平方和')
r′*r
```

disp('相关系数的平方')

stats(1)

disp('F 统计量')

stats(2)

disp('与统计量 F 对应的概率 p')

stas(3)

执行后输出

回归系数估计值

　　b =

　　　　　　　　62. 4054

　　　　　　　　　1. 5511

　　　　　　　　　0. 5102

　　　　　　　　　0. 1019

　　　　　　　　　-0. 1441

回归系数估计值的置信区间

bint =

　　　-99. 1786　　　223. 9893

　　　　-0. 1663　　　　3. 2685

　　　　-1. 1589　　　　2. 1792

　　　　-1. 6385　　　　1. 8423

　　　　-1. 7791　　　　1. 4910

残差平方和

ans =

　　　　47. 8636

相关系数的平方

ans =

　　　　0. 9824

F 统计量

ans =

　　　　111. 4792

从计算结果可知，回归方程 $y = 62.405 + 1.551x_1 + 0.5102x_2 + 0.1019x_3 - 0.1441x_4$。

方差分析，查表得 $F_{0.05}(m, n-m-1) = F_{0.05}(4, 8) = 3.84$。计算可得 $F > F_{0.05}(4, 8) = 3.84$ 所以回归效果是高度显著的。

4. 主成分回归（principal component regression，PCR）

多元线性回归方法是采用整个矩阵 X 来建立数学模型，并不考虑在矩阵 X 中的信息与目标模型相关与否。显然，若所得结果偏离了正确模型，则对未知样本的预测也是错误的。为了克服多元线性回归的不足，主成分回归方法（PCR）应运而生。

主成分回归主要分为两步：先根据测定的主成分个数将矩阵 X 降维；再对降维的矩阵 X 进行线性回归分析。

运用主成分分析，原变量矩阵 X 可以表达为得分（即主成分）矩阵 T，而矩阵 T 由矩阵 X 在某个矢量 P 上的投影所得。主成分与矩阵 X 一一对应，即 $T = XP$。可将得分矩阵 T 看作特征变量用于定量分析，如作为 MLR 的输入变量，即为主成分回归。通过主成分回归模型参数 b 得到最终的结果：$Y = Tb$。

PCR 有效解决了 MLR 由于光谱数据间存在共线性导致计算结果不稳定的问题。其核心是主成分个数的选取，如果选取的主成分过少，会导致模型预测精度不足，建模准确率下降。

设矩阵 X 的阶为 $I×J$，若 T 的阶与 J 相等，则主成分回归与多元线性回归所得结果相同，并不能体现出主成分回归的优势。选取的主成分个数一般应删去不重要的主要包含噪声信息的主成分，使得主成分个数小于 J，由此所得的回归方程稳定性较好。

多元线性回归应用了由 X 的列所定义的全部空间，而主成分回归所使用的是子空间。当矩阵 X 的 J 列中，有一列可为其他 $J-1$ 列的线性组合时，则矩阵 X 可用 $J-1$ 列的矩阵 T 来描述，而并不丢失信息。新的矩阵 T 定义了矩阵 X 的一个子空间。

主成分分析不仅可以解决共线性问题，同时可以减小随机误差的影响。但是，若主成分回归在第一步中消去的是有用的主成分，而保留的是包含噪声信息的主成分，则在第二步多元线性回归所得的结果就将偏离真实的数学模型。

在实际问题中，经常遇到需要研究两组多重相关变量的相互关系，即研究用一组变量（自变量或预测变量）去预测另一组变量（因变量或响应变量）。除了多元线性回归分析、主成分回归分析等方法外，还有近年来发展提出的偏最小二乘回归分析方法。

5. 偏最小二乘回归（partial least squares regression，PLSR）

偏最小二乘法在回归方程建立的过程中，既考虑了提取 Y 和 X 中的主成分，又考虑了分别从 X 和 Y 提取出的主成分之间的相关性最大化的原则。可以说，PLSR 融合了 PCA、典型相关分析（canonical correlation analysis，CCA）和 MLR 三种基本算法的核心思想，可以较好地解决许多以往用普通多元回归无法解决的问题，是目前定量分析中应用最广泛的多元分析方法之一。不同于主成分回归，PLSR 同时对自变量和应变量矩阵进行分解，并将因变量信息引入到自变量矩阵分解过程中，在计算新的主成分之前，交换自变量与因变量矩阵的得分，可以使自变量主成分与浓度含量信息关联。因此，PLSR 提取的主成分既能较好地概括自变量矩阵信息，又能较好地预测因变量，减少了系统噪声干扰，更好地解决了自变量多重相关条件下的回归建模问题。特别是当两组变量的个数很多，且都存在多重相关性，而观测数据的数量（样本量）又较少时，用偏最小二乘回归建立的模型通常优于传统的经典回归分析等方法所建的模型。

PLSR 算法实现的主要步骤：

设原始特征数据 X_0 为 $N×m$ 维矩阵，Y_0 为 $N×n$ 维矩阵，即共有 N 个样本对，X_0 中样本特征为 m 维，Y_0 中样本特征为 n 维。而 X 和 Y 是原始数据经过标准化（减均值、除以标准差等）之后生成的数据。设 X 和 Y 的第一个主成分轴向量分别为 ω_1（$m×1$ 维）和 c_1（$n×1$ 维）（两者均为单位向量，且两者不是由 PCA 求出的主成分轴，目前都只是变量，具体的值要到下文求解），则由 ω_1 和 c_1 可以表示出 X 和 Y 的第一对主成分 t_1 和 u_1，其中 $t_1 = X×\omega_1$，$u_1 = Y×c_1$。

根据上文的假设，CCA 的求解思想是使 t_1 和 u_1 之间的相关性最大化，即 $\mathrm{Corr}(t_1, u_1) \rightarrow$

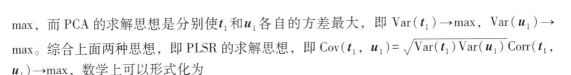

max，而 PCA 的求解思想是分别使 t_1 和 u_1 各自的方差最大，即 $\mathrm{Var}(t_1) \to \mathrm{max}$，$\mathrm{Var}(u_1) \to \mathrm{max}$。综合上面两种思想，即 PLSR 的求解思想，即 $\mathrm{Cov}(t_1, u_1) = \sqrt{\mathrm{Var}(t_1)\mathrm{Var}(u_1)}\,\mathrm{Corr}(t_1, u_1) \to \mathrm{max}$，数学上可以形式化为

$$\mathrm{max} < X\boldsymbol{\omega}_1, Y\boldsymbol{c}_1 >, \text{s. t.}\ \|\boldsymbol{\omega}_1\| = 1, \|\boldsymbol{c}_1\| = 1 \tag{2-57}$$

可以通过引入拉格朗日乘子的方法求出 $\boldsymbol{\omega}_1$、$\boldsymbol{c}_1$。$\boldsymbol{\omega}_1$ 是对称矩阵 $\boldsymbol{X}^{\mathrm{T}}\boldsymbol{Y}\boldsymbol{Y}^{\mathrm{T}}\boldsymbol{X}$ 的最大特征值对应的特征向量，$\boldsymbol{c}_1$ 是 $\boldsymbol{Y}^{\mathrm{T}}\boldsymbol{X}\boldsymbol{X}^{\mathrm{T}}\boldsymbol{Y}$ 的最大特征值对应的特征向量。在求出了 $\boldsymbol{\omega}_1$、$\boldsymbol{c}_1$ 后，可以求得 $\boldsymbol{X}$、$\boldsymbol{Y}$ 的第一对相关的主成分 t_1、u_1 为

$$t_1 = X\boldsymbol{\omega}_1, u_1 = Y\boldsymbol{c}_1 \tag{2-58}$$

根据主成分回归思想，分别对 $\boldsymbol{X}$、$\boldsymbol{Y}$ 的主成分 t_1、u_1 进行回归建模如下：

$$\boldsymbol{X} = t_1 \boldsymbol{p}_1^{\mathrm{T}} + \boldsymbol{E}, \boldsymbol{Y} = u_1 \boldsymbol{q}_1^{\mathrm{T}} + \boldsymbol{G} \tag{2-59}$$

这里的 $\boldsymbol{p}_1$、$\boldsymbol{q}_1$ 不同于 $\boldsymbol{\omega}_1$、$\boldsymbol{c}_1$，但它们之间有一定的关系，而 $\boldsymbol{E}$、$\boldsymbol{G}$ 为残差相关矩阵。因为直接用上面两个式子还是无法建立 $\boldsymbol{X}$、$\boldsymbol{Y}$ 之间的关系，所以在此利用 t_1、u_1 之间具有相关性这一情况把 $\boldsymbol{Y}$ 改为对 $\boldsymbol{X}$ 的主成分 t_1 进行回归建模如下：

$$\boldsymbol{Y} = t_1 \boldsymbol{r}_1^{\mathrm{T}} + \boldsymbol{F} \tag{2-60}$$

对于上面三个回归方程，可以用最小二乘法计算出 $\boldsymbol{p}_1$、$\boldsymbol{q}_1$、$\boldsymbol{r}_1$ 为

$$\boldsymbol{p}_1 = \frac{\boldsymbol{X}^{\mathrm{T}} t_1}{\|t_1\|^2}, \boldsymbol{q}_1 = \frac{\boldsymbol{Y}^{\mathrm{T}} u_1}{\|u_1\|^2}, \boldsymbol{r}_1 = \frac{\boldsymbol{Y}^{\mathrm{T}} t_1}{\|t_1\|^2} \tag{2-61}$$

从而可以推导出 $\boldsymbol{\omega}_1$、$\boldsymbol{p}_1$ 之间的关系为

$$\boldsymbol{\omega}_1^{\mathrm{T}} \boldsymbol{p}_1 = \boldsymbol{\omega}_1^{\mathrm{T}} \frac{\boldsymbol{X}^{\mathrm{T}} t_1}{\|t_1\|^2} = \frac{t_1^{\mathrm{T}} t_1}{\|t_1\|^2} = 1 \tag{2-62}$$

式中，$\boldsymbol{\omega}_1$ 是 $\boldsymbol{X}$ 投影出 t_1 的方向向量，而 $\boldsymbol{p}_1$ 在回归思想（使残差 $\boldsymbol{E}$ 尽可能小）下根据最小二乘法求出的，两种之间一般不是相同的关系，之后将 $\boldsymbol{X}$ 中主成分 t_1 不能解释的残差部分 $\boldsymbol{E}$ 作为新的 $\boldsymbol{X}$、$\boldsymbol{Y}$ 中主成分 t_1，不能解释的残差部分 $\boldsymbol{F}$ 作为新的 $\boldsymbol{Y}$，按照前面的方法进行回归，循环往复，直到残差 $\boldsymbol{F}$ 达到精度要求，或者主成分数量已经达到上限（初始 $\boldsymbol{X}$ 的秩），算法结束。设最后共有 k 个主成分，则一系列向量可表示为 $\boldsymbol{\omega}_1$，$\boldsymbol{\omega}_2$，$\cdots$，$\boldsymbol{\omega}_k$；$\boldsymbol{c}_1$，$\boldsymbol{c}_2$，$\cdots$，$\boldsymbol{c}_k$；t_1，t_2，$\cdots$，t_k；u_1，u_2，$\cdots$，u_k；$\boldsymbol{r}_1$，$\boldsymbol{r}_2$，$\cdots$，$\boldsymbol{r}_k$，其中下标不同的 t_i、t_j 是相互正交的，$\boldsymbol{\omega}_i$，$\boldsymbol{\omega}_j$ 也是相互正交的，但 $\boldsymbol{p}_i$、$\boldsymbol{p}_j$ 一般不是相互正交的（这也是与 PCA 的表达式中不同的地方）。最终可将原始 $\boldsymbol{X}$、$\boldsymbol{Y}$ 表示为

$$\boldsymbol{X} = t_1 \boldsymbol{p}_1^{\mathrm{T}} + t_2 \boldsymbol{p}_2^{\mathrm{T}} + \cdots + t_k \boldsymbol{p}_k^{\mathrm{T}} + \boldsymbol{E}$$
$$\boldsymbol{Y} = t_1 \boldsymbol{r}_1^{\mathrm{T}} + t_2 \boldsymbol{r}_2^{\mathrm{T}} + \cdots + t_k \boldsymbol{r}_k^{\mathrm{T}} + \boldsymbol{F} \tag{2-63}$$

利用 $\boldsymbol{\omega}_i^{\mathrm{T}} t_j = 1 (i=j)$、$\boldsymbol{\omega}_i^{\mathrm{T}} t_j = 0\ (i \neq j)$ 的关系可以把式（2-63）写成矩阵的形式，即

$$\boldsymbol{X} = \boldsymbol{T} \boldsymbol{P}^{\mathrm{T}} + \boldsymbol{E} \tag{2-64}$$
$$\boldsymbol{Y} = \boldsymbol{T} \boldsymbol{R}^{\mathrm{T}} + \boldsymbol{F} = \boldsymbol{X} \boldsymbol{W} \boldsymbol{R}^{\mathrm{T}} + \boldsymbol{F} = \boldsymbol{X} \boldsymbol{A} + \boldsymbol{F}$$

即 $\boldsymbol{X} \to \boldsymbol{Y}$ 的回归方程，其中 $\boldsymbol{A} = \boldsymbol{W} \boldsymbol{R}^{\mathrm{T}}$。

在算法过程中把计算得出的 $\boldsymbol{W}$、$\boldsymbol{R}$ 的值收集好就可以利用 PLSR 进行预测，即对于新输入的一条数据 x，首先利用 $\boldsymbol{W}$ 计算各个主成分，即 $t_1 = x^{\mathrm{T}} \boldsymbol{\omega}_1$，$t_2 = x^{\mathrm{T}} \boldsymbol{\omega}_2$，$\cdots$，$t_k = x^{\mathrm{T}} \boldsymbol{\omega}_k$，然后代入 $y = t_1 \boldsymbol{r}_1^{\mathrm{T}} + t_2 \boldsymbol{r}_2^{\mathrm{T}} + \cdots + t_k \boldsymbol{r}_k^{\mathrm{T}}$，即可求出向量 y 的预测值或直接代入 $y^{\mathrm{T}} = x^{\mathrm{T}} \boldsymbol{A}$ 进行求解。

偏最小二乘法集成了多元线性回归分析、典型相关分析和主成分分析 3 种分析方法的

优点。它与主成分分析法都试图提取出反映数据变异的最大信息，但主成分分析法只考虑一个自变量矩阵，而偏最小二乘法还考虑了因变量矩阵，因此建模结果更好。如图2-41所示，可以很直观地看出 PLSR 模型与 PCA 模型的主要区别，即 PLSR 模型包含了对因变量 Y 的主成分分析，以及分别从变量 X 和变量 Y 提取出的主成分之间的相关性最大化的考虑。

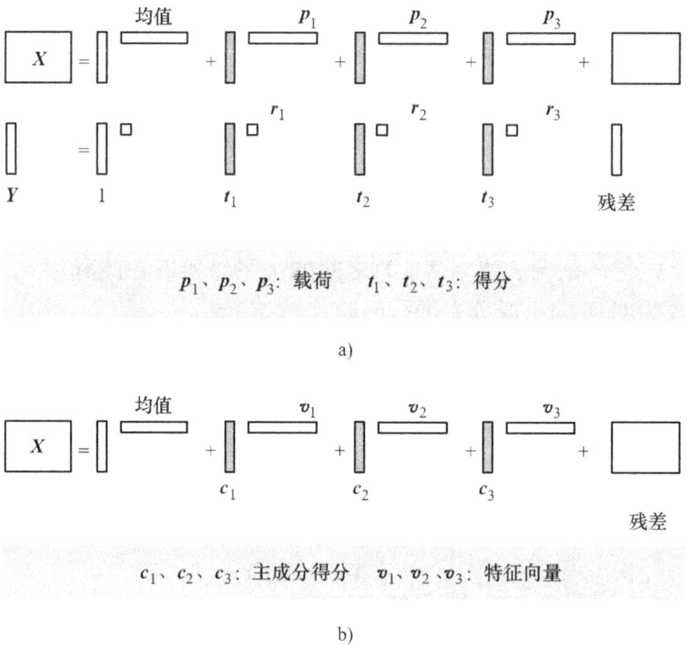

图 2-41　PLSR 与 PCA 模型的主要区别

a）PLSR 模型　b）PCA 模型

抽取主成分个数 l 的确定：

首先定义残差平方和 $\mathrm{PRESS}_j(k) = \sum_{i=1}^{n} (y_{ij} - \hat{y}_{ij}(k))^2$。

其中，i 为第 i 个样本点，j 为第 j 个指标，k 为主成分的个数。通常情况下，如何选择使残差平方和最小的个数 l 十分关键。

通常建模前，我们要对采集到的数据进行划分，分为校正集和验证集，如图 2-42 所示。校正集用于对模型进行训练，验证集用于对模型预测性能进行验证。训练集和验证集数量通常为 2:1 或 3:1。

图 2-43 所示为随着建模主成分个数的增加，模型对训练集和验证集预测结果残差的变化曲线。可以看出随着主成分个数的增加，校正集残差逐渐降低，且降低趋势逐渐变缓。验证集残差随着主成分个数的增加，先降低后增大。最优主成分个数的确定为训练集和验证集都

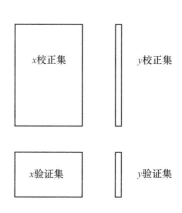

将整体采集的数据划分为校正集和验证集

图 2-42　数据集划分

满足较低的残差，即两条曲线交点附近，图 2-43 中主成分个数为 3 是最优解。

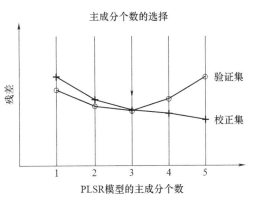

图 2-43　PLSR 模型主成分个数的选择

2.2.4　判别分析方法

1. 引子

某些种类昆虫的雄性和雌性很难直观看出，需解剖才能确定，但是统计学家可根据雄性和雌性昆虫在若干体表度量上的综合差异来判别其他未知性别的昆虫。这种判别方法具有较高的判别准确率，且避免了杀死昆虫并解剖等复杂操作。类似的，在经济学中，一个国家的经济发展程度会根据人均消费水平、人均住房面积和人均国民收入等多种指标来判定；考古学家会根据挖掘出土的人类头盖骨的高和宽等特征来判断其性别。

分析以上案例可以发现，上述情况都存在已知样本具有明确的"类别"划分。判别分析要解决的问题就是在已知研究对象分成若干类的情况下，判定新的观测样品的所属类别。

2. 判别分析及其与聚类分析的关系

（1）定性识别问题的分类　定性识别是对传感器所获取数据进行处理分析、归纳和分类的过程。根据样本所属的类别是否已知，定性识别可分为有监督（线性判别和支持向量机等）和无监督（如聚类分析等）识别两种。根据分类函数的线性度，定性识别又可分为线性（Fisher 判别分析等）和非线性（神经网络等）识别两种。

（2）聚类分析　聚类分析不需要训练集，是无监督模式识别方法的典型代表，适用于未预先了解样本归属类别的情况。其计算基本思想是任何一个类别子集内部样本之间的相似性高于子集和子集之间的相似性。

其基本思想是将待聚类的样本集的 $n-1$ 个样本各自看成一类，计算各个样本之间的距离，选择距离最小的一堆，即相似性最大的一堆样本合并成一个新类；进而计算该新类和其他所有类之间的距离。比较各个距离之后，将距离最小的两类又合并成另一个新类。以此类推，直到所有样本归为一类为止。整个聚类过程，进行了 $n-1$ 步合并新类的操作，并得到了 $n-1$ 个并类距离。常用距离表示样本与样本间的相似程度，不同的类与类之间的距离的定义会产生不同的系统聚类方法。常用的定义距离的方法有最短距离法、最长距离法、中间距离法、重心法、类平均法、可变类平均法和离差平方和法等。

（3）判别分析及其与聚类分析的区别与联系　判别分析必须要有包含所有判别类型的已知样品（训练样本），才能建立判别模型（判别函数），实现对新样品的类别判别（带有"预测"的意义）。

对于聚类分析，事先未知类别属性和数目，完全根据一批未知类别的样本的数据特征用某种方法对样本进行合理的分类，使同一类的事物比较接近，把不相似的事物分在不同类（描述性的统计）。

聚类分析和判别分析两者都研究分类问题，在实际中两者常常结合使用。通常在判别分析之前进行样品的聚类分析，为判别分析提供相关类别信息。

（4）线性判别分析（linear discriminant analysis，LDA）　判别分析的数据格式如图2-44所示。每一行数据表示一个观测对象，每个观测对象有不同的变量，所属于某一定性分组。不同的分组有不同的变量特征，故可通过变量数据确定分组。判别分析的基本原理如图2-45所示，计算各观测对象的变量数据到各类别平均数的距离，到类别i距离$d(g_i, x)$最小的观测对象被判别为属于该类别i。

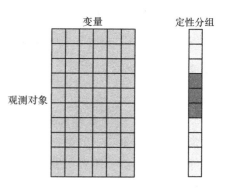

图2-44　判别分析的数据格式

线性判别分析是最简单和最常见的有监督分类方法。它的基本思想如下：首先设d维空间中的某个样品x，其表达式为

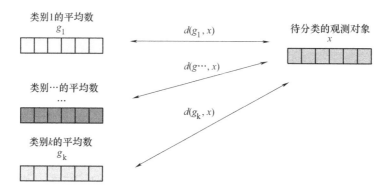

图2-45　判别分析原理示意图

$$g(\boldsymbol{x}) = \boldsymbol{w}^{\mathrm{T}}\boldsymbol{x} + \boldsymbol{w}_0 \tag{2-65}$$

式中，w_0是阈值权，是一个常数；w是权向量；x是d维特征向量。两分类问题的线性分类器可以采用如下决策规则，令$g(\boldsymbol{x}) = g_1(\boldsymbol{x}) - g_2(\boldsymbol{x})$：

$$\begin{cases} g(\boldsymbol{x}) > 0, 则决策\ \boldsymbol{x} \in \boldsymbol{w}_1 \\ g(\boldsymbol{x}) < 0, 则决策\ \boldsymbol{x} \in \boldsymbol{w}_2 \\ g(\boldsymbol{x}) = 0, 则决策\ \boldsymbol{x}\ 任意分到某一类或拒绝 \end{cases} \tag{2-66}$$

常用的线性判别分析方法有距离判别法、马氏距离、贝叶斯判别法及Fisher判别法等。

3. 距离判别法

距离判别的基本思想是计算样品到第i类总体平均数的距离，根据距离最小原则判别其所属类别总体。所以，距离判别方法的关键是构建一个合适的距离函数。

设$\boldsymbol{x} = (x_1, x_2, \cdots, x_m)^{\mathrm{T}}$是从期望为$\boldsymbol{\mu}$和方差矩阵为$\boldsymbol{\Sigma} = (\mu_1, \mu_2, \cdots, \mu_m)^{\mathrm{T}}$，$(\sigma_{ij})_{m \times m} > 0$的总体$G$抽得的观测值，则称式（2-67）计算结果为欧氏距离，式（2-68）计算结果为马氏距离。

欧氏距离：　　　　　$$d^2(\boldsymbol{X}, \boldsymbol{G}) = (\boldsymbol{x} - \boldsymbol{\mu})^{\mathrm{T}}(\boldsymbol{x} - \boldsymbol{\mu}) \tag{2-67}$$

马氏距离：　　　　　$$d^2(\boldsymbol{X}, \boldsymbol{G}) = (\boldsymbol{x} - \boldsymbol{\mu})^{\mathrm{T}}\boldsymbol{\Sigma}^{-1}(\boldsymbol{x} - \boldsymbol{\mu}) \tag{2-68}$$

设p维欧氏空间R^p中的两点$\boldsymbol{X} = (X_1, X_2, \cdots, X_p)^{\mathrm{T}}$和$\boldsymbol{Y} = (Y_1, Y_2, \cdots, Y_p)^{\mathrm{T}}$，通常我们所说的两点之间的距离，是指欧氏距离，即$d^2(\boldsymbol{X}, \boldsymbol{Y}) = (X_1 - Y_1)^2 + \cdots + (X_p - Y_p)^2$。那为什

么还要提出马氏距离的概念呢? 这是因为在针对多元数据的实际求解分析中, 欧氏距离的计算使用在一些情况下会受到限制。下文具体列举两个欧氏距离不适用的情况。

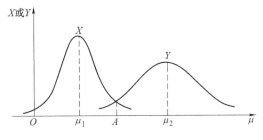

图 2-46　距离分类的特殊情况

第一, 设 有 两 个 正 态 总 体。$X \sim N(\mu_1,\ \sigma^2)$ 和 $Y \sim N(\mu_2,\ 4\sigma^2)$, 现有一个样品位于如图 2-46 所示的 A 点, 距总体 X 的中心 2σ 远, 距总体 Y 的中心 3σ 远, 那么, A 点处的样品到底离哪一个总体近呢? 若按欧氏距离来量度, A 点离总体 X 要比离总体 Y "近一些"。但是, 从概率的角度看, A 点位于 μ_1 右侧的 $2\sigma_x$ 处, 而位于 μ_2 左侧 $1.5\sigma_y$ 处, 应该认为 A 点离总体 Y "近一些"。显然, 后一种量度更合理些。

第二, 设有量度重量和长度的两个变量 X 和 Y, 以单位分别为 kg 和 cm 得到样本 $A\ (0,\ 5)$、$B\ (10,\ 0)$、$C\ (1,\ 0)$、$D\ (0,\ 10)$。按欧氏距离计算, 有

$$AB = \sqrt{10^2 + 5^2} = \sqrt{125}$$

$$CD = \sqrt{1^2 + 10^2} = \sqrt{101}$$

结果显示 AB 的距离大于 CD 的距离。如果我们将长度单位变成 mm, 那么, 有

$$AB = \sqrt{10^2 + 50^2} = \sqrt{2600}$$

$$CD = \sqrt{1^2 + 100^2} = \sqrt{10001}$$

此时, CD 的距离大于 AB 的距离。由此可以发现量纲的变化, 将显著影响欧氏距离的计算结果。

针对以上问题, 印度著名统计学家马哈拉诺比斯提出了 "马氏距离" 的概念, 计算原理如图 2-47 所示。相比于欧氏距离, 马氏距离具有如下优点: ①马氏距离不受计量单位的影响; ②马氏距离是标准化后的变量的欧氏距离。

马氏距离定义: 设 $\boldsymbol{X}$ 和 $\boldsymbol{Y}$ 是来自均值向量为 $\boldsymbol{\mu}$、协方差为 $\boldsymbol{\Sigma}\ (>0)$ 的总体 $\boldsymbol{G}$ 中的 p 维样本, 则总体 $\boldsymbol{G}$ 内两点 $\boldsymbol{X}$ 与 $\boldsymbol{Y}$ 之间的马氏距离为

$$D^2(\boldsymbol{X},\boldsymbol{Y}) = (\boldsymbol{X} - \boldsymbol{Y})^{\mathrm{T}}\boldsymbol{\Sigma}^{-1}(\boldsymbol{X} - \boldsymbol{Y}) \qquad (2\text{-}69)$$

定义点 $\boldsymbol{X}$ 到总体 $\boldsymbol{G}$ 的马氏距离为

$$D^2(\boldsymbol{X},\boldsymbol{G}) = (\boldsymbol{X} - \boldsymbol{\mu})^{\mathrm{T}}\boldsymbol{\Sigma}^{-1}(\boldsymbol{X} - \boldsymbol{\mu}) \qquad (2\text{-}70)$$

这里应该注意到, 当 $\boldsymbol{\Sigma} = \boldsymbol{I}$ (单位矩阵) 时, 与欧氏距离相同。

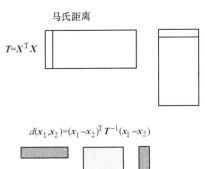

图 2-47　马氏距离计算原理示意图

为了进一步理解马氏距离, 我们对协方差含义进行深入解析。图 2-48 所示为三种 X 和 Y 相关关系情况。①当 X、Y 的联合分布像图 2-48a 所示时, 可以看出, Y 的变化趋势大体为随 X 增大而增大, 减小而减小, 称为 "正相关"。②当 X、Y 的联合分布像图 2-48b 时, Y 随 X 增大而减小, 减小而增大, 称为 "负相关"。③当 X、Y 的联合分布像图 2-48c 所示时, Y

没有表现出随 X 增大而增大或减小的趋势，称为"不相关"。

EX 和 EY 将数据空间划分为 4 个区域：（1）、（2）、（3）、（4）。在图中的区域（1）中，有 $X-EX>0$，$Y-EY>0$，所以 $(X-EX)(Y-EY)>0$；在区域（2）中，有 $X-EX<0$，$Y-EY>0$，所以 $(X-EX)(Y-EY)<0$；在区域（3）中，有 $X-EX<0$，$Y-EY<0$，所以 $(X-EX)(Y-EY)>0$；在区域（4）中，有 $X-EX>0$，$Y-EY<0$，所以 $(X-EX)(Y-EY)<0$。当 X 与 Y 正相关时，数据点大多数分布于区域（1）和（3）中，少数分布于区域（2）和（4）中，故平均来看，满足 $(X-EX)(Y-EY)>0$；当 X 与 Y 负相关时，数据大多数分布于区域（2）和（4）中，少数于区域（1）和（3）中，故平均来看，满足 $(X-EX)(Y-EY)<0$；当 X 与 Y 不相关时，数据点在区域（1）和（3）中的分布，与在区域（2）和（4）中的分布大体一致，故平均来看，符合 $(X-EX)(Y-EY)=0$。

由 2.1.2 节可知，存在式（2-71）所示数学关系，因此，上述为协方差表示 X 与 Y 的几种相关关系情况的几何含义，即 $\text{Cov}(X,Y)>0$ 时，X 与 Y 为正相关；当 $\text{Cov}(X,Y)<0$ 时，X 与 Y 为负相关；当 $\text{Cov}(X,Y)=0$ 时，X 与 Y 不相关。

$$\text{Cov}(X,Y)=E(X-EX)(Y-EY) \tag{2-71}$$

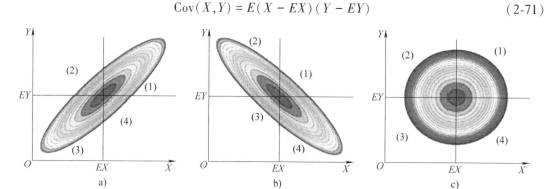

图 2-48 X 和 Y 相关关系的几何表示

a）正相关 b）负相关 c）不相关

图 2-49 中从几何上对比了欧氏距离与马氏距离的分类效果。马氏距离对不同轴向上的变量都进行了标准化（结果如图 2-49b 所示），避免了如图 2-49a 所示的情况。因此，马氏距离比欧氏距离适用情况更加广泛。

综上所述，距离判别法首先分别计算已知数据的各类重心，即分类数据的均值。然后对于未知观测，根据其与第 i 类的重心距离最近的标准，判定其属于第 i 类。

（1）两个总体的距离判别法计算新样品 X 到两个总体的马氏距离 $D^2(X,G_1)$ 和 $D^2(X,G_2)$，并按照式（2-72）的判别规则进行判断：

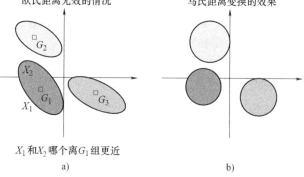

图 2-49 欧氏距离与马氏距离的分类效果对比

a）欧氏距离变换结果 b）马氏距离变换结果

$$\begin{cases} X \in G_1, 当\ D^2(X,G_1) \leqslant D^2(X,G_2) \\ X \in G_2, 当\ D^2(X,G_1) > D^2(X,G_2) \end{cases} \tag{2-72}$$

（2）多个总体的距离判别法　设有 g 个 m 维总体 G_1，G_2，…，G_g，均值向量分别为 $\boldsymbol{\mu}_1$，$\boldsymbol{\mu}_2$，…，$\boldsymbol{\mu}_g$ 协方差矩阵分别为 $\boldsymbol{\Sigma}_1$，$\boldsymbol{\Sigma}_2$，…，$\boldsymbol{\Sigma}_g$，则样本 X 到各组的平均马氏距离计算公式为

$$d^2(X,G_\alpha) = (X - \boldsymbol{\mu}_\alpha)^{\mathrm{T}} \boldsymbol{\Sigma}_\alpha^{-1}(X - \boldsymbol{\mu}_\alpha), \alpha = 1,2,\cdots,g \tag{2-73}$$

判别规则为

$$X \in G_i, 若\ d^2(X,G_i) = \min_{1 \leqslant j \leqslant g} d^2(X,G_j) \tag{2-74}$$

例 2-2　从 1995 年世界各国人文发展指数排序中选取 10 个国家并分为两类，每类含 5 个国家，观察指标 x_1：出生时预期寿命，x_2：成人识字率，以此为训练样本建立判别函数，并对四个待判国家进行判别分析，见表 2-10。

表 2-10　14 个国家的出生时预期寿命和成人识字率

类别	序号	国家名称	出生时预期寿命（岁）	成人识字率（%）
第一类	1	美国	76.0	99.0
	2	日本	79.5	99.0
	3	瑞士	78.0	99.0
	4	阿根廷	72.1	95.9
	5	阿联酋	73.8	77.7
第二类	6	保加利亚	71.2	93.0
	7	古巴	75.3	94.9
	8	巴拉圭	70.0	91.2
	9	格鲁吉亚	72.8	99.0
	10	南非	62.9	80.6
待判样品	11	中国	68.5	79.3
	12	罗马尼亚	69.9	96.9
	13	希腊	77.6	93.8
	14	哥伦比亚	69.3	90.3

解：（1）计算各类均向量和协方差矩阵

$$G_1: \begin{matrix} x_1 \\ x_2 \end{matrix}\begin{pmatrix} 75.88 \\ 97.12 \end{pmatrix} \quad V_1 = \begin{pmatrix} 9.0570 & 14.0055 \\ 14.0055 & 86.0570 \end{pmatrix}$$

$$G_2: \begin{matrix} x_1 \\ x_2 \end{matrix}\begin{pmatrix} 70.44 \\ 91.74 \end{pmatrix} \quad V_2 = \begin{pmatrix} 21.7030 & 29.4205 \\ 29.4205 & 47.1680 \end{pmatrix}$$

$$V_w = \begin{pmatrix} 15.3800 & 21.7130 \\ 21.7130 & 66.6125 \end{pmatrix}, V_w^{-1} = \begin{pmatrix} 0.120447 & -0.039261 \\ -0.039261 & 0.027810 \end{pmatrix}$$

$$d_i(k) = (X_i - \overline{X}_k)V_w^{-1}(X_i - \overline{X}_k)^{\mathrm{T}}$$

（2）判别归类：各样品到两类的距离公式

$$d_i(1) = (x_1 - 75.88, x_2 - 94.12)\begin{pmatrix} 0.120447 & -0.039261 \\ -0.039261 & 0.027810 \end{pmatrix}\begin{pmatrix} x_1 - 75.88 \\ x_2 - 94.12 \end{pmatrix}$$

$$d_i(2) = (x_1 - 70.44, x_2 - 91.74)\begin{pmatrix} 0.120447 & -0.039261 \\ -0.039261 & 0.027810 \end{pmatrix}\begin{pmatrix} x_1 - 70.44 \\ x_2 - 91.74 \end{pmatrix}$$

经计算得各国家样品到各类的距离及判别归类见表 2-11。

表 2-11   各国家样品计算所得到各类的距离及判别归类

序号	类别	国家名称	$d(1)$	$d(2)$	判别归类
1		美国	0.6180	2.0196	1
2		日本	0.8535	6.1877	1
3	第一类	瑞士	0.3913	4.0400	1
4		阿根廷	2.3374	0.2709	2
5		阿联酋	5.3372	10.5459	1
6		保加利亚	2.2614	0.0385	2
7		古巴	0.0930	1.9167	1
8	第二类	巴拉圭	3.0533	0.0128	2
9		格鲁吉亚	2.9851	0.7913	2
10		南非	11.5965	3.7033	2
11		中国	4.0799	2.8619	2
12	待判样品	罗马尼亚	5.8275	0.9944	2
13		希腊	0.4024	5.1346	1
14		哥伦比亚	3.6470	0.0853	2

（3）原分类与判别分类   建立了判别分类的模型，需要对模型的判别预测效果进行评价。表 2-12 为原分类与判别分类结果统计所做的混淆矩阵，能直观反映判别分类的效果。由表 2-12 可得原分类为第一类的国家样品中，有 1 个国家样品（阿根廷）被距离判别误判为第二类，原分类为第二类的国家样品中，古巴被误判第一类，总体错判率为 $\frac{2}{10} \times 100\% = 20\%$。错判率是衡量判别效果的重要指标。

表 2-12   原分类与判别分类结果统计混淆矩阵

原分类	判别分类		合计
	1	2	
1	4	1	5
2	1	4	5
合计	5	5	10

4. 贝叶斯判别法

距离判别法具有算法简单，便于应用的优点，但仍存在不足之处：

1）方法与总体各自出现的概率无关。

2）方法与错判之后所造成的损失无关。

针对上述问题，进一步提出了贝叶斯判别法。

贝叶斯（Bayes）的判别思想是根据先验概率求出后验概率，并依据后验概率分布作统计推断。先验概率即用概率来描述人们事先对所研究的对象认识的程度。后验概率指根据先验概率、具体资料和特定判别规则计算出来的概率，是对先验概率修正后的结果。贝叶斯判别考虑各个总体出现的先验概率，因此判别效果更理想，应用也更广泛。

例如，猜测办公室新来的雇员小李是好人还是坏人。人们主观意识判断一个人是好人或坏人的概率均为 0.5。好人常做好事，坏人常做坏事，但偶尔也会做一件好事。故假设好人做好事的概率为 0.9，坏人做好事的概率为 0.2。所以，小李做了一件好事，计算小李是好

人的概率为

$$P(好人／做好事)$$

$$= \frac{P(好人)P(做好事／好人)}{P(好人)P(做好事／好人) + P(坏人)P(做好事／坏人)}$$

$$= \frac{0.5 \times 0.9}{0.5 \times 0.9 + 0.5 \times 0.2} = 0.82$$

$$P(坏人／做好事)$$

$$= \frac{P(坏人)P(做好事／坏人)}{P(好人)P(做好事／好人) + P(坏人)P(做好事／坏人)}$$

$$= \frac{0.5 \times 0.0}{0.5 \times 0.9 + 0.5 \times 0.2} = 0.18$$

因此，小李有 82% 的可能性是个好人，18% 的可能性是个坏人，由此可以大体判断小李为好人。由上式进行归纳，A 情况下为 B_i 的概率为

$$P(B_i \mid A) = \frac{P(A \mid B_i)P(B_i)}{\sum P(A \mid B_i)P(B_i)} \tag{2-75}$$

贝叶斯判别法的基本思想：

设 k 个总体 G_1，G_2，$\cdots$，G_k，其各自的分布密度函数 $f_1(x)$，$f_2(x)$，$\cdots$，$f_k(x)$，假设 k 个总体各自出现的概率分别为 q_1，q_2，$\cdots$，q_k，$q_i \geqslant 0$，$\sum\limits_{i=1}^{k} q_i = 1$。设将本来属于总体 G_i 的样品错判到总体 G_j 时造成的损失为 $C(j \mid i)$，i，$j = 1$，2，$\cdots$，k。

设 k 个总体 G_1，G_2，$\cdots$，G_k 相应的 p 维样本空间为 $R = (R_1$，R_2，$\cdots$，$R_k)$。

在规则 R 下，将属于 G_i 的样品错判为 G_j 的概率为

$$P(j \mid i, R) = \int_{R_j} f_i(x)\,\mathrm{d}x, i, j = 1, 2, \cdots, k \quad i \neq j \tag{2-76}$$

规则 R 下，样品错判后所造成的平均损失为

$$r(i \mid R) = \sum_{j=1}^{k} \left[C(j \mid i)P(j \mid i, R) \right], i = 1, 2, \cdots, k \tag{2-77}$$

用规则 R 进行判别所造成的总平均损失为

$$g(R) = \sum_{i=1}^{k} q_i r(i, R)$$

$$= \sum_{i=1}^{k} q_i \sum_{j=1}^{k} C(j \mid i)P(j \mid i, R) \tag{2-78}$$

贝叶斯判别法则的基本思想是要选择一种划分 R_1，R_2，$\cdots$，R_k，使总平均损失 $g(R)$ 达到极小。

基本方法：

$$g(R) = \sum_{i=1}^{k} q_i \sum_{j=1}^{k} C(j \mid i)P(j \mid i, R)$$

$$= \sum_{i=1}^{k} q_i \sum_{j=1}^{k} C(j \mid i) \int_{R_j} f_i(x)\,\mathrm{d}x \tag{2-79}$$

$$= \sum_{j=1}^{k} \int_{R_j} \left(\sum_{i=1}^{k} q_i C(j \mid i) f_i(x) \right) \mathrm{d}x$$

令 $\displaystyle\sum_{i=1}^{k} q_i C(j \mid i) f_i(x) = h_j(x)$ ，则 $g(R) = \displaystyle\sum_{j=1}^{k} \int_{R_j} h_j(x)\mathrm{d}x$

若有另一划分 $R^* = (R_1^*, R_2^*, \cdots, R_k^*)$，$g(R^*) = \displaystyle\sum_{j=1}^{k} \int_{R_j^*} h_j(x)\mathrm{d}x$

则在两种划分下的总平均损失之差为

$$g(R) - g(R^*) = \sum_{i=1}^{k} \sum_{j=1}^{k} \int_{R_i \cap R_j^*} \left[h_i(x) - h_j(x) \right]\mathrm{d}x \tag{2-80}$$

因为在 R_i 上 $h_i(x) \leqslant h_j(x)$ 对一切 j 成立，故式（2-80）结果小于或等于零，是贝叶斯判别的解。

从而得到的划分 $R = (R_1, R_2, \cdots, R_k)$ 为 $R_i = [x \mid h_i(x) = \min\limits_{1 \leqslant j \leqslant k} h_j(x)]$，$i = 1, 2, \cdots, k$。

计算公式：设有 k 个总体，它们的先验概率分别为 $q_1, q_2, \cdots, q_k$，各总体的密度函数为 $f_1(x), f_2(x), \cdots, f_k(x)$，对一个样本观测 x，可用贝叶斯公式计算它来自第 k 个总体的后验概率，计算公式为

$$P(G_i \mid x) = \frac{q_i f_i(x)}{\displaystyle\sum_{i=1}^{k} q_i f_i(x)} = \max_{1 \leqslant i \leqslant k} \frac{q_i f_i(x)}{\displaystyle\sum q_i f_i(x)}, i = 1, 2, \cdots, k \tag{2-81}$$

一种常用的判别准则是：对于待判样本 x，如果在所有的 $P(G_i \mid x)$ 中 $P(G_h \mid x)$ 是最大的，则判定 x 属于第 h 总体。通常会以样本的频率作为各总体的先验概率。

例 2-3 假设某细胞正常（ω_1）和异常（ω_2）两种状态类别的先验概率分别为 $P(\omega_1) = 0.9$，$P(\omega_2) = 0.1$。一待识别细胞表现为状态 x，由其类条件概率密度分布曲线查得 $P(x \mid \omega_1) = 0.2$，$P(x \mid \omega_2) = 0.4$，判断细胞 x 的状态类别。

解： 利用贝叶斯公式，分别计算出状态为 x 时 ω_1 与 ω_2 的后验概率

$$P(\omega_1 \mid x) = \frac{P(x \mid \omega_1)P(\omega_1)}{\displaystyle\sum_{i=1}^{2} P(x \mid \omega_i)P(\omega_i)} = \frac{0.2 \times 0.9}{0.2 \times 0.9 + 0.4 \times 0.1} = 0.818$$

$$P(\omega_2 \mid x) = 1 - P(\omega_1 \mid x) = 0.182$$

根据贝叶斯决策有

$$P(\omega_1 \mid x) = 0.818 > P(\omega_2 \mid x) = 0.182$$

判断为正常细胞，错误率为 0.182；判断为异常细胞，错误率为 0.818，故判定该细胞状态为正常。

5. Fisher 判别法

（1）Fisher 判别法的基本思想 Fisher 在二分类问题上最早（1936 年）提出线性判别分析，也称作"Fisher（费歇）判别分析"，是一种经典的线性学习方法。

统计方法解决模式识别问题时，首先需要解决的是维数问题，因为通常在低维空间可解析或可计算应用的方法，在高维空间不能使用或效果不佳。因此

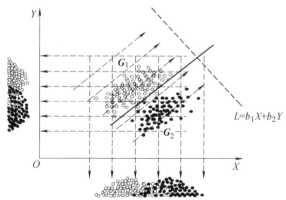

图 2-50　Fisher 判别法原理示意图

数据解析前要进行必要的降维变换。把 n 维空间的样本向某一方向进行投影，通常可以找到某个方向，使样本在这个方向投影到的直线上能分开得最好。Fisher 判别法解决分类问题的基本原理就是如何根据已知实际情况确定最好、最易于分类的投影线。如图 2-50 所示，G_1 和 G_2 数据点在原有的 X 和 Y 数据轴的投影不能区分开，但沿着与水平方向成 45° 的方向，样品投影到虚线上可将 G_1 和 G_2 分开。

Fisher 判别法的主要思想是根据给定的训练样例集，当样例投影到一条直线时，确定满足同类样例的投影点彼此最近、异类样例的投影点彼此最远（即类内间距最小、类外间距最大）情况的投影方向和对应直线；根据新样品投影到同样直线上的位置，来判定新样本的所属类别，如图 2-51 所示。其中，"+"、"−" 分别代表类别一数据点和类别二数据点，椭圆表示数据点簇的外轮廓，虚线表示投影方向，实心圆和实心三角形分别表示两类样本投影到直线上的中心点。

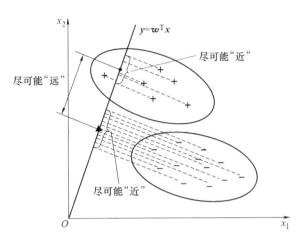

图 2-51　Fisher 判别思想的二维示意图

对于多元数据，Fisher 判别法将 k 组 p 维数据投影到某一方向，使得它们的投影在组与组之间最大可能地分开。如何确定组与组之间是否已尽可能分开？Fisher 借用了一元方差分析的思想。

设从 k 个总体分别取得 k 组 p 维观察值如下：

$$\begin{cases} G_1: \boldsymbol{x}_1^{(1)}, \boldsymbol{x}_2^{(1)}, \cdots, \boldsymbol{x}_{n_1}^{(1)} \\ \qquad\qquad \vdots \\ G_k: \boldsymbol{x}_1^{(k)}, \boldsymbol{x}_2^{(k)}, \cdots, \boldsymbol{x}_{n_k}^{(k)} \end{cases}, n = n_1 + n_2 + \cdots + n_k \tag{2-82}$$

令 $\boldsymbol{\alpha}$ 为 $\boldsymbol{R}^p$ 中的任一向量，$u(\boldsymbol{x}) = \boldsymbol{\alpha}^{\mathrm{T}}\boldsymbol{x}$ 为 $\boldsymbol{x}$ 向以 $\boldsymbol{\alpha}$ 为法线方向的投影，这时，上述数据的投影公式为

$$\begin{cases} G_1: \boldsymbol{\alpha}^{\mathrm{T}}\boldsymbol{x}_1^{(1)}, \boldsymbol{\alpha}^{\mathrm{T}}\boldsymbol{x}_2^{(1)}, \cdots, \boldsymbol{\alpha}^{\mathrm{T}}\boldsymbol{x}_{n_1}^{(1)} \\ \qquad\qquad\qquad \vdots \\ G_k: \boldsymbol{\alpha}^{\mathrm{T}}\boldsymbol{x}_1^{(k)}, \boldsymbol{\alpha}^{\mathrm{T}}\boldsymbol{x}_2^{(k)}, \cdots, \boldsymbol{\alpha}^{\mathrm{T}}\boldsymbol{x}_{n_k}^{(k)} \end{cases} \tag{2-83}$$

可组成一元方差分析的数据，其组间平方和为

$$\begin{aligned} \mathrm{SSG} &= \sum_{i=1}^{k} n_i (\boldsymbol{\alpha}^{\mathrm{T}}\bar{\boldsymbol{x}}^{(i)} - \boldsymbol{\alpha}^{\mathrm{T}}\bar{\boldsymbol{x}})^2 \\ &= \boldsymbol{\alpha}^{\mathrm{T}} \Big[\sum_{i=1}^{k} n_i (\bar{\boldsymbol{x}}^{(i)} - \bar{\boldsymbol{x}}) n_i (\bar{\boldsymbol{x}}^{(i)} - \bar{\boldsymbol{x}})^{\mathrm{T}} \Big] \boldsymbol{\alpha} = \boldsymbol{\alpha}^{\mathrm{T}} \boldsymbol{B} \boldsymbol{\alpha} \end{aligned} \tag{2-84}$$

式中，$\boldsymbol{B} = \sum_{i=1}^{k} n_i (\bar{\boldsymbol{x}}^{(i)} - \bar{\boldsymbol{x}}) n_i (\bar{\boldsymbol{x}}^{(i)} - \bar{\boldsymbol{x}})^{\mathrm{T}}$，$\bar{\boldsymbol{x}}^{(i)}$，$\bar{\boldsymbol{x}}$ 分别为第 i 组均值和总均值向量。

组内平方和为

$$\text{SSE} = \sum_{i=1}^{k} \sum_{j=1}^{n_j} (\boldsymbol{\alpha}^{\mathrm{T}} \bar{\boldsymbol{x}}_j^{(i)} - \boldsymbol{\alpha}^{\mathrm{T}} \bar{\boldsymbol{x}}^{(i)})^2 = \boldsymbol{\alpha}^{\mathrm{T}} \Big[\sum_{i=1}^{k} \sum_{j=1}^{n_j} (\bar{\boldsymbol{x}}_j^{(i)} - \bar{\boldsymbol{x}}^{(i)}) (\bar{\boldsymbol{x}}_j^{(i)} - \bar{\boldsymbol{x}}^{(i)})^{\mathrm{T}} \Big] \boldsymbol{\alpha} = \boldsymbol{\alpha}^{\mathrm{T}} E \boldsymbol{\alpha}$$

$$(2\text{-}85)$$

式中，$E = \sum_{i=1}^{k} \sum_{j=1}^{n_j} (\bar{\boldsymbol{x}}_j^{(i)} - \bar{\boldsymbol{x}}^{(i)}) (\bar{\boldsymbol{x}}_j^{(i)} - \bar{\boldsymbol{x}}^{(i)})^{\mathrm{T}} \boldsymbol{\alpha} = \boldsymbol{\alpha}^{\mathrm{T}} E \boldsymbol{\alpha}$ （2-86）

如果 k 组均值有显著的差异，则 $F = \dfrac{\dfrac{\text{SSG}}{(k-1)}}{\dfrac{\text{SSE}}{(n-k)}} = \dfrac{n-k}{k-1} \dfrac{\boldsymbol{\alpha}^{\mathrm{T}} B \boldsymbol{\alpha}}{\boldsymbol{\alpha}^{\mathrm{T}} E \boldsymbol{\alpha}}$ 应充分地大或者 $\Delta(\boldsymbol{\alpha}) = \dfrac{\boldsymbol{\alpha}^{\mathrm{T}} B \boldsymbol{\alpha}}{\boldsymbol{\alpha}^{\mathrm{T}} E \boldsymbol{\alpha}}$ 应充分大。

所以我们可以求 $\boldsymbol{\alpha}$，使得 $\Delta(\boldsymbol{\alpha})$ 达到最大。显然 $\boldsymbol{\alpha}$ 并不唯一，因为如果 $\boldsymbol{\alpha}$ 使 $\Delta(\boldsymbol{\alpha})$ 达到极大，则 $c\boldsymbol{\alpha}$ 也可使 $\Delta(\boldsymbol{\alpha})$ 达到极大，c 为任意不等于零的实数。由矩阵知识，可知 $\Delta(\boldsymbol{\alpha})$ 的极大值为 λ_1，它是 $|B - \lambda E| = 0$ 的最大特征根，$I_1, \cdots, I_r$ 为相应的特征向量，当 $\boldsymbol{\alpha} = I_1$ 时，可使 $\Delta(\boldsymbol{\alpha})$ 达到最大。由于 $\Delta(\boldsymbol{\alpha})$ 的大小可以衡量判别函数 $u(x) = \boldsymbol{\alpha}'x$ 的效果，故 $\Delta(\boldsymbol{\alpha})$ 称为判别效率。综上所述，得到如下定理。

Fisher 准则下的线性判别函数 $u(x) = \boldsymbol{\alpha}^{\mathrm{T}} x$ 的解 $\boldsymbol{\alpha}$ 为方程 $|B - \lambda E| = 0$ 的最大特征根 λ_1 所对应的特征向量 I_1，相应的判别效率 $I \Delta(I_1) = \lambda_1$。

附特征向量和特征值概念：矩阵 A 和一个向量 x 相乘，得到向量 Ax，多数情况下变换前后向量方向不一致，但存在特定向量（即特征向量）能使 Ax 平行于 x。$Ax = \lambda x$，Ax 平行于 x，方向相同或相反。满足方程的 x 就是矩阵 A 的特征向量，λ 就是特征值。

（2）Fisher 判别法的进一步解释　Fisher 判别法是一种线性判别方法，通过计算一个向量乘法和减法，比较最小值来解决判别问题。费歇判别将输入向量 x，乘以向量 a，变成 y，即：$y = a'x$；a 在这里是一个多维向量，这样把多维变一维。Fisher 判别的关键是求 a。因为对输入 x 做了转化，所以总体也会变化，期望 u 变成 $a'u$，协方差阵 v 变成 $a'va$，期望和方差都成了一维。根据组内距离最小、组间距离最大的分类原则，构成方程即组间距离除以组内距离的比值最大。求解特征向量 a。求出 a 后，求各类别总体的差值 $|a'x - a'u|$，距离最小的总体即为 x 的类别。

（3）PCA 和 Fisher 线性判别的区别与联系　主成分分析（PCA）和 Fisher 判别两个算法虽然解决的是不同的问题，但是都是通过将原始数据投影到低维空间的方式来解决的。PCA 是最经典的数据降维方法之一。PCA 降维的基本思想是将原始 n 维数据投影到 k 个单位标准正交基上，要求投影后每一维特征的方差足够大，以保证投影后的数据保留尽可能多的信息量。同时，PCA 也要求新特征之间互相独立，减小不同特征间的重复信息。

Fisher 线性判别的基本思想是通过高维到一维空间的数据投影，使线性不可分的原始数据变得线性可分。Fisher 线性判别的关键为分类准则函数（即类间距离与类内距离之比）最大。如图 2-52 所示，与 PCA 相比，Fisher 判别（Fisher discriminant analysis，FDA）高维变一维的遵循原则是寻找使得类别间差异最大的向量轴。

6. 偏最小二乘判别

偏最小二乘判别（partial least squares discrimination analysis，PLSDA）是基于 PLS 的判别分析算法。用类别变量代替回归分析中的浓度变量，计算光谱矩阵 X 和类别矩阵 Y 之间的

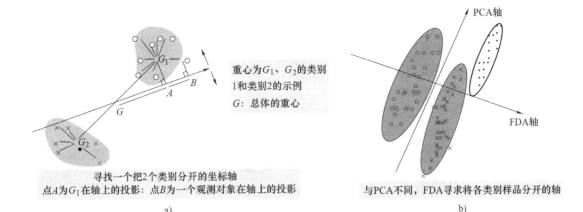

图 2-52　FDA 与 PCA 对比

a）FDA 变换原理　b）PCA 变换原理

相关关系，获得 $\boldsymbol{X}$ 和 $\boldsymbol{Y}$ 的最大协方差 $\mathrm{Con}(\boldsymbol{X},\boldsymbol{Y})$。因此，PLSDA 可以看作是使所预测的类之间贡献值正交性最大的主成分变换。类别矩阵中通常以不同数字或字母表示不同类别，一般通过设定一个临界值判定不同类别间的样本。

7. 支持向量机判别

支持向量机的核心思想源自线性判别分析的最优超平面问题，它能够准确地将样本分为两类，并使样本间的分离间隔最大，可以转化为约束优化问题。首先，在样本可线性分类的条件下，拉格朗日函数可以定义：

$$L(\boldsymbol{w},\boldsymbol{b},\boldsymbol{\alpha}) = \frac{1}{2}\boldsymbol{w}^{\mathrm{T}}\boldsymbol{w} - \sum_{i=1}^{n}\boldsymbol{\alpha}_i\left[\boldsymbol{y}_i(\boldsymbol{w}^{\mathrm{T}}\boldsymbol{x}_i + \boldsymbol{b}) - 1\right] \tag{2-87}$$

式中，$\boldsymbol{\alpha}_i \geq 0$，为拉格朗日乘子；计算拉格朗日函数有关 $\boldsymbol{w}$ 和 $\boldsymbol{b}$ 的最小值，可以转化在 $\sum\limits_{i=1}^{n}\boldsymbol{\alpha}_i\boldsymbol{y}_i = 0$ 和 $\boldsymbol{\alpha}_i \geq 0$ 条件下，求得函数的最大值：

$$Q(\partial) = \sum_{i=1}^{n}\boldsymbol{\alpha}_i - \frac{1}{2}\sum_{i=1}^{n}\sum_{j=1}^{n}\boldsymbol{\alpha}_i\boldsymbol{\alpha}_j\boldsymbol{y}_i\boldsymbol{y}_j(\boldsymbol{x}_i^{\mathrm{T}}\boldsymbol{x}_j) \tag{2-88}$$

如果得到最优解 $\boldsymbol{\alpha}_i^*$，那么就可计算阈值 $\boldsymbol{b}^* = \boldsymbol{y}_i - \sum\limits_{i=1}^{n}\boldsymbol{y}_i\boldsymbol{\alpha}_i^*K(\boldsymbol{x}_i - \boldsymbol{x}_j)$ 以及构建最优分类函数：

$$f(\boldsymbol{x}) = \mathrm{sgn}\left(\sum_{i=1}^{n}\boldsymbol{\alpha}_i^*\boldsymbol{y}_i\boldsymbol{x}_i^{\mathrm{T}}\boldsymbol{x} + \boldsymbol{b}^*\right) \tag{2-89}$$

将数据通过非线性映射函数从低维映射到高维特征空间，在高维空间确定最优线性分类平面，基于此，将输入空间的线性不可分问题转换为线性可分，在确定映射函数的同时，利用核函数计算内积，避免"维数灾难"。判别函数的核函数 $K(\boldsymbol{x}_i,\boldsymbol{x})$ 显示为

$$f(\boldsymbol{x}) = \mathrm{sgn}\left(\sum_{i=1}^{n}\boldsymbol{\alpha}_i^*\boldsymbol{y}_iK(\boldsymbol{x}_i,\boldsymbol{x}) + \boldsymbol{b}^*\right) \tag{2-90}$$

经常使用的核函数包括线性函数、多项式函数（Poly）、径向基函数（RBF）和 S 型函数（Sigmoid）。

2.2.5 模型评价方法

上面介绍了几种定量、定性模型的建模方法，那么如何评价所建模型的优劣？通常采用一些评价指标参数对模型的预测能力进行评价。

1. 定量模型的评价指标

定量模型的评价指标主要有以下几项：

（1）决定系数（determination coefficient）　决定系数（R^2）也称为拟合优度。表示模型中自变量对因变量的解释程度，数值范围为 0 到 1。R^2 的值越接近 1，表示模型的拟合度越好，其计算公式为

$$R^2 = 1 - \frac{\sum\limits_{i=1}^{n} (\hat{y}_i - y_i)^2}{\sum\limits_{i=1}^{n} (\hat{y}_i - \bar{y})^2} \tag{2-91}$$

式中，$\hat{y}_i$ 和 y_i 分别代表第 i 个样本的预测值和实际值；$\bar{y}$ 为所有样本实际值的平均值。

（2）校正集均方根误差（root mean square error of calibration set，RMSEC）　校正集均方根误差是模型对校正集样本预测的均方根误差，用于评价模型对建模样本的预测能力。计算公式为

$$\text{RMSEC} = \sqrt{\frac{\sum\limits_{i=1}^{n} (\hat{y}_i - y_i)^2}{n}} \tag{2-92}$$

式中，$\hat{y}_i$ 和 y_i 分别代表第 i 个样本的预测值和实际值；n 为校正集样本数。

（3）交叉验证均方根误差（root mean square error of cross-validation，RMSECV）　交叉验证均方根误差通过计算交互验证过程中的均方根误差来评价所得模型的预测能力。交互验证步骤为：①从校正集中选择一个或一组样本 i，从校正集中剔除该样本的光谱矩阵 x_i 和浓度矩阵 y_i；②利用剩余样本组成的新校正集建立模型；③利用所建模型预测被剔除的样本，获得预测值 $\hat{y}_i$；④从原始校正集中剔除另外的一个或一组样本回到第②步循环计算直到完成校正集中所有样本的预测，RMSECV 的计算公式为

$$\text{RMSECV} = \sqrt{\frac{\sum\limits_{i=1}^{n} (\hat{y}_i - y_i)^2}{n}} \tag{2-93}$$

（4）验证集均方根误差（root mean square error of prediction set，RMSEP）　验证集均方根误差是模型对验证集样本预测的均方根误差，用于评价模型对外部样本的预测能力，计算公式为

$$\text{RMSEP} = \sqrt{\frac{\sum\limits_{i=1}^{n} (\hat{y}_i - y_i)^2}{n}} \tag{2-94}$$

式中，$\hat{y}_i$ 和 y_i 分别代表第 i 个样本的预测值和实际值；n 为验证集样本数。

（5）偏差（bias）　偏差是预测模型对样本的预测值与真实值之间的误差，反映了模型

的精准度和算法的拟合能力，计算公式为

$$\text{bias} = \frac{\sum_{i=1}^{n}(\hat{\boldsymbol{y}}_i - \boldsymbol{y}_i)}{n} \qquad (2\text{-}95)$$

2. 定性分析的评价指标

分类模型的评价指标主要有混淆矩阵、特异性、灵敏度、精确率和总体准确率。其中混淆矩阵和总体准确率为分类模型总体的评价指标。精确率、灵敏度和特异性为分类模型对每一类样本分类效果的评价指标。

（1）混淆矩阵（confusion matrix）　混淆矩阵是评价分类模型最基本的方法。混淆矩阵将每类样本的分类结果与实际类别显示在同一表格中，可以最直观地反映预测结果。表 2-13 为以一个三分类结果的混淆矩阵为例介绍混淆矩阵的格式。

表 2-13　混淆矩阵

混淆矩阵		预测值		
		类别 1	类别 2	类别 3
真实值	类别 1	a	b	c
	类别 2	d	e	f
	类别 3	g	h	i

（2）特异性（specificity）　以类别 1 的特异性为例，特异性表示真实值是非类别 1 的所有结果中，模型预测为非类别 1 结果的比例，反映了模型检验负样本的能力。计算公式为

$$\text{specificity}_{\text{class1}} = \frac{e + f + h + i}{d + e + f + g + h + i} \qquad (2\text{-}96)$$

（3）灵敏度（sensitivity）　以类别 1 的灵敏度为例，灵敏度表示真实值是类别 1 的所有结果中，模型预测对的比例，反映了模型检测正样本的能力。计算公式为

$$\text{sensitivity}_{\text{class1}} = \frac{a}{a + b + c} \qquad (2\text{-}97)$$

（4）精确率（precision）　以类别 1 的精确率为例，精确率表示模型预测为类别 1 的所有结果中，模型预测对的比例。计算公式为

$$\text{precision}_{\text{class1}} = \frac{a}{a + d + g} \qquad (2\text{-}98)$$

（5）总体准确率（accuracy）　总体准确率表示样本中所有类别的总体准确率，计算公式为

$$\text{accuracy} = \frac{a + e + i}{a + b + c + d + e + f + g + h + i} \qquad (2\text{-}99)$$

2.3　机器学习方法

神经网络是机器学习领域的经典方法之一，是深度学习技术的基础。因此，学习神经网络是学习机器学习方法的重要内容，也可为未来进行深度学习方法的学习研究打好基础。

2.3.1 人工神经网络浅讲

神经网络的基本思想是模拟人脑神经网络（见图 2-53），实现类人工智能的机器学习。人脑中的神经网络由大约 1000 亿个神经元构成，能实现精密复杂的数学逻辑关系运算。

1. 经典神经网络

如图 2-54 所示，经典神经网络是一个包含三个层次的神经网络，分别为输入层、输出层和中间层（也称为隐藏层）。输入层有 3 个单元，隐藏层有 4 个单元，输出层有 2 个单元。一般输入层个数与被测对象相关，输出层与应用对象的要求有关。

图 2-53　成人的大脑中的神经网络

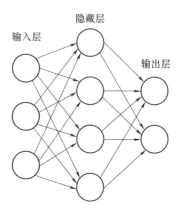

图 2-54　经典神经网络结构图

需要注意的是：

1）设计神经网络时，输入层与输出层的节点数通常不变，中间层节点数可变。

2）结构图中的拓扑与箭头代表预测过程数据的流向，与训练时的数据流不同。

3）神经网络结构的关键不是神经元，而是神经元之间的连接。每个连接线对应一个训练获得的权重。

2. 神经元和 MP 神经元模型

1904 年，生物学家已经发现一个神经元通常由多个树突，一条轴突和轴突末梢构成，如图 2-55 所示。树突可接受传入信息，轴突末梢和其他神经元的树突产生连接，向其他多个神经元传递信息，连接位置处结构单元称为"突触"。

1943 年，数学家 Pitts（见图 2-56a）和心理学家 McCulloch（见图 2-56b）依据生物神经元的结构原理，构建了第一个抽象的神经元模型 MP。

神经元模型包含输入、输出与计算功能三类部分。与生物神经元类比，输入可以类比为树突，输出可类比为轴突，计算则可类比为细胞核。图 2-57 所示为一个典型神经元模型，包含 3 个输入，1 个输出和 2 个计算功能。中间箭头线称为"连接"，每个对应一个"权重"。连接是神经元中最关键的部分。一个神经网络训练算法的核心是调整权重值以使整个网络的预测效果达到最佳。

神经元计算：MP 模型里，sgn 表示符号函数，这里用 g 表示。该函数当输入大于 0 时，输出 1，否则输出 0。

MP 模型为神经网络技术领域的发展奠定了良好基础，且具有结构简单的优点。但 MP

模型中的权值大小是预先设置的不能学习。

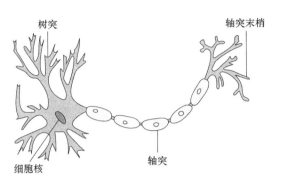

图 2-55 神经元

图 2-56 Walter Pitts 和 Warren McCulloch

a）Walter Pitts b）Warren McCulloch

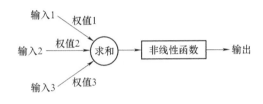

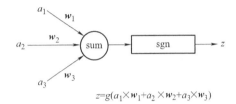

$$z=g(a_1 \times w_1 + a_2 \times w_2 + a_3 \times w_3)$$

图 2-57 典型神经元模型

3. "感知器"（perceptron）

心理学家 Hebb（见图 2-58）于 1949 年发现人脑神经细胞的突触上的强度是可变的。受到该启发，计算科学家提出来改变权值以实现机器学习。该思想为之后 ANN 学习算法发展奠定了基础，但由于当时计算机能力有限，将近 10 年后才诞生了第一个真正意义的神经网络。

1958 年，计算科学家 Rosenblatt 提出了基于两层神经元的神经网络，并命名为"感知器"（perceptron），是当时首个可实现学习的人工神经网络。该模型可学习识别简单图像，引起了当时社会轰动，许多学者和科研机构纷纷投入到神经网络的研究中。美国军方认为神经网络比"原子弹工程"更重要，大力资助了神经网络的研究。这段时间是神经网络研究的第一次高潮，直到 1969 年才结束。图 2-59 所示为 Rosenblat 与感知器。

图 2-58 Donald Olding Hebb

图 2-59 Rosenblat 与感知器

在原来 MP 模型的"输入"位置添加神经元节点，标志为"输入单元"。其余不变，并将权值 w_1，w_2、w_3 写到"连接线"的中间，如图 2-60 所示。在"感知器"中，有两个层次，分别是输入层和输出层。输入层里的"输入单元"只负责传输数据，不做计算。输出层的"输出单元"需对前一层输入进行计算，也被称为"计算层"，拥有一个计算层的网络称为"单层神经网络"。

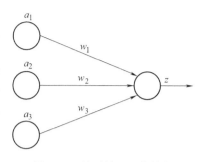

图 2-60 单层神经网络结构

如果预测目标是一个向量，如（4，6）。那么可以在输出层增加一个"输出单元"，z_1 的计算跟原先的 z 并没有区别，如图 2-61a 所示。进一步对权重变量 w_1，w_2，w_3，w_4，w_5，w_6 进行统一，改用二维下标 $w_{x,y}$ 来表达，如图 2-61b 所示。

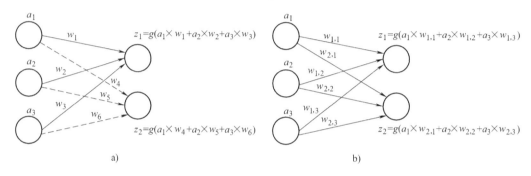

a)   b)

图 2-61 多个输出单元的神经网络结构

可以看出输出计算公式是线性代数方程组，因此可用矩阵乘法来表达。输入的变量是 $(a_1, a_2, a_3)^T$（代表由 a_1，a_2，a_3 组成的列向量），用向量 $\boldsymbol{a}$ 来表示。方程的左边是 $(z_1, z_2)^T$，用向量 $\boldsymbol{z}$ 来表示。则输出公式可改写成：$g(\boldsymbol{w} \times \boldsymbol{a}) = \boldsymbol{z}$，该式即神经网络中从前一层到后一层的矩阵运算。

不同于神经元模型，感知器的权值是训练得到的。感知器与逻辑回归模型类似，可用决策分界来解决线性分类任务。决策分界就是在二维的数据平面中划出一条直线或三维数据空间中划出一个平面。对于 n 维数据，就是划出一个 $n-1$ 维超平面。图 2-62a 所示为感知器对二维数据的决策分界效果。但人工智能领域的巨擘 Minsky 指出感知器只能做简单的线性分类任务。

1969 年，Minsky 在其出版的 *Perceptron* 中通过详细数学证明指出感知器无法解决异或这样的简单分类任务。同时，Minsky 认为若增加计算层，会导致计算量过大，且没有有效的学习算法，因此更深层的网络研究没有意义。

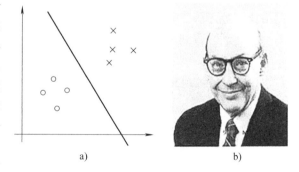

a)   b)

图 2-62 单层神经网络（决策分界）和 Marvin Minsky

即使如此，Minsky 始终坚信人的思维过程可以用机器去模拟，机器可以实现智能化。由于 Minsky 对感知器的悲观态度，许多学者纷纷放弃了神经网络研究，该研究逐渐沉寂，这段时期被称为 "AI Winter"。将近 10 年以后，两层神经网络的研究才带来神经网络的复苏。

4. 两层神经网络（多层感知器）

Minsky 指出单层神经网络无法解决异或问题，但两层神经网络不仅可解决异或问题，而且可以很好完成非线性分类，但网络的计算没有较好解法。

1986 年 David Rumelhar（见图 2-63a）和 Geoffery Hinton（见图 2-63b）等提出的反向传播（back propagation，BP）算法有效解决了两层网络存在的复杂计算量问题，掀起了两层神经网络研究的热潮。直到目前大量神经网络的教材仍都重点介绍两层神经网络的内容。

图 2-63　David Rumelhar 和 Geoffery Hinton

a）David Rumelhar　b）Geoffery Hinton

当预测目标为向量时，两层神经网络结构如图 2-64 所示。矩阵运算表达计算公式为

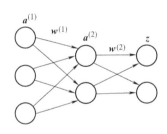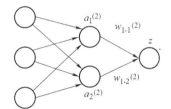

$a_1^{(2)}=g(a_1^{(1)}\times w_{1,1}^{(1)}+a_2^{(1)}\times w_{1,2}^{(1)}+a_3^{(1)}\times w_{1,3}^{(1)})$
$a_2^{(2)}=g(a_1^{(1)}\times w_{2,1}^{(1)}+a_2^{(1)}\times w_{2,2}^{(1)}+a_3^{(1)}\times w_{2,3}^{(1)})$
$z=g(a_1^{(2)}\times w_{1,1}^{(2)}+a_2^{(2)}\times w_{1,2}^{(2)})$

图 2-64　两层神经网络（向量形式）

$$\begin{cases} g(\boldsymbol{w}^{(1)} \times \boldsymbol{a}^{(1)}) = \boldsymbol{a}^{(2)} \\ g(\boldsymbol{w}^{(2)} \times \boldsymbol{a}^{(2)}) = z \end{cases} \qquad (2\text{-}100)$$

可见，用矩阵运算表达不会受到节点数增多的影响，可用一个向量表示不同数量的节点。

两层神经网络除包含一输入层，一输出层外，增加了一中间层。此时，中间层和输出层都是计算层。理论证明两层网络可无限逼近任意连续函数，可很好解决复杂非线性分类任务。如图 2-65 所示，以曲线一和曲线二代表的数据为例，区域一和区域二代表由神经网络区分开的数据部分，两者的分界线为决策分界。

可见这个两层网络的决策分界是非常平滑的曲

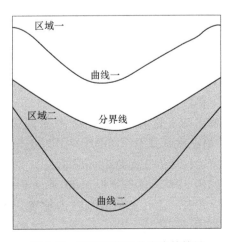

图 2-65　两层网络的分类决策结果

线，而且分类得很好。有趣的是，单层网络只能做线性分类任务，而两层网络的后一层也只是线性分类层，为何两个线性分类任务一结合就可以做非线性分类任务？

输出层的决策分界仍是直线，因此计算关键是从输入层到隐藏层时数据的空间变换。即两层网络结构中隐藏层对输入的原始数据进行了空间变换，使其可以被线性分类，然后输出层划出了一个线性决策分界线，最终实现非线性分类。由此可得两层网络结构中的隐藏层是解决非线性分类的关键。两层神经网络通过两层的线性模型模拟了数据中的非线性函数。因此，多层的神经网络的本质就是复杂函数拟合。

输入层的节点数要与特征维度匹配，输出层节点数要与目标维度匹配。中间层的节点数，由设计者指定。节点数设置的多少，会直接影响整个模型的效果。目前该参数确定较好的方法是 Grid Search（网格搜索）法。该方法通过切换预先设定的几个可选值获得对应模型，通过对比预测效果，选择最好模型对应的值作为最终选择。

Rosenblat 提出的感知器模型参数可以被训练，但使用的方法较简单，且没有使用目前机器学习中通用的方法，这导致模型的适用性与扩展性非常有限。

目前研究人员使用机器学习技术利用大量的数据（1000～10000）进行网络训练，对算法进行优化等，使训练得到的模型尽可能获得最优性能。

机器学习模型训练的目的是获得与真实的模型尽可能逼近的建模参数。训练时，首先给所有参数随机赋值，预测训练数据中的样本。样本的预测值为 y_p，真实值为 y。损失函数定义为（loss function）$= (y_p-y)^2$。求解损失函数值最小时的最优参数。该优化问题常用高数中求导方法解决，但是网络中参数很多，因此求导的运算量较大，故提出梯度下降算法进行优化求解。

图 2-66   梯度下降算法设计思路

如图 2-66 所示，假设一个下山过程场景：一个人要从山上下来（即找到山的最低点），但此时山上浓雾导致下山路径就无法确定，必须利用周围信息找到下山的路径。梯度下降算法的核心思想就是，以人当前所处位置为基准，寻找这个位置最陡峭的地方，然后朝着山的高度下降的地方走；每走一段距离，都重复采用上述方法，最后即可抵达山谷。

梯度是微积分中一个很重要的概念，对于单变量函数，梯度是函数的微分，表示函数在某个给定点切线的斜率；对于多变量函数，梯度为一个有方向的向量，其方向为函数在给定点上升或下降最快的方向。

神经网络模型结构复杂，梯度计算导致计量量很大，为解决以上问题，提出了反向传播（BP）神经网络算法。BP 神经网络是一种按照误差逆向传播算法训练的多层前馈神经网络。既然无法直接得到隐层的权值，能否先通过输出层得到输出结果和期望输出的误差来间接调整隐层的权值呢？BP 算法就是基于这样的思路开发出来，其核心思想是学习过程由信号的正向传播（求损失）与误差的反向传播（误差回传）两个过程组成。BP 算法利用网络结构进行的计算，不是一次计算所有参数的梯度，而是从后往前，首先计算输出层梯度，然后是第二个参数矩阵的梯度，接着是中间层的梯度，再然后是第一个参数矩阵的梯度，最后是

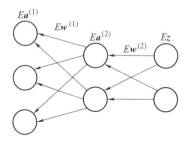

图 2-67   反向传播算法计算顺序

输入层的梯度。反向传播算法的计算顺序如图 2-67 所示。梯度的计算从后往前，一层层反向传播。前缀 E 代表相对导数。

尽管早期神经网络的研究人员努力从生物学中得到启发，但从 BP 算法开始，研究者们更多地从数学上寻求最优解问题的求解方法。但优化问题只是训练中的一个部分。机器学习问题不仅要解决数据在训练集上最小误差的优化问题，还要对未知测试集表现良好。因为模型的最终目的是解决未知样本数据的真实预测问题。提升模型对测试集数据预测效果的主题称为泛化（generalization）。不再盲目模拟人脑网络表明神经网络研究逐渐走向成熟，正如飞机没有完全模仿鸟类的飞行方式，也能实现飞天的能力。

5. 神经网络的缺点和支持向量机的诞生

尽管 BP 算法解决了部分计算量问题，但其仍然存在若干其他问题。例如，每次训练仍耗时过久，局部最优解问题仍是困扰优化训练的一大难题。另外，工程和研究人员需要对隐藏层节点数进行调参，增加了该方法的应用难度。

Vapnik（见图 2-68）等人在 20 世纪 90 年代中期发明了支持向量机（support vector machines，SVM）算法，与神经网络相比，该算法具有无须调参、高效及可解决全局最优解的优点。因此 SVM 算法迅速击败其他神经网络算法成为主流，神经网络的研究再次陷入了冰河期。

图 2-68　Vladimir Vapnik

2.3.2　多层神经网络（深度学习）

1. 引子

在神经网络研究陷入冰河期的 10 年中，加拿大多伦多大学的 Geoffery Hinton 教授（见图 2-69）等学者仍在坚持研究，并于 2006 年，在 *Science* 上发表的论文中首次提出"深度信念网络"算法的概念。

不同于传统训练方式，"深度信念网络"包含"预训练"（pre-training）过程，首先可以方便地找到一个接近最优解的神经网络权值，再使用"微调"（fine-tuning）技术对整个网络进行优化训练。采用这两个技术大幅度减少了多层神经网络的训练时间。Hinton 为多层神经网络相关的学习方法命名为"深度学习"。

深度学习很快在语音识别领域崭露头角，随后深度学习技术又在图像识别领域大展拳脚。2012 年，Hinton 与学生在 ImageNet 竞赛中，成功地用多层的卷积神经网络对分属一千个类别的一百万张图片进行了训练，分类错误率仅为 15%，比第二名高了近 11 个百分点，充分证明了多层神经网络优越的识别性能。

图 2-69　Geoffery Hinton

2. 多层神经网络

多层神经网络中的参数：图 2-70a 中 $w^{(1)}$ 中有 6 个参数，$w^{(2)}$ 中有 4 个参数，$w^{(3)}$ 中有 6 个参数，所以整个神经网络中的参数有 16 个。将中间层的节点数做一下调整，如图 2-70b 所示，第一个中间层改为 3 个单元，第二个中间层改为 4 个单元。调整后的网络参数变成了 33 个。两个网络层数不变，但第二个的参数数量是第一个的近两倍，会表现出更好的预测能力。

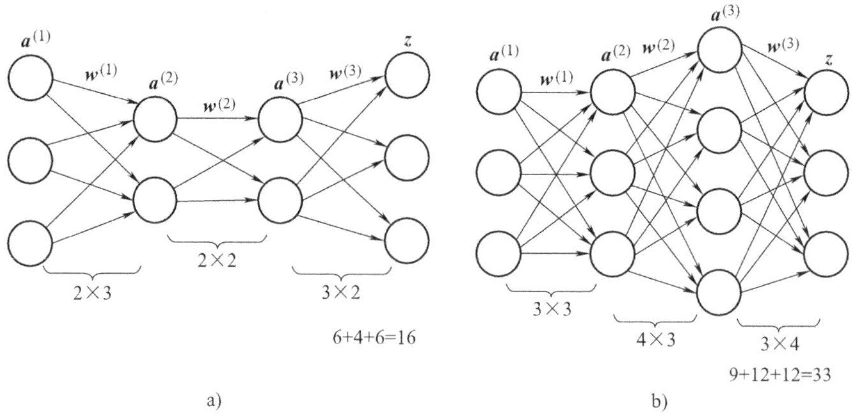

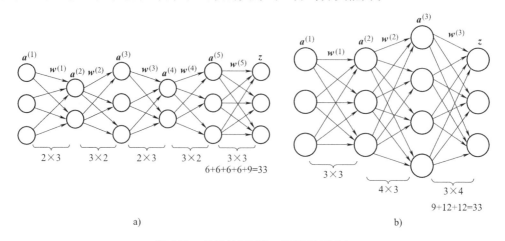

图 2-70　多层神经网络

不断添加层数可得到更多层神经网络。公式推导跟两层网络类似，使用矩阵运算就仅加一个公式而已。在已知输入 $a^{(1)}$、参数 $w^{(1)}$、$w^{(2)}$ 和 $w^{(3)}$ 的情况下，输出 z 的推导公式为

$$\begin{cases} g(w^{(1)} \times a^{(1)}) = a^{(2)} \\ g(w^{(2)} \times a^{(2)}) = a^{(3)} \\ g(w^{(3)} \times a^{(3)}) = z \end{cases} \qquad (2\text{-}101)$$

图 2-71a、b 所示神经网络参数个数相同层数不同。多层神经网络中的层数增加了很多，有什么好处？随着网络层数增加，每一层神经元学习到的对于前一层次的神经元值可更深入地进行抽象表示。例如，第一个隐藏层学习到的是"边缘"的特征，第二个隐藏层学习到的是由"边缘"组成的"形状"特征，第三个隐藏层学习到的是由"形状"组成的"图案"特征，最后的隐藏层学习到的是由"图案"组成的"目标"特征。多层网络通过抽取更抽象的特征来对事物进行区分，从而获得更好的区分与分类能力。

图 2-71　多层神经网络（更深的层次）

多层神经网络训练的主题仍是优化和泛化。当使用足够强的计算芯片（如 GPU 图形加速卡）时，梯度下降算法和 BP 算法仍然工作得很好。目前学术界既开发新的算法，也对这两种算法进行不断优化，例如，一种基于带动量因子（momentum）的梯度下降算法被提出。

深度学习算法包含了较多的网络层数和参数虽然表达能力大幅增强，但也导致极易出现过拟合现象，因此其泛化技术十分重要。

图 2-72　Yann Lecun（左）和 Yoshua Bengio（右）

Dropout 技术以及数据扩容（Data-Augmentation）技术是目前解决泛化问题使用最多的正则化技术。神经网络界当下的四位先驱分别是 Ng、Hinton、CNN 的发明人 Yann Lecun（见图 2-72（左）），以及 *Deep Learning* 的作者 Bengio（见图 2-72（右））。

目前，深度神经网络已在人工智能界占据统治地位。回顾神经网络发展的历程，其发展历史曲折跌宕如图 2-73 所示。既有竞相追逐的研究热潮，也有无人问津的冰河期，从单层神经网络（感知器）开始，到包含一个隐藏层的两层神经网络，再到多层的深度神经网络，经历了数次大起大落。

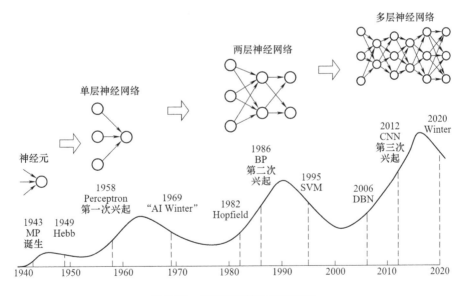

图 2-73　神经网络算法发展过程

2.3.3　深度学习和机器学习

1. 机器学习的定义

一个计算机程序要完成任务（T），如果获取的关于 T 的经验（E）越多，程序就表现（P）得越好，则可以说这个程序"学习"了关于 T 的经验。例如根据身高预测体重，给出一堆数据点（见图 2-74），尽可能地拟合样本点生成一条直线，则这个直线就是"学习"

出来的，然后就可以用这个直线去预测未知点。

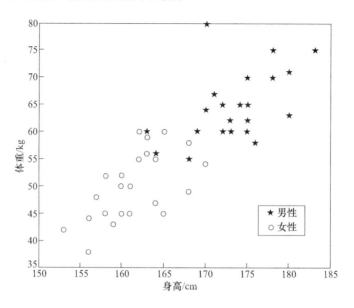

图 2-74　根据身高预测体重

　　再如风暴预测系统（见图 2-75），首先浏览所有的历史风暴数据，从大量的经验数据中学习得出"模式"，"模式"中包含了导致风暴的具体条件。如学习历史数据发现：温度超过 40℃，湿度在 80%~100% 之间，就容易发生风暴。"温度""湿度"等指标称为机器学习中的"特征"，这些特征是人为设置的。即在做预测系统前，需要专家分析确定重要"特征"，然后机器通过分析历史数据中的特征数据，确定相应的模式，即怎样的特征的组合会导致怎样的结果。

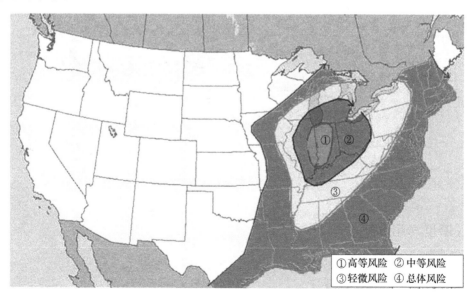

图 2-75　风暴预测系统

2. 深度学习的定义和过程解释

深度学习是一种特殊的机器学习，通过学习将世界表示为概念的嵌套层次，每个概念都是相对于较简单的概念定义的，而较抽象的表示则是根据较不抽象的概念计算的，从而获得极大的能力和灵活性。

以图 2-76 所示的方形和圆形的形状识别为例分析我们通常如何区分物体。

首先通过眼睛观察被分析形状有无 4 条边。若有，则进一步观察 4 条边是不是相互垂直连接且等长。如果满足上面这些条件，则可以判断为正方形。

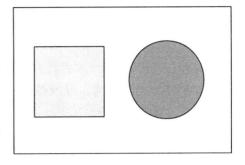

图 2-76 待识别的形状

根据上面过程类比可知，深度学习是把一个复杂的抽象的问题（形状），分解成一个个简单的、不那么抽象的小任务（边、角和长度…）。传统的机器学习方法，会先定义一些特征，如有没有胡须，耳朵、鼻子和嘴巴的模样等，再对对象进行分类识别。深度学习的方法则更进一步，会自动地找出这个分类问题所需要的重要特征。而传统机器学习则需要人为提前给出特征，这是两者最本质的区别。

那么，深度学习是如何做到这一点的呢？

以狗和猫识别为例，按照以下步骤：

1) 首先确定出有哪些边和角跟识别出猫狗关系最大。

2) 然后根据上一步找出的很多小元素（边和角等）构建层级网络，找出它们之间的各种组合。

3) 在构建层级网络之后，就可以确定哪些组合可以识别出猫和狗。

以人像识别的一个示意图为例，深度学习运算过程如图 2-77 所示。该计算模型网络包含 4 层，输入的 raw data 为原始数据。深度学习首先尽可能找到与这个头像相关的各种边，这些边为底层的特征（low-level features）。然后下一步，对这些底层特征进行组合，由鼻子、眼睛和耳朵等构成中间层特征（mid-level features）。最后，对鼻子、眼睛、耳朵等进行组合，就可以组成各种各样的头像了，即高层特征（high-level features），此时就可以识别或分类出各种人的头像了。

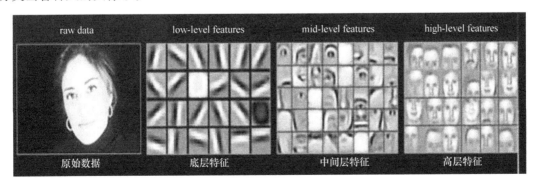

图 2-77 人像识别运算过程

3. 量子计算与人工智能

神经网络以及深度学习的发展趋势可能会受到量子计算机发展的影响。根据最新的研究发现，人脑内部进行的计算可能类似于量子计算形态。目前已知的最大神经网络跟人脑的神经元数量相比，仅不及1%左右，因此未来真正人脑神经网络模拟的实现，可能需要借助具有强大计算能力的量子计算。

图 2-78　人工智能

虽然现在人工智能（见图 2-78）非常火热，但是距离真正的人工智能还有很大的距离。以机器视觉领域为例，目前计算仍难以识别稍微复杂一些的场景及易于混淆的图像。因此，人工智能研究目前还属于起步阶段。虽然计算机需要很大的运算量才能完成一个普通人简单就能完成的识图工作，但其在并行化与批量推广能力方面具有巨大的市场应用潜力。正如火车刚诞生的时候，有人嘲笑它又笨又重，速度还没有马快。但随着科技的日新月异火车很快就大规模替代了马车的使用。人工智能也是如此，因此目前世界上各著名公司以及政府都对人工智能的研究十分重视。

第3章
光栅、光纤与CCD图像传感器

3.1 光栅与光电编码器

3.1.1 计量光栅

1. 光栅结构与测量原理

在镀膜玻璃上均匀刻制多条明暗相间、等间距分布、相互平行的细小条纹或刻线，称为光栅，如图3-1a所示，其中不透光部分a称为栅线宽度，透光部分b称为栅线间宽，栅线宽度与栅线间宽合为一个周期，即$a+b=W$称为光栅栅距。通常$a=b=W/2$，当然根据需要也可使$a:b=1.1:0.9$或其他比例。常用光栅每毫米往往刻成25、50、100、125或250条条纹。例如，每毫米刻成100条条纹，则此时光栅栅距$W=10\mu m$。

把两块相同的光栅（一块作为标尺光栅、一块作为指示光栅）叠合在一起，中间保留小的间隙，使两者栅线间形成一个很小的夹角θ，两光栅的一侧放置光源，另一侧放置光电检测元件，当两光栅相对移动时，在近似垂直于栅线方向上就会出现明暗相间的条纹，这些条纹被称作莫尔条纹。如图3-1b所示的两光栅，假设光栅1（指示光栅）不动，光栅2（标尺光栅）随被测位移向左或向右运动，则产生的明暗相间的莫尔条纹将会相应地向上或向下移动。

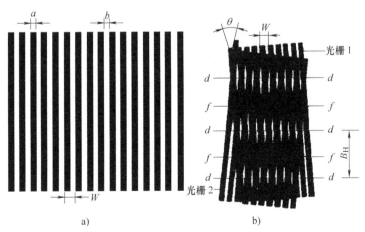

图3-1 光栅结构与工作原理

a）光栅刻线与栅距 b）莫尔条纹的形成

如图3-1b所示在d—d线上，两光栅栅线完全重合，即透光部分完全叠合，导致透过的光面积也最大，形成一系列四棱形样式的条纹亮带；相反，在f—f线上，两块光栅的栅线完全错开，即两光栅的栅线间宽完全相互遮挡，形成一些黑色叉线图案形式的条纹暗带。将相邻条纹亮带中心与条纹暗带中心的距离称为光栅的莫尔条纹间距 B_H，可见莫尔条纹是由两块光栅的透光和遮光效应所形成的。常见的光栅莫尔条纹形式有长光栅莫尔条纹、环形莫尔条纹和辐射形莫尔条纹等。

2. 莫尔条纹测位移的特点

（1）位移的放大作用　光栅每移动一个栅距 W 时，莫尔条纹相应地移动一个莫尔条纹间距 B_H。如图 3-2 所示，两光栅的栅线宽度均为 $W/2$，重合部分形成以两虚线为对角线的菱形，当光栅沿着水平方向运动时，菱形向上（向下）运动的距离即莫尔条纹间距 B_H，B_H 与两光栅线夹角 θ 间的关系为

$$B_H = \frac{W/2}{\sin\dfrac{\theta}{2}} \approx \frac{W}{\theta} \tag{3-1}$$

可见，θ 越小，B_H 就越大，相当于把栅距 W 放大了 $1/\theta$ 倍，而且 θ 通常很小，如 $\theta = 0.2°$，则 $1/\theta \approx 286$，即莫尔条纹宽度 B_H 约为栅距 W 的 286 倍，表明通过检测莫尔条纹宽度可以实现对栅距的精细测量，也就说光栅这种测量方式具有位移放大作用，可提高测量的灵敏度。类似的例子，如在使用显微镜时能够更清晰地观测细菌的形态、种属和间距等，也是基于与此相似的放大原理。

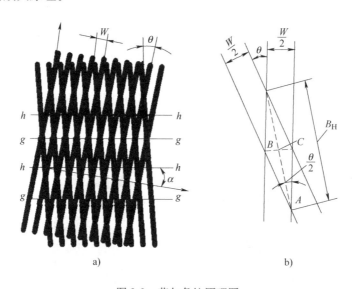

图 3-2　莫尔条纹原理图

（2）莫尔条纹移动方向与光栅移动方向的关系　如图 3-1b 所示，当光栅 1 沿着与刻线呈垂直方向向右移动时，相应的莫尔条纹将沿着与光栅 2 栅线平行的方向向上移动；反之，当光栅 1 沿着与刻线呈垂直方向向左移动时，莫尔条纹沿着光栅 2 栅线平行的方向向下移动。因此，根据莫尔条纹的移动方向，可以辨识光栅的运动方向。

（3）误差的平均效应　莫尔条纹是由光栅的大量刻线共同作用形成的，可以对单一刻线的刻画误差起到平均抵消作用，从而能在很大程度上消除短周期误差的影响，平均误差为

$$\Delta = \pm \frac{\delta_0}{\sqrt{n}} \qquad (3-2)$$

式中，δ_0 是单个栅线的刻划误差；n 是总的栅线条数；Δ 是平均效应后的误差。

类似地，在滚动摩擦导轨的设计中，动、静导轨之间存在数目较多的滚珠，但制造过程很难保证每个滚珠的尺寸和形状完全一致，那么形状尺寸不同的滚珠在工作过程中所承受的压力也就不一致，正常工作时可能只有有限个滚珠承担作用力，这样易导致应力集中、局部磨损严重和配合精度降低。在实际生产中，均要通过预紧使各钢珠共同承担作用力，因尺寸不同导致的受力不均的情况将会因为钢珠（数目众多）的平均效应得到改善。同样，液体静压导轨的加工误差，也是依赖两导轨间填充液体（大量液体分子）的平均效应得以消减。

3. 计量光栅的组成

计量光栅作为一个完整的测量装置，包括光栅读数头和光栅数显表两部分。光栅读数头利用光栅原理把输入直线位移量转换成电信号；而光栅数显表则是对实现整形放大、辨向、细分和显示功能的电子系统的总称。

如图 3-3 所示，光栅读数头主要由标尺光栅（主光栅）、指示光栅、光路系统（光源及配合光源的聚光镜等）和光电接收元件等组成。主光栅一般固定在被测物体上，随被测物体一起运动，主光栅的有效长度决定了位移的测量范围；指示光栅比主光栅要短很多，其相对于光电接收元件固定。

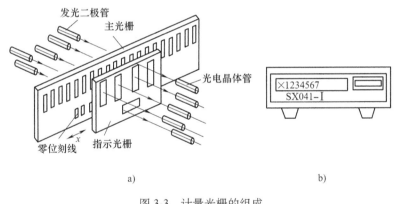

图 3-3　计量光栅的组成

a）光栅读数头　b）光栅数显表

（1）光电转换　主光栅和指示光栅一般刻有相同的栅距刻线，测量时，主光栅移动，指示光栅固定，发光二极管发射的光透过主光栅与指示光栅照在作为光探测器的光电晶体管上，将光信号转化为电信号。图 3-4a 所示为透射型光电转换装置，光源经聚光系统、标尺光栅和指示光栅，透过的光进入光电接收元件；图 3-4b 所示为反射型光电转换装置，光源经聚光系统、标尺光栅和指示光栅，反射的光通过聚光系统进入光电接收元件。

如上文所述，莫尔条纹是一个明暗相间的带。图 3-5 所示较短的光栅为指示光栅，较长的光栅为主光栅，当二者完全重叠的时候，光完全穿透栅线间宽的透光区域，相当于莫尔条纹为全亮的状态。当主光栅不断向右运动，两条暗带中心线间的光强则会经历最亮、半亮、最暗、半亮和最亮的渐变过程。可见，主光栅移动一个栅距 W，则光强相应变化一个周期，

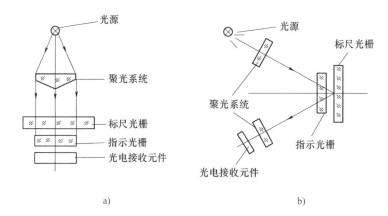

图 3-4　光电转换装置

a）透射型光电转换装置　b）反射型光电转换装置

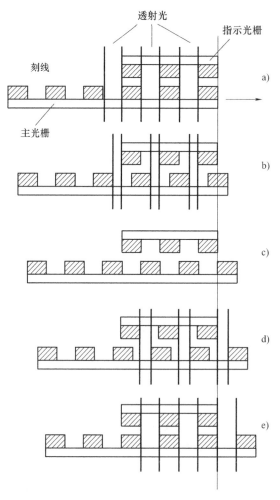

图 3-5　光栅移动一个栅距过程中光信号强度的变化

a）、e）最高　b）、d）半亮　c）最暗

用光电接收元件接收莫尔条纹移动时的光强变化，可检测到如图 3-6 所示的接近于正弦周期
函数的电信号，若以电压输出，可得

$$u_o = U_0 + U_m \sin\left(\frac{\pi}{2} + \frac{2\pi x}{W}\right) \tag{3-3}$$

式中，u_o 是输出电压；U_0 是初始直流电压分量；U_m 是电压幅值；x 是移动的距离。当 $x = W$
时，光栅移动一个栅距，由式（3-3）可知，输出电压信号也刚好变化了一个周期。

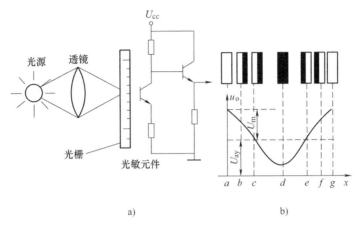

图 3-6　光电转换电路及莫尔条纹变化
a）光电转换电路　b）莫尔条纹变化

　　光栅尺输出信号的转换和测量等均由数显表来完成，如图 3-7 所示。光栅尺输出的初始
光强一般较弱，通常需要对电压进行放大，为满足后续需求，放大后还要进行整形，可经电
压比较器，使得波形超出阈值的部分输出高电平，反之低于阈值输出低电平，如此可将正弦
波整形成矩形波。进一步对矩形波进行微分变换形成相应的脉冲信号，用作后续辨向电路的
计数（或时钟）信号。如图 3-7b 所示，信号先进行放大、整形、细分，再进行辨向以判定

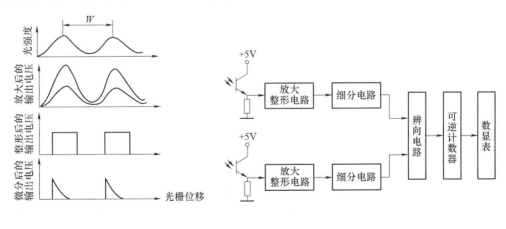

图 3-7　光栅尺的输出信号与测量电路
a）光强度到脉冲信号　b）光栅检测电路原理框图

光栅的移动方向，然后进入计数器以确定移动的位移量，最后通过数显表显示结果。

（2）辨向与细分 光栅读数头实现了位移量由非电量向电量的转换，对位移测量除确定大小外，还应确定其方向。而单个光电接收元件只能接收安装位置点（与指示光栅相对固定的位置）的莫尔条纹信号，因此只能判别该位置点莫尔条纹的明暗变化，而不能辨别移经该位置点的莫尔条纹的移动方向，即不能正确测量光栅位移的方向。

1）辨向原理。为辨别主光栅移动的方向，需要两个相差 1/4 周期（即 90°相位）的莫尔条纹信号，同时作为输入信号以实现位移方向的辨识。实现方法是在相隔 $B_H/4$ 条纹间距的位置，一前一后安装两个光电接收元件。当莫尔条纹移动时，两个光电接收元件感受的亮度信号变化规律完全一样，但相位相差 90°，滞后还是超前则取决于光栅的移动方向。

如图 3-8a 所示，位置 1、2 上安装探测器，分别得到相应方波信号 u_1' 和 u_2'（见图 3-8c）。按照图 3-8b 所示 u_1' 进一步取反得到 u_1''（见图 3-8c），u_1' 及 u_1'' 分别经微分处理后得到脉冲信号 u_{1w}' 和 u_{1w}''，分别对应图 3-8c 中的实线脉冲和虚线脉冲，这两个脉冲信号分别作为与门 D_1 与 D_2 的输入计数脉冲。如图 3-8a 所示，当光栅 1 向右（A 向）和向左（$\overline{A}$ 向）移动时，得到的脉冲信号 u_{1w}' 和 u_{1w}'' 不同，即如图 3-8c 中最后两行中的实线脉冲和虚线脉冲的位置不同。u_2' 被用作与门 D_1 与 D_2 的共同门控信号，控制当光栅 1 向不同的方向移动时，与门 D_1 与 D_2 输入脉冲是否能够得以输出，以分别作为后续加计数器和减计数器的计数脉冲，作为可逆计数器的两个输入，这样当物体正向移动时脉冲数累加，而反向移动时从累加脉冲数中减去反向移动脉冲数，从而实时显示位移量的测量结果。

如图 3-8a 所示，当光栅沿 A 方向移动时，莫尔条纹向 B 方向移动。如图 3-8c 所示，u_1 超前 u_2 90°。u_1' 经微分电路后产生的脉冲 u_{1w}'，如图中 A 向所对应的实线脉冲，正好发生在门控信号 u_2' 为"1"电平时，从而经 D_1 输出一个加计数脉冲；而 u_1' 经反相并微分后产生的脉冲 u_{1w}''，对应图 3-8c 中 A 向中的虚线脉冲，此脉冲则与 u_2' 的"0"电平相遇，因此与门 D_2 被阻塞，无脉冲输出。

如图 3-8a 所示，当光栅沿 $\overline{A}$ 方向移动时，莫尔条纹向 $\overline{B}$ 方向移动，u_2 超前 u_1 90°。u_1' 经微分产生的脉冲 u_{1w}' 发生在 u_2' 为"0"电平时，与门 D_1 无脉冲输出；而 u_1' 的反相 u_1'' 经微分所产生的脉冲 u_{1w}'' 则发生在 u_2' 为"1"电平时，与门 D_2 输出一个减计数脉冲。

2）莫尔条纹细分技术。前述以度量移过莫尔条纹的数量来确定位移量，显然其对应的位移分辨率为一个光栅栅距。如图 3-9 所示，为进一步提高分辨率，或能测量比一个栅距更小的位移量，可采用细分技术。细分是指在莫尔条纹信号变化的一个周期内，不是只能发出一个脉冲，而是可以发出若干个脉冲，从而可以减小脉冲当量。细分方法有机械细分和电子细分两类。例如，增加光栅刻线密度即为一种典型的机械细分方法。本节仅简要讲解电子细分方法。

例如，类似于图 3-8a，当在一个栅距范围内等间距共放置 n 个检测器，相应地一个周期内发出相角相差 $2\pi/n$ 的 n 个脉冲，如此可使测量精度提高 n 倍，即每个脉冲相当于原来栅距的 $1/n$，从而可以提高分辨率并能测量更小的位移量。如图 3-9 所示的四倍频细分法，在一个莫尔条纹宽度上依次等间隔放置四个光电接收元件，得到四个相差依次为 90°的电压信号；或在相差 $B_H/4$ 位置上安放两个光电接收元件，得到两个相差 90°的电压信号，将这两个信号经整形、反相后，同样也可以得到四个依次相差 90°的电压信号，如图 3-9b 所示。

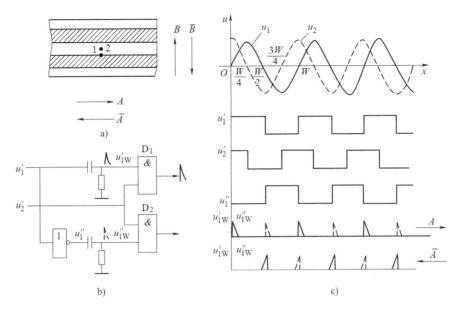

图 3-8　辨向原理示意图

基于上述四个电压信号，进一步通过鉴零器，分别鉴取上述四个电压信号的"0"电平，使每个信号在由负到正过零点时发出一个计数脉冲。这样，在莫尔条纹变化一个周期内将依次产生四个脉冲，而不是仅产生一个脉冲，即实现了四细分。

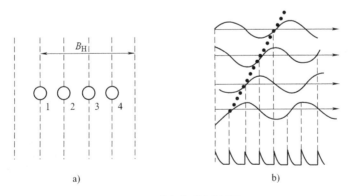

图 3-9　光栅细分原理图

光栅的外形及其在数控镗铣床上的安装位置如图 3-10 所示，在空间 X、Y、Z 三坐标位置均安装了光栅以反馈信号，实现对三坐标实时位移的反馈。

3.1.2　光电编码器

1. 编码器的概念、分类与组成

编码器是将机械转动的模拟量（如角位移）转换成数字代码的传感器。编码器被广泛用于各种转动位移或转角的测量。编码器主要包括接触式和非接触式两类。接触式编码器以电刷接触导电区或绝缘区来表示代码状态是"1"还是"0"（或反之）；非接触式编码器采

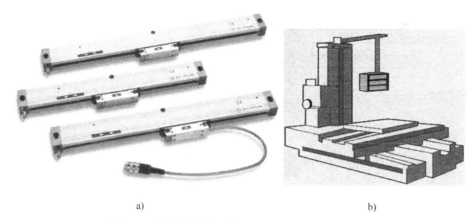

a)   b)

图 3-10   光栅的外形及其在数控镗铣床的安装位置

用光敏或磁敏元件以透光或不透光区（导通与否）来表示代码状态是"1"还是"0"。依据检测原理，编码器有光学式、磁式、感应式和电容式；依据测量方式，编码器有直线式编码器（光栅尺、磁栅尺）和旋转式编码器，从这个角度看，光栅尺只是编码器的特例；依据刻度方法及信号输出形式，编码器有增量式、绝对式和混合式三种。图 3-11 所示中概括了编码器的详细分类，编码器最常见的应用为测量电机输出轴的转速。

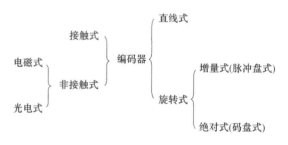

图 3-11   编码器的分类

2. 光电式编码器

光电编码器通过光电转换将输出轴的机械位移量转换成数字量或脉冲，是目前应用最广的一类编码器。如图 3-12 所示，光电式编码器主要由安装在旋转轴上的码盘、窄缝、固定光栅（类似于指示光栅），以及安装在码盘和固定光栅两边的发光元件和吸光元件等组成。码盘（即固定光栅）是在光学玻璃上刻上同心码道，每个码道又按一定规律排列出透光和不透光部分，分别称为亮区和暗区。码盘安装在电机旋转轴上并与电机同步旋转，经发光二极管等电子元件组成的检测装置，输出若干与转角或转速成比例的脉冲电压信号，进而通过计算每秒输出脉冲的个数来反映电机转速。光电式编码器可分为绝对式、增量式和混合式三种。

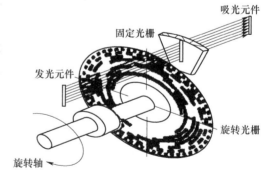

图 3-12   光电编码器原理图

（1）绝对式光电编码器   绝对式光电编码器可将角度直接编码，即直接将被测转角用相应数码表示出来。绝对式光电编码器的码盘，可在一块圆形玻璃上采用腐蚀工艺，刻出透光和不透光的码形，黑色区域为不透光区，用 0 表示；白色区域为透光区，用 1 表示，对于任意的可分辨角度都有对应的二进制编码，如图 3-13 所示，码盘被分成四个码道或八个码道，每一个码道对应一个光电器件，当码盘处于不同角度时，各光电器件根据受光与否输出相应电平信号，依次产生对应于各绝对位置的二进制编码。码盘的码道个数即码盘的数码位数，其高位在内、低位在外。绝对式光电编码器的分辨率取决于码道个数 n，分辨率为 $1/2^n$，其能分辨的最小角度 $\alpha = 360°/2^n$。显然位数 n 越大，其所能分辨的最小角度 α 越小，测量精度就越高。测量时只要根据码盘的起始和终止位置，就可以确定其角位移，而与转动的中间过程无关。

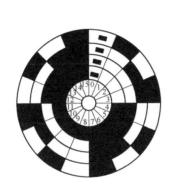

图 3-13　四码道和八码道绝对式光电编码器的码盘

编码器码盘按其所用码制可分为二进制码、十进制码和循环码码盘等。标准二进制编码器的码盘也被称为 8421 码盘，其编码方式直接取自二进制的计数累积过程，当其在两位置的边缘交替或来回摆动时，码盘制作或光电器件安装的误差都会导致读数错误，产生非单质性误差，例如，在位置 0111 与 1000 的交界处可能出现 1111、1110、1011 和 0101 等数据，因此该类码盘在实际中已很少被采用。换言之，对于标准二进制编码器码盘（即 8421 码盘）来说，任何微小的制作或安装误差都可能造成读数的粗误差，主要因为对于二进制码，当某一较高的数码改变时，所有比它低的各位数码均需同时改变。因此，为消除粗误差，使用的绝对式光电编码器码盘常采用二进制循环编码器码盘（格雷编码器码盘），如图 3-14 所示，其相邻位的编码只有一位发生了变化，因此能把误差控制在最小单位内，避免了上述非单质性误差，格雷码在本质上是一种对二进制的加密处理，每位数码不再具有固定的权值，必须经解码过程将其转换为二进制码才能得到对应的具体位置，信息解码过程可通过硬件解码器或软件来实现。四位二进制码（8421 码）与循环码的对照见表 3-1。

图 3-14　二进制循环码盘

循环码是一种无权码，从任意数变到其相邻数时，仅有一位数码发生变化，如任一码道刻画有误差，只要误差不太大且只可能有一个码道出现读数误差时，则其产生的误差最多等于最低位的一个比特。对于 n 位循环码编码器的码盘，与二进制编码器的码盘一样，具有 2^n 种不同的编码数目，其最小分辨率 $\alpha = 360°/2^n$。

表 3-1　四位二进制码与循环码对照表

十进制数	二进制码	循环码	十进制数	二进制码	循环码
0	0000	0000	8	1000	1100
1	0001	0001	9	1001	1101
2	0010	0011	10	1010	1111
3	0011	0010	11	1011	1110
4	0100	0110	12	1100	1010
5	0101	0111	13	1101	1011
6	0110	0101	14	1110	1001
7	0111	0100	15	1111	1000

格雷码具有以下特点：

1）格雷码的任意两相邻位置或其对应的相邻数码之间只有一位不同，其余各位都相同，而且 0 和最大数（2^n-1）对应的两组格雷码之间也只有一位不同。

2）格雷码是一种循环码，它的特性使其在传输过程中引起的误差较小。计数电路按格雷码计数时，电路每次状态更新只有一位数码变化，从而减少计数错误。

格雷码与二进制码的码制转换见式（3-4）和如图 3-15 所示。

$$\left.\begin{aligned} C_n &= B_n \\ C_i &= B_i \oplus B_{i+1} \end{aligned}\right\} \left.\begin{aligned} B_n &= C_n \\ B_i &= C_i \oplus B_{i+1} \end{aligned}\right\} \tag{3-4}$$

式中，$i=0$，…，$n-1$。

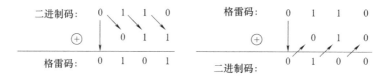

图 3-15　二进制码与格雷码相互转换

1）二进制码转换成格雷码：从最右边第一位开始，依次将每一位与左邻一位异或（XOR），作为对应格雷码该位的值，最左边一位不变。

2）格雷码转换为二进制码：从左边第二位起，依次将每一位与左邻一位解码后的值异或（XOR），作为该位解码后的值，最左边一位依然不变。

（2）增量式光电编码器　增量式光电编码器能产生与位移增量等值的脉冲信号，可获得其相对某基准点的位置增量，但不能区分是在哪个具体位置的增量，即不能直接检测轴的绝对位置信息。如图 3-16 所示，增量式光电编码器可输出相差 90° 的 A、B 两相脉冲信号，即两组正交输出信号，从而可以方便地判断待测轴的旋转方向。同时增量式光电编码器还能输出用作参考零位的 Z 相标志脉冲信号，每旋转一周发出一个标志信号，因此该信号通常用来计数编码器的转动圈数，并对误差的累积量进行清零。

采用增量式光电编码器，根据相差 90° 的 A、B 两相脉冲信号和如图 3-17a 所示的简单电路，可实现对编码器正转和反转的方向辨识。其波形和控制原理如图 3-17b 所示，可见其辨向原理与光栅的辨向原理完全相同。

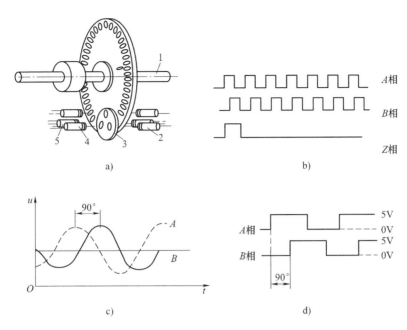

图 3-16　增量式光电编码器的工作原理

a）增量式光电编码器组成　b）增量式光电编码器的输出信号波形

c）输出信号为正弦波时相位差　d）输出信号为方波时相位差

1—转轴　2—光电检测器件　3—检测光栅　4—光源　5—码盘

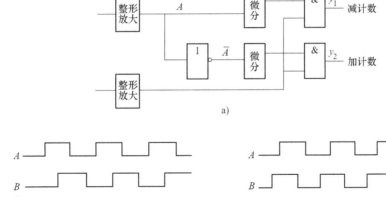

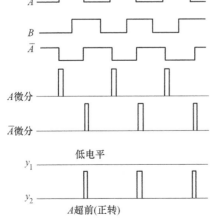
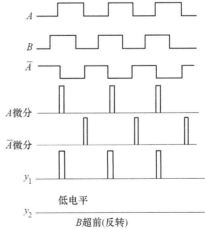

图 3-17　增量式光电编码器正反转输出信号变化与辨向原理

3.2 光纤传感器

3.2.1 基本知识

光纤是光导纤维的简称，是用石英、玻璃和塑料等光透射率高的电介质构成的光通路，它是一种圆柱介质光波导。光纤是 20 世纪后半叶的重要发明之一，与激光器和半导体光电检测器一起构成了光电子学新领域。

光纤最初的研究动机是为了通信（见图 3-18），由于光纤的许多新特性，近年来在其他领域也发展了许多新应用，如光纤传感器。光纤传感器以其高灵敏度、抗电磁干扰、耐腐蚀、可弯曲、体积小、结构简单，以及与光纤传输线路相容等优点，受到广泛重视。实践表明，光纤传感器可应用于位移、振动、转动、压力、弯曲、速度、加速度、电流、磁场、电压、湿度、温度、声场、流量、浓度和 pH 等 70 多个物理量的测量，具有十分广泛的应用潜力和发展前景。

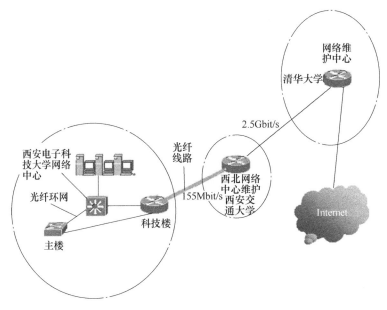

图 3-18　光纤的通信应用

1966 年，英国华裔科学家高锟博士认为，通过降低透明玻璃的杂质浓度，实现光波损耗在 20dB/km 以下，即可满足作为光通信媒介的需求。鉴于高锟在"有关光在纤维中的传输以用于光学通信方面"取得的突破性成就，瑞典皇家科学院将 2009 年诺贝尔物理学奖授予高锟、威拉德·博伊尔和乔治·史密斯（见图 3-19），高锟获得当年物理学奖一半的奖金；而博伊尔和史密斯两人则因发明了同样是本章重要内容的电荷耦合器件（CCD）图像传感器，共同分享当年物理学奖的另一半奖金。

3.2.2 光纤结构和工作原理

目前，光纤基本采用石英玻璃，如图 3-20 所示，光纤主要包括三部分：中心的圆柱体

图 3-19　2009 年诺贝尔物理学奖获得者

称为纤芯（core）；围绕纤芯的圆形外层称为包层（coating）；最外层为保护套（jacket）。纤芯和包层主要由不同的石英玻璃制成。纤芯的折射率 n_1 略大于包层的折射率 n_2，而保护套则多为尼龙材料。光纤的导光能力主要取决于纤芯和包层的性质，而光纤的机械强度则主要由保护套来保障。

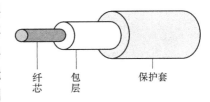

图 3-20　光纤的结构

1. 全反射原理

只要入射光的入射角满足特定条件，光纤内部就可反复逐次发生全内反射，直至传播到另一端面。实际工作时容许光纤弯曲，但只要满足全反射条件，光线仍可继续前进。所谓光线"转弯"实际上是由光的全内反射所形成的。如图 3-21 所示，绿（③）、蓝（①）、黑（②）三色光线与中线形成的入射夹角 θ 不断增大，入射角最小的绿色光线可以在光纤内全反射，蓝色光线为临界光线，而入射角最大的黑色光线则会溢出到光纤之外。阴影部分为可以发生全反射的入射光线的锥角范围。图 3-21 中展示了光纤的结构，浅灰色对应纤芯，深灰色对应包层，最外层则对应保护套，根据所应用材料的不同，三者的折射率是逐渐减小的。

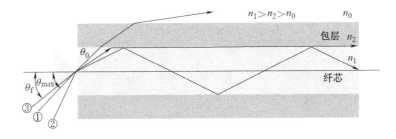

图 3-21　不同入射角光线在阶跃型光纤中的传播比较

如图 3-22 所示，根据光的折射定律即斯涅尔定律得

$$n_1\sin\theta_1 = n_2\sin\theta_2 \tag{3-5}$$

式中，n_1 是光入射介质的折射率；n_2 是折射介质的折射率；θ_1 是入射角；θ_2 是折射角。

当光从光密介质到光疏介质时，即 $n_1 > n_2$，得到 $\theta_2 > \theta_1$。当 $\theta_2 = 90°$ 时，θ_1 的大小为发生全反射的临界角的值，即 $\sin\theta_c = \dfrac{n_2}{n_1}$，可得

$$\theta_c = \arcsin\frac{n_2}{n_1} \tag{3-6}$$

式中，θ_c 是临界入射角，即只要 $\theta_1 > \theta_c$，就会发生全反射。

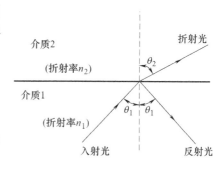

图 3-22   入射光、反射光和折射光的示意图

因此当光从光密介质（玻璃）到至光疏介质（空气）时，随着入射角 θ_1 的不断增大，产生的变化如图 3-23 所示；当 $\theta_1 < \theta_c$ 时，同时发生折射与反射现象；当 $\theta_1 = \theta_c$ 时，$\theta_2 = 90°$；当 $\theta_1 > \theta_c$ 时，θ_2 消失，只存在反射角，即此时发生了全反射现象。

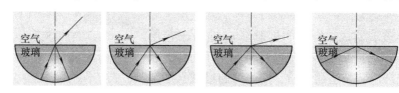

图 3-23   不同入射角产生的反射与折射情况

当光线由空气（光疏介质）入射至光纤（如石英玻璃）这一光密介质，经折射后再射入光纤纤芯与包层的界面。在这种情况下，讨论最初入射光从空气介质入射至光纤端面时，入射角需满足什么条件才能发生全反射？

设有一段圆柱形光纤，其两个端面均为光滑平面，如图 3-24 所示，当光线射入一个端面并与圆柱的轴线成角 θ 时，根据折射定律，在光纤内折射成 θ'，然后以 θ' 角入射至纤芯与包层的界面。若要在界面上发生全反射，则纤芯与界面的光线入射角 φ 应大于临界角 φ_c，即 $\varphi \geq \varphi_c$（φ_c 为临界入射角），由于 $n_1\sin\varphi_c = n_2\sin90° = n_2$，所以 $\sin\varphi_c = \dfrac{n_2}{n_1}$，则 $\sin\varphi \geq \dfrac{n_2}{n_1}$，又

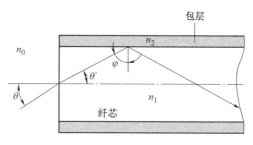

图 3-24   光从空气介质射入光纤面时满足全反射的条件

因为 $n_0\sin\theta = n_1\sin\theta' = n_1\cos\varphi = n_1\sqrt{1-(\sin\varphi)^2}$，

所以 $\sin\varphi = \dfrac{n_1\sqrt{1-(\sin\varphi)^2}}{n_0}$，将 $\sin\varphi \geq \dfrac{n_2}{n_1}$ 代入可得 $\sin\theta \leq \dfrac{n_1\sqrt{1-\left(\frac{n_2}{n_1}\right)^2}}{n_0} = \dfrac{\sqrt{n_1^2-n_2^2}}{n_0}$，即

$\theta \leq \arcsin\dfrac{\sqrt{n_1^2-n_2^2}}{n_0}$。当光纤所处的环境为空气时，$n_0 = 1$，$\sin\theta \leq \sqrt{n_1^2-n_2^2}$ 或 $\theta \leq \sqrt{n_1^2-n_2^2}$。

2. 光纤主要参数

（1）数值孔径   在光纤领域，数值孔径（numerical aperture，NA）能够反映光纤集光能

力，即反映纤芯接收光量的多少，也描述了光进出光纤时的锥角大小，如图 3-25 所示，即 $NA = \sin\theta_c = \dfrac{\sqrt{n_1^2 - n_2^2}}{n_0}$，通常光由空气入射入光纤，因此 $NA = \sin\theta_c = \sqrt{n_1^2 - n_2^2}$，$NA$ 表明无论光源发射功率有多大，只有入射角处于 $2\theta_c$ 光锥角内，光纤才能导光。如果入射角过大，光线便从包层逸出产生漏光。

如图 3-26 所示，NA 越大，表明光纤集光能力越强，越利于耦合效率的提高，但 NA 过大会造成光信号畸变，所以要选择适当的数值孔径。一般要求 $NA = 0.2 \sim 0.4$。

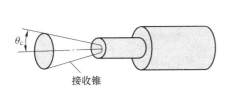

图 3-25　光纤的数值孔径

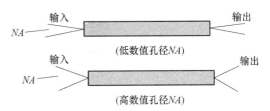

图 3-26　不同孔径对于集光能力的影响

（2）光纤模式和尺寸　所谓光纤模式是指光波在光纤中的传播途径和方式。对于不同入射角的光线，在纤芯和包层界面反射的次数是不同的，传递光波间的相互干涉，即光的传播模式也就不同。一般为了减小信号畸变，希望光纤信号模式数量要少。

光纤的外径一般为 $125\mu m$（一根头发平均直径为 $100\mu m$）。如图 3-27 所示，按照传输模式可分为单模光纤和多模光纤。

单模光纤直径较小，内径一般为 $9\mu m$，光以单一路径通过这种光纤，只能传输一种模式，以激光器为光源。优点：信号畸变小、线性好、灵敏度高及信息容量大。缺点：纤芯面积较小，制造、连接、耦合困难。

多模光纤直径较大，内径一般为 $50 \sim 62.5\mu m$，传输模式不止一种。光以多重路径通过这种光纤，以发光二极管或激光器为光源。优点：纤芯面积较大，制造、连接、耦合容易。缺点：性能较差。

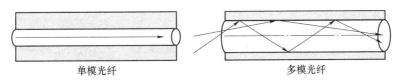

单模光纤　　　　　　　　　　多模光纤

图 3-27　单模/多模光纤轨迹图

（3）传输损耗　光信号在光纤中传输的过程中不可避免存在损耗，光纤传输损耗主要包括：因材料密度及浓度不均匀等引起的材料吸收损耗、因光纤拉制粗细不均匀等引起的散射损耗，以及光纤在使用中因弯曲导致的漏光损耗。

一般要求传输损耗小于 $10dB/km$，传输损耗 $A(dB/km)$ 可表达为

$$A = al = 20\lg\frac{I_0}{I} \tag{3-7}$$

式中，l 是光纤长度；a 是单位长度的衰减；I_0 是光导纤维输入端光强；I 是光导纤维输出端

光强。

3. 光纤的分类

光纤按材料（见图3-28）可分为：

1）玻璃光纤：纤芯与包层都是玻璃，损耗小、传输距离长、成本高。

2）胶套硅光纤：纤芯是玻璃，包层为塑料，特性同玻璃光纤相近，成本较低。

3）塑料光纤：纤芯与包层都是塑料，损耗大、传输距离很短、价格很低。多用于家电、音响以及短距离的图像传输。

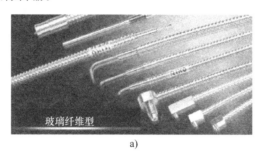

a)

b)   c)

图3-28   光纤的分类

a）玻璃光纤   b）胶套硅光纤   c）塑料光纤

3.2.3   光纤传感器

光纤通信在有线通信上的优势日益突出，目前单根光纤中能同时传输600路以上信号而互不干扰，奠定了现代信息高速公路的基础，也为符号、语音、图形和动态图像等多媒体通信提供了必要条件。

光纤传感器（见图3-29）是20世纪70年代中期伴随光纤及光通信技术发展起来的一门新技术，与传统传感器相比有一系列优点：高灵敏度；频带宽，动态范围大；结构简单、可挠曲、体积小、质量小及耗能少；不受电磁干扰，耐腐蚀、电绝缘、防爆性好及耐高温和高压，可适用于各种恶劣环境；便于与计算机和光纤传输系统相连，易实现遥测和控制等。因此，光纤传感器能用于温度、压力、流量、位移、速度、加速度和pH等

图3-29   光纤传感器

70 多个物理量的测量，具有极为广泛的应用前景。

光纤传感器可分为功能型（传感型）和非功能型（传光型）光纤传感器（见图 3-30）。功能型传感器利用光纤本身的特性将光纤作为敏感元件，由于外界因素（温度、压力、电场、磁场和振动等）对光纤的作用，会引起振幅、相位、频率和偏振态等光波参量发生变化，测出这些参量随外界因素的变化关系，即可用它作为传感元件来检测对应的物理量变化。非功能型传感器是利用其他敏感元件感受被测量的变化，光纤只作为光的传输介质，与其他敏感元件组合而成的传感器。

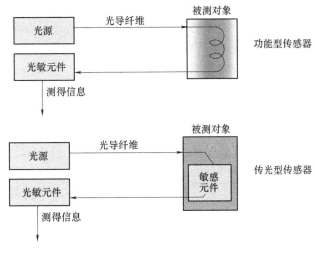

图 3-30 光纤传感器工作原理

3.2.4 光纤传感器的应用

1. 光纤加速度传感器

如图 3-31 所示，激光器发出的激光束，通过分光板后分为两束光，透射光作为参考光束，反射光作为测量光束。当传感器感受加速度时，固定座与光纤一起同步运动，而质量块由于惯性作用保持静止，从而使光纤被拉伸，引起光程差的改变，即相位改变的测量光束由单模测量光纤射出后与参考光束会合产生干涉效应。激光干涉仪干涉条纹的移动由光电接收装置转换为电信号，经处理电路后便可正确测出加速度的值。

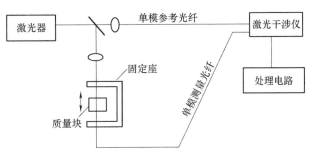

图 3-31 光纤加速度传感器

光程是介质的折射率 n 与光在介质中传播距离 L 的乘积，光程差可表示为

$$\Delta = nL_2 - nL_1 \tag{3-8}$$

光发生干涉时，当光程差是光在真空中波长整数倍时，$\Delta = n\lambda$（n 为整数），相位差为 $2n\pi$，发生相长干涉，光变强；相反，当光程差是光在真空中波长的半整数倍，即 $\Delta = (n + 1/2)\lambda$ 时，相位差为 $(2n+1)\pi$，发生完全相消干涉。因此，光程差的改变将导致明暗相间的干涉条纹出现，通过该条纹可计算出所测的加速度数值。

2. 光纤旋涡流量传感器

如图 3-32 所示，将一根多模光纤垂直地装入流管，液体或气体流经与其垂直的光纤时，光纤受到流体涡流的作用而振动，振动的频率与流速有关，测出频率便知流速。根据流体力学原理，当流体流动受到一个垂直于流动方向的非流线体的阻碍时，在一定条件下，在非流线体下游的两侧产生有规则的旋涡，其旋涡的频率 f 近似与流体的流速成正比，计算公式为

图 3-32　光纤旋涡流量传感器

$$f = sv/d \tag{3-9}$$

式中，v 是流速；d 是流体中物体横向尺寸；s 是斯特罗哈尔（Strouhal）数，是主要与雷诺数有关的无量纲常数。

光纤旋涡流量传感器的具体工作原理：因为多模光纤中的光线以多种模式进行传输，所以在光纤的输出端，各模式的光就形成了干涉图样。一根没有外界扰动的光纤所产生的干涉图样是稳定的，当光纤受到外界扰动时，干涉图样明暗相间的斑纹或斑点就会移动。若外界扰动由流体涡流引起，那么干涉图样的斑纹或斑点就会随着振动的周期变化来回移动，这时测出斑纹或斑点移动频率，即可获得对应振动频率为 f 的流速信号，进而根据式（3-9）计算出流体流速。这种流量传感器可测量液体和气体的流量，因为传感器没有活动部件，测量可靠，而且对流体流动几乎不产生阻碍作用，所以压力损耗非常小。这些优点是孔板和涡轮流量计等传统流量计所无法比拟的。

3. 传光型光纤传感器

（1）光纤位移测量和光电开关应用　如图 3-33 所示，其中一根光纤与被测物体联动，导致两光纤的中心轴错位，从而引起光损耗，光纤移动后输出的光强与两段光纤中心的重叠面积成正比，而重叠面积与光纤移动的位移成定量关系。图 3-34 所示为利用挡光原理测量位移应用示意图。

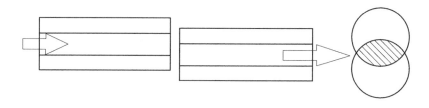

图 3-33　传光型光纤位移传感器

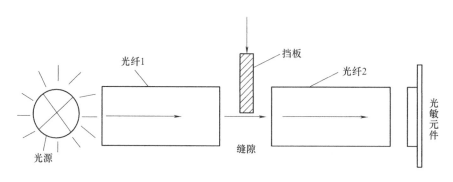

图 3-34　利用挡光原理测量位移应用示意图

图 3-35 所示为光纤式光电开关的典型案例，当光纤发出的光穿过标志孔时，若无反射，则说明电路板方向放置正确。采用遮断型光纤光电开关对 IC 芯片引脚进行检测，该方法简单，但其测量范围和线性不如反射型。

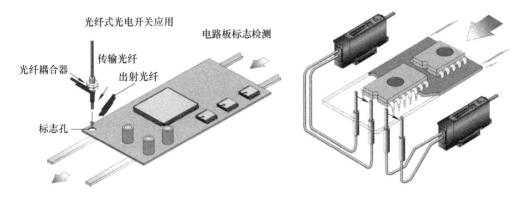

图 3-35　光纤式光电开关的典型案例

（2）采用弹性元件的光纤压力传感器　图 3-36 所示为膜片反射式光纤压力传感器的结构组成，膜片的中心挠度 $y = \dfrac{3(1-\mu^2)R^4}{16Et^3}p$，可见，$y$ 与所施加的压力 p 呈线性关系。若利用 Y 形光纤束位移特性的线性区，则传感器的输出光功率也与待测压力呈线性关系。

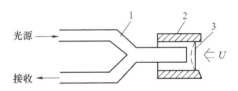

图 3-36　膜片反射式光纤压
力传感器的结构组成
1—Y 形光纤　2—壳体　3—膜片

（3）光纤微弯曲位移和压力传感器　光纤微弯曲位移和压力传感器是典型的光强调制型光纤传感器，是基于光纤微弯而产生的弯曲损耗原理制成。如图 3-37 所示，假如光线在光纤的直线段以大于临界角射入界面（$\varphi_1 > \varphi_c$），则光线在界面上产生全反射，理想情况光将无衰减地在纤芯内传播。当光线射入微弯曲段的界面上时，入射角将小于临界角（$\varphi_2 < \varphi_c$）。这时一部分光在纤芯和包层的界面上反射，另一部分光则透射进入包层，导致光能损耗。

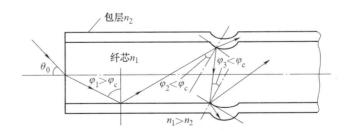

图 3-37　光纤微弯曲位移和压力传感器原理图

如图 3-38 所示，光纤微弯曲位移（压力）传感器，由两块波形板（变形器）构成，其中一块是活动板，另一块是固定板。波形板一般采用尼龙和有机玻璃等非金属材料制成。一根多模光纤从一对波形板之间通过。当活动板受到微扰（位移或压力）作用时，光纤就会发生微弯曲，引起传播光的散射损耗，使光在芯模中重新分配，一部分光从芯模（传播模）耦合到包层模（辐射模）；另一部分光反射回芯模。当活动板的位移或压力增加时，泄漏到包层的散射光随之增大，因此输出光强度相应减小。光强受到了调制，通过检测泄漏出包层的散射光强度或光纤芯透射光强度就能测出位移（或压力）信号。

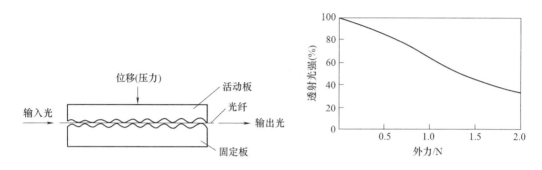

图 3-38 光纤微弯曲位移（压力）传感器原理图

　　光纤微弯曲传感器的突出优点是光功率维持在光纤内部，可免除周围环境污染的影响，适宜在恶劣环境中使用。该传感器灵敏度较高，能检测小至 $100\mu Pa$ 的压力变化，压力使光纤产生微位移，该传感器可在 $10\mu m$ 的动态范围内检出相当于 $0.1nm$ 微位移的压力。该传感器结构简单、动态范围宽、线性度较好及性能稳定，因此，光纤微弯曲传感器是一种很有发展前途的传感器。

4. 光纤图像传感器

　　反射式光纤位移传感器的工作原理如图 3-39 所示，光源发出的光经光学透镜后进入发射光纤，照射到被测物体表面，反射的光线进入接收光纤，然后经透镜后由检测器进行接收。

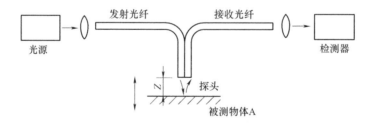

图 3-39 反射式光纤位移传感器原理图

　　工业内窥镜即采用反射式光纤位移传感器实现位移检测，如图 3-40a 所示，它是靠光纤传像束实现图像检测，传像束由玻璃光纤按阵列排列而成。一根传像束一般由数万到几十万条直径为 $10\sim20\mu m$ 的光纤组成，每条光纤传送一个像素信息。用传像束可对图像进行传递、分解、合成和修正。传像束式的光纤图像传感器在医疗、工业和军事部门有着广泛应用。微机控制的工业内窥镜工作原理如图 3-40b 所示，依赖微机发出的指令信号，通过控制扫描头的移动，实现对工件由点到线再到面的全方位扫描。同时微机采集由 CCD 感受来自接收光纤的光信息。

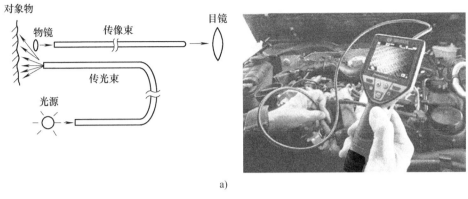

a)

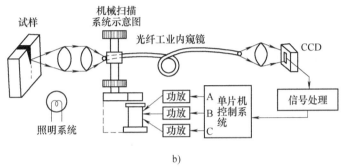

b)

图 3-40 微机控制的工业内窥镜

a）工业内窥镜原理及实物图 b）微机控制的工业内窥镜工作原理图

3.3 CCD 图像传感器

3.3.1 CCD 图像传感器组成

CCD 图像传感器的核心器件是电荷耦合器件（charge couple device，CCD），它是贝尔实验室于 1970 年发明的新型半导体传感器，是固态图像传感器的一种，它是在 MOS 集成电路基础上发展起来的，能进行图像信息的光电转换、存储、延时和按顺序传送。自问世以来，因其独特的性能而迅速发展，被广泛用于自动控制和自动测量的图像识别。其具有集成度高、功耗小、结构简单、耐冲击、寿命长及性能稳定等优点，因而被广泛应用。

CCD 是一种金属氧化物半导体（metal oxide semiconductor，MOS）集成电路器件，其基本功能是以电荷作为信号，进行电荷的存储和电荷的转移。MOS 电容器（光敏元）是构成 CCD 的最基本单元，CCD 即是在半导体硅平面上制作成百上千个光敏元，一个光敏元又称作一个像素，光敏元在半导体硅平面上按线阵或面阵有规则地排列。CCD 结构示意图如图 3-41 所示。

如图 3-41 所示，在 P 型或 N 型硅衬底上生长一层很薄（约 120nm）的二氧化硅作为绝缘层，再在二氧化硅薄层上依次序沉积金属栅极，形成规则的 MOS 电容器阵列，再加上两端的输入及输出二极管就构成了 CCD。

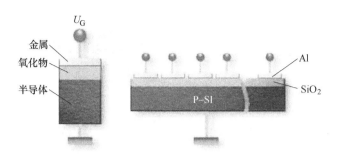

图 3-41　CCD 结构示意图

3.3.2　CCD 图像传感器基本工作原理

　　CCD 图像传感器的突出特点是以电荷为信号载体，其基本功能是实现电荷存储和转移。

　　CCD 图像传感器的基本工作过程如图 3-42 所示，主要包括获取被测对象反射（透射）的光，也就是光输入的过程，然后进行电荷耦合，光子遇到 MOS 生成电荷，电荷随着曝光时间的延长进行逐步累积，然后将累积的电荷进行转移，最后通过二极管与三极管进行电荷的测量，得到视频输出。可总结为：光电转换（将光转换成信号电荷）、电荷累积（存储信号电荷-光积分）、电荷转移（转移信号电荷）和电荷检测（将信号电荷转换成电信号）。

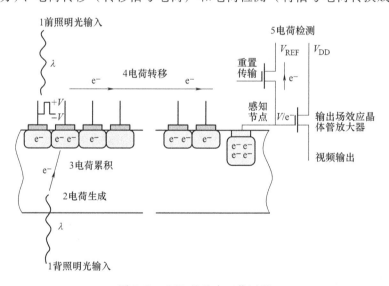

图 3-42　CCD 的基本工作过程

　　当栅电极接地时，即 $U_G = 0$ 时，如图 3-43a 所示，以 P 型半导体硅为例，硅本身呈电中性，P 型半导体中多数载流子为空穴，此时硅表面无电场的作用，则 P 型半导体表面空穴的浓度与内部空穴的浓度相同，因此都不带电。

　　当在栅电极上加上 $U_G > 0$ 的一个小电压时，P 型半导体衬底中的空穴从界面处被排斥到衬底的另一侧，在硅表面处只留下一层不能移动的受主离子，这种状态称为多数载流子"耗尽"状态，形成图 3-43b 中的充电区域（空间电荷区）称作耗尽区，或称作"势阱"。

　　当正电压 U_G 进一步增大并超过某一阈值 U_{th} 时，将使得半导体体内的电子（少数载流子）被吸引到半导体表面附近，形成一层厚度约 10nm 的极薄的但电荷浓度很高的反型层，这种情况称之为"反型"状态（电势能最低点）。反型层电荷的存在表明 MOS 结构具备存储电荷的功能。

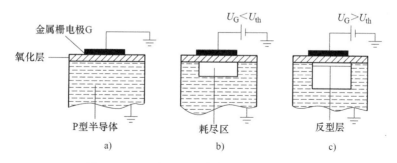

图 3-43　CCD 栅极电压变化对耗尽区的影响

　　电荷的收集如图 3-44 所示，光子（黑色曲线）入射到 CCD 中产生电子空穴对，电子向器件中电势最高的地区聚集，并在那里形成电荷包。每个电荷包对应一个像元。为便于理解，以下将形成光照、收集电荷包的过程比喻为图 3-44 所示右下角的过程，即将耗尽区（势阱）比喻为水桶，储存电荷比喻为水桶存水，光子比喻为雨滴。

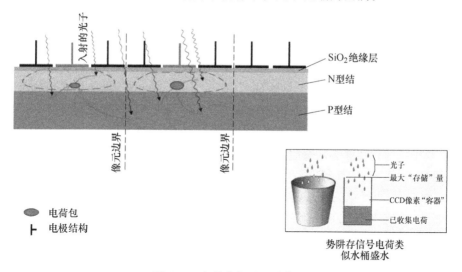

图 3-44　电荷收集过程示意图

　　收集过程存在以下问题：

　　当一个像素聚集过多电荷后，溢出电荷会跑到相邻像素势阱，这样电量就不能如实反映被照射原物的实际情况。避免的方法见表 3-2，可以考虑：①把水桶做大；②减少测量时间；③把满的水倒出；④做个导流管，让溢出的水流到地上去，不要流到其他水桶里。

　　在感光度不高的情况下缩短曝光时间，容易造成感光不充分，对暗的部分曝光不足；若采用间歇开关时钟电压，则会降低速度；采用溢出沟道和溢出门是十分复杂的过程。由此可见，增大单位像素尺寸是最简单有效的做法。

表 3-2　处理像素聚集过多的方法

水桶	CCD 芯片	缺点
把桶做大	增大单位像素尺寸	—
减少测量时间	缩短曝光时间	对于暗的部分曝光不足
把满的水桶倒出	间歇开关时钟电压	降低速度
做个导流管	溢出沟道和溢出门	制作复杂

电荷储存之后，需要一帧一帧的转移，例如，线阵 CCD 需要将一行全部移出，当一个 CCD 芯片感光完毕后，每个像素所转换的电荷包就按照一行的方向转移出 CCD 感光区域，以便为下一次感光释放空间，此过程为电荷耦合。移动的原理主要是利用相邻像元所对应电势阱的深浅实现信号电荷的移动，如图 3-45 所示，类似于将水按顺序倾倒相邻水桶中。

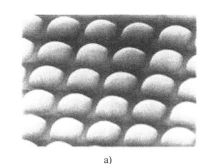

a)

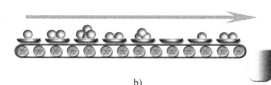

b)

图 3-45　电荷包的移动
a）显微镜下排列紧密的 MOS 元表面
b）电荷包沿相邻势阱的定向移动

为实现 MOS 电容器中存储的信号电荷的移动，需注意以下三点：

1）必须使 MOS 电容阵列的排列足够紧密，以致相邻 MOS 电容的势阱相互沟通，即相互耦合。

2）控制相邻 MOS 电容栅极电压高低，用来调节势阱深浅，从而使信号电荷由势阱浅处流向势阱深处。

3）CCD 中电荷的转移必须按照确定的方向实现单向移动。

以三相 CCD 为例说明控制电荷定向转移的过程，每一个像素上有三个金属电极，称为控制栅极，CCD 的 MOS 结构及其控制栅布局如图 3-46 所示，每个像元有 ϕ_1、ϕ_2 和 ϕ_3 三个栅极，相邻像元的栅极采用并联连接。

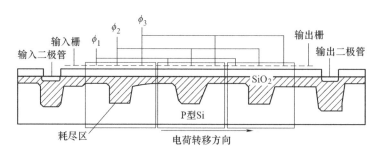

图 3-46　CCD 的 MOS 结构及其控制栅布局

依次在上面施加三个相位不同的控制脉冲。图 3-47b~e 中反映了电荷的移动过程，转移的目的是使 10V 的势阱向右移动，其中三相控制电压的相序如图 3-47f 所示。在图 3-47a 中，ϕ_1 为 10V 高电平，ϕ_2 为 2V 低电平，此时仅在 ϕ_1 正下方的像素位置存在势阱，产生的电荷存储于其中；在图 3-47b 中，ϕ_1 为 10V，ϕ_2 为 2V 向 10V 变化的过程中，此时 ϕ_2 正下方的像素位置也逐渐出现势阱，且两势阱紧密相邻；直至图 3-47c 中所示，ϕ_1 为 10V，ϕ_2 也完全变为 10V，此时，存储在 ϕ_1 下部的电荷就像水桶中的水一样就会被两个势阱共同分担；在图 3-47d 中，ϕ_1 从 10V 向 2V 进行转变，其对应的势阱将逐步变浅，而 ϕ_2 保持为 10V，因此在此状态下，ϕ_1 下部的光敏元所存储的电荷将逐步向右流动；在图 3-47e 中，ϕ_1 为从 10V 完全变为 2V，ϕ_2 为 10V，则此时 ϕ_1 下部的光敏元所对应的势阱完全消失，其所存储的电荷完全流入 ϕ_2 下部的光敏元。经过如图 3-47f 所示的三相控制相序的过程，信号电荷完成从 ϕ_1 下部的光敏元向 ϕ_2 下部光敏元的完全转移。

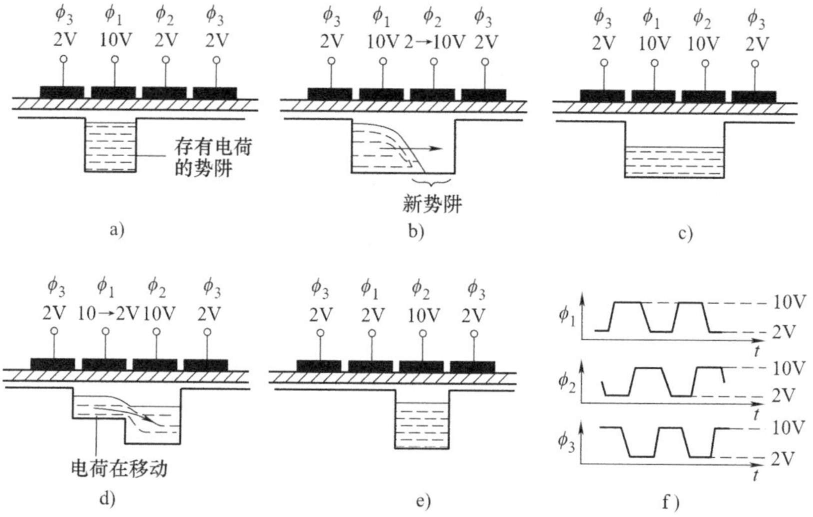

图 3-47 三相 CCD 中电荷的转移过程

进一步如图 3-48 所示，一组控制栅电极即具有特定相序关系的三个栅电极对应一个像素，但各栅电极分别对应自己的耗尽区，t_1 时刻仅 ϕ_1 为高电平，此时 Q_1、Q_2、Q_3、Q_4 等为在曝光完成后，各像素对应的第一栅电极 ϕ_1 所对应势阱位置处积累的电荷；t_2 时刻除了 ϕ_1 为高电平外，此刻 ϕ_2 也转变为高电平，则相应栅极所对应位置均形成了耗尽区即势阱，因此，上文第一栅电极 ϕ_1 所对应势阱位置处积累的电荷此时将由这两个势阱共同存储；而在 t_3 时刻，仅 ϕ_2 为高电平，此刻 ϕ_1 所对应位置的势阱消失，仅 ϕ_2 所对应位置存在势阱，从而使得前述由 ϕ_1、ϕ_2 所对应两势阱共同分担的电荷，转变为全部由 ϕ_2 所对应势阱承担。三相控制栅极循环按照上述相序通电，则可实现相邻像元电荷的定向有序移动。

下文用更形象的图示进一步展示 CCD 完整的工作过程。

光电转换装置把入射到每一个感光像素上的光子转化为电荷，这些电荷可以被收集起来，我们也可以称为光积分（见图 3-49a），并按照收集量的多少据实存储（见图 3-49b）。

图 3-50a 所示左侧为图像的感光区域，最右侧一列为移位寄存器，曝光完成后，首先将雨水（电荷）全部转移到移位寄存器里面，进而再在相应相序控制电压的控制下，将上述电荷逐位的移出，如图 3-50b 所示。

如图 3-51 所示，曝光和移动后强弱不一的电荷信号会逐位被送入电子电压转换器（electron to voltage converter）中，电荷将转换成电压，电压进一步放大后再经 A/D 转换。

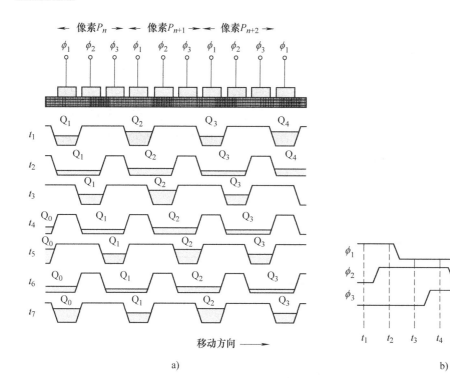

图 3-48   三相 CCD 的电荷包转移过程

a）电荷转移过程   b）三相相序关系

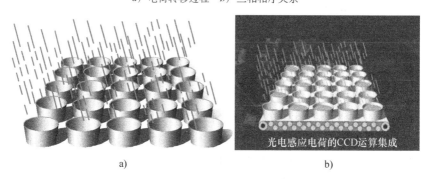

图 3-49   电荷收集与存储

a）电荷收集   b）电荷存储

图 3-50   电荷转移与输出

a）电荷转移   b）电荷输出

配合色块马赛克的分布，转换成一个二维的平面，每一个点（画素）用对应接收光量的二进制数据显示其强弱大小，最终整合影像输出。

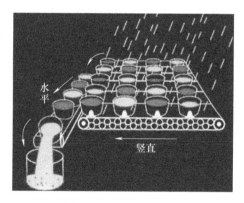

图 3-51　信号生成影像

3.3.3　彩色 CCD 结构组成与工作原理

1. 单色相机

我们可以把 CCD 简单理解成一个顶部具有敞口的记忆芯片，照射的光束可以入射到记忆单元中，根据"光电效应"，产生相应的负电荷（见图 3-52 右上部分），即在曝光后 CCD 芯片可以将光子转换为成比例的电荷，读出的电荷进而被相机处理单元进行预处理，输出一幅数字图像。光子还有另外一个特征值——波长，但这条信息却没有被 CCD 理会，因此从光谱辨识能力的角度来看，CCD 可以被称为"色盲"。

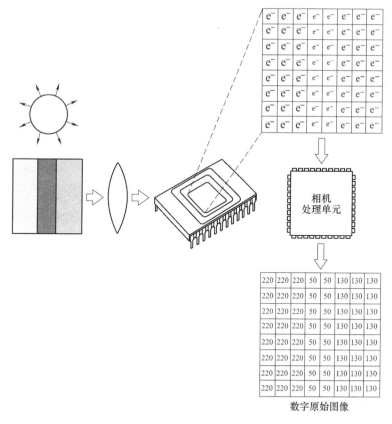

图 3-52　单色相机成像原理图

2. CCD 彩色相机原理

自然界中色彩种类繁多，变化丰富，但红（R）、绿（G）和蓝（B）这三种颜色却是最为基本的原色,是其他颜色调配不出来的,但把原色相互混合却可以调配出其他颜色。几乎所有人眼可以识别的颜色,都可以通过红、绿和蓝三原色组成。用 RGB 三原色分色法即 RGB 三通道调色,可得到画质锐利、色彩真实的图景。

若要求相机图像处理单元在每个像素上都能输出红、绿和蓝三种颜色的值,则必须给这三种颜色都配置一个相应的 CCD,使得相应颜色的光子得以滤过,即一个 CCD 用于红光,一个用于绿光,一个用于蓝光。最直观的做法是,用三棱镜将复合光线中的红、绿和蓝三个基本色分开,使其分别投射在对应的 CCD 上,这样每个 CCD 就只对一种基本色分量感光,最后再合成彩色图像信号。如图 3-53 所示,光源照射下的被测对象(本例为标准调色板)反射的光经棱镜后被分为 R、G 和 B 三通道,分别照射到图 3-53 所示从上到下分布的 CCD 上。

由两种原色调配而成的颜色称为间色或二次色,即红+绿=黄、红+蓝=品红、绿+蓝=青色。黄、品红、青色三种色就是间色。三原色和三间色为标准色。调色板即为包含了三原色和三间色的标准调色板。第一行从左到右分别分布着红、绿和蓝三原色子色块,在白光光源照射下,三个子色块分别只反射相同颜色的光线,即对应子色块位置处则分别仅反射红光、绿光和蓝光,而其他颜色的光线则被吸收。标准调色板的第二行从左到右则分别分布着黄、品红和青色三个间色子色块,在白光光源照射下,对应子色块位置处则分别仅反射红+绿、红+蓝和绿+蓝的光线,而其他颜色的光线则被吸收。

对应标准色块相应位置的上述光线经棱镜后分别照射到相应 CCD 上,各个 CCD 累积的电荷分别如图 3-53 所示。进一步经相机处理单元将上述电荷量转化为 R、G 和 B 三通道对应的数字量。

这种解决方案的实用效果很好,但缺点是采用 3 个 CCD 芯片再搭配棱镜的造价较高,因此,多年前科研人员就开始思考,有没有其他方法使得仅采用一个 CCD 芯片也能输出各种彩色分量?

3. 单 CCD 彩色相机原理

如果出于价格因素考虑,一个相机只使用一个 CCD 芯片,那么可以考虑使用彩色滤光片像马赛克一样分布在 CCD 所有的像素上。因为最经典的滤光片最初由拜尔发明,所以被称为马赛克滤光片或拜尔滤光片,如图 3-54a 所示,每个小格对应 CCD 的每个像素,每四个小格为一组,称为一个宏像素,分别由 1 个红色、1 个蓝色和 2 个绿色小格构成。拜尔滤光片就是由上述不断重复的宏像素组成的。图 3-54b 所示为白光照射拜尔滤光片后,透过红色、绿色和蓝色小格的光线分别在 CCD 感光元件上成像的结果。

分析上文白光光源照射下的标准调色板反射的光线,经拜耳滤光片滤光后的效果。拜耳滤光片与 CCD 尺寸相同,其宏像素所对应的每个小格的尺寸也与 CCD 的像素尺寸完全一致。以左上角、右上角和左下角的宏像素为例,白光照射的标准色块对应宏像素的相应位置反射的光分别为红、蓝和红+绿,相应的光线经对应宏像素滤光后,红色的光经拜耳滤光片左上角宏像素滤光后,仅红色小格对应的 CCD 像素位置能透过此红色的光;同样蓝色的光经过右上角宏像素后,仅蓝色小格对应的 CCD 像素位置能透过此蓝色的光;同理,黄色的光经过左下角宏像素后,红色和绿色小格对应的 CCD 像素位置分别能透过红色和绿色的光。

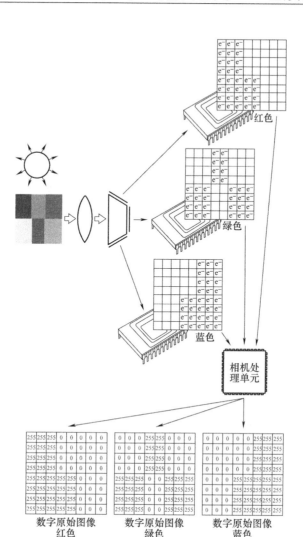

图 3-53 3 CCD 彩色相机原理图

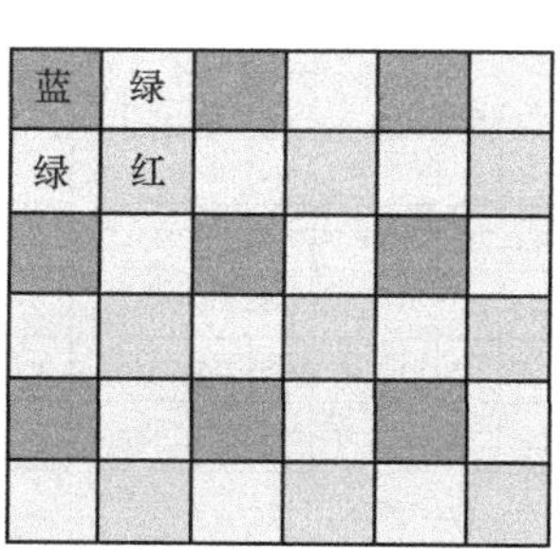

图 3-54 拜尔滤光片和单 CCD 彩色相机原理图

a) 拜尔滤光片

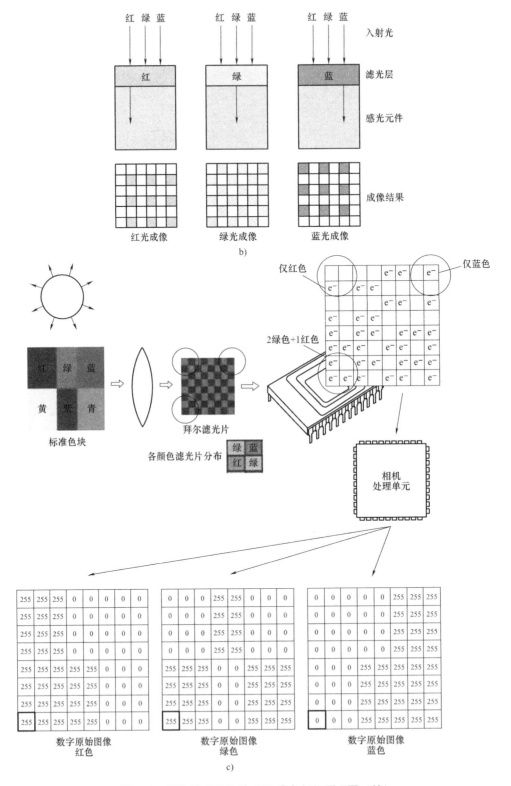

图 3-54　拜尔滤光片和单 CCD 彩色相机原理图（续）

b）拜耳滤光片对 RGB 分光光线的过滤效果　c）单 CCD 彩色相机原理

同理，CCD 其他像素位置感受的光电荷如图 3-54c 所示，进一步经相机处理单元将上述经拜耳滤光片滤光后的电荷量转化为 R、G 和 B 三通道对应的数字量。

在输出时，要求所有像素都应该包含 R、G 和 B 三色的信息。但在添加滤光片后，CCD 每个像素只能滤过 R、G 和 B 三色中的一种颜色，如何找回另外缺失的两种颜色值呢？解决方法是由后续的相机处理单元执行相应的空间色彩插值法。如图 3-54c 所示的 CCD 所感受的电荷，以 CCD 最左下角的像素感受的电荷为例，被检测对象的该位置为黄色，即红色和绿色的和色，其经过拜耳滤光片最左下角的红色滤光片滤光后，仅红色光能透过滤光片，所以该像素仅能显示红光的数值，为实现彩色效果，除红色数值外，还需要找回丢失的另外两个颜色值，即绿色和蓝色的数值，而采用插值法可以通过分析与该红色像素相邻的像素即可估算出这两个颜色值。在本例中，经过插值算法处理，如图 3-54c 所示，即经过相机处理单元处理后的 R、G 和 B 三通道对应的数字量，我们发现绿色像素含有大量电荷，但蓝色像素电荷数为 0。实际上，正如上文所述，观察被测对象（标准调色板）的对应位置，发现这个红色像素实际上是黄色的，即红色和绿色的和色。

对单 CCD 相机生成的 3 幅数字原始图像（见图 3-54c）与 3CCD 相机生成的 3 幅数字始图像（见图 3-53）比较，发现它们完全相同，但这仅仅对本例典型调色板这一被测对象是成立的。实际应用中，即使最好的彩色空间插值法也会产生低通效应。因此，单 CCD 相机生成的图像要比 3CCD 相机或黑白相机的图像模糊，含有超薄或纤维形物体的图像，该情况更加明显。

4. 色彩插值（用于成像）

（1）复制临近像素法（最近像素的复制）　根据拜耳滤光片的三原色颜色布局方案，如图 3-54a 所示，找回缺失的另外两种颜色值的最简单方法可以从临近像素中获取色彩值。如图 3-55b 所示被加粗黑框的像素，其对应图 3-55a 所示拜尔滤光片所覆盖的第二行第一个绿色像素，因此，该位置只有绿色的光可以透过，在原图像中该点实际是红色的，因此，经拜尔滤光片的绿色小格过滤后色彩值变为 0，即该像素 G=0 已确定，但其 R、B 未知。

从滤光片布局来看，滤光片中与该像素位置紧邻的正上和正下方均为蓝色滤光片，而该像素位置紧邻的左侧和右侧方均为红色滤光片。根据拜耳滤光片结构布局以及相邻像素颜色变化的相近性（一般的相邻像素颜色变化具有非突变性），只需要把临近红蓝像素中的红色与蓝色值复制到该像素中，左边取红色，下边取蓝色，就能获得其 RGB 值（255，0，0）。就图 3-55 所示举例而言，插值法产生了正确的 RGB 值。

（2）临近像素均值法（双线性插值）　同样依据拜耳滤光片结构布局，如图 3-56 所示，可根据该点像素周围八邻域与四邻域的具体像素情况确定该点的像素为临近像素均值法。

这种简单插值法所生成结果是不可接受的。但由于节省时间，所以也可用于质量标准要求不高的视频数据流中（如视频预览）。

5. 从拜耳滤色片进一步阐述彩色相机工作过程

相机的 CCD 和 CMOS 只能感应光强，难以做到波长选择。目前绝大多数相机和手机拍彩色照片均采用拜耳滤镜方法，因为若在一个像素点集成三个带滤镜的感光元件对于工艺上未免要求较高。柯达的 Bryce Bayer 想出了单 CCD 法解决彩色分辨问题：用一个 RGB 滤波阵列，每个滤光点只能透射一种颜色，并使各色的滤光点与下层像素点一一对应。于是一束白光透射后，可以得到三组成像结果，记录的是图像经滤光之后的三组灰度值。

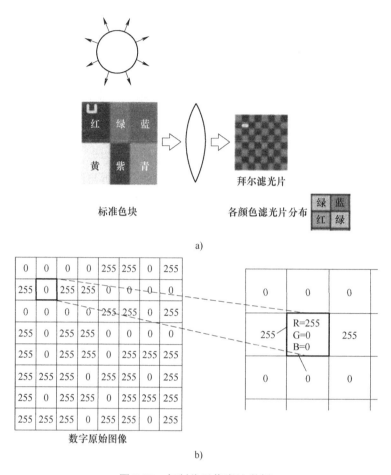

图 3-55　复制临近像素法举例

a）拜尔滤光片第二行第一个绿色像素及对应的标准色块位置　b）复制临近像素法

如图 3-57a 所示景象，经滤光片后，原始数据不经处理直接生成灰度图像 2，如图 3-57b 所示。直接代入红绿蓝各自的强度之后，显示的是图像 3，如图 3-57c 所示。接下来进行猜色，也就是根据一个像素点及其周围的灰度值，经算法算出该像素点的 RGB，得到图像 4，如图 3-57d 所示。

上述红绿蓝的滤光片比例是 1∶2∶1，因此也称 RGBG。后来出现了各种改良型拜耳滤镜阵列的变种，见表 3-3。

RGBE 取代 RGB 三原色分色法，用一个祖母绿滤光片代替绿色，其更接近人眼的感觉。

CYYM 是用青色、黄色、品红按 1∶2∶1 比例代替 RGB；CYGM 是青色、黄色、绿色、品红，比例为 1∶1∶1∶1；CYGM 和 CYYM 都为提高光通量，但牺牲了色彩准确度。品红＝红+蓝，即只阻挡绿光；黄色＝红+绿，只阻挡蓝光；青色＝绿+蓝，只阻挡红光，相比 RGB 对白光吸收变少了，可提高光通量，但代价是色彩不好确定。

CMYK 由四通道颜色（青色 C、品红 M、黄 Y 和黑 K）配合而成。其优点是补色 CCD 多了一个 Y 黄色滤色器，在色彩的分辨上较细，感光度一般在 800 以上。但缺点是因为通道多，牺牲了部分影像的分辨率。在印刷业中 CMYK 更为适用，但其调节出来的颜色不如 RGB 多。

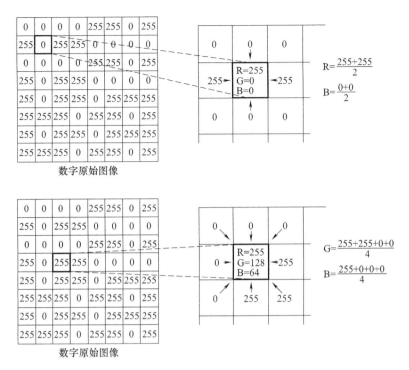

图 3-56　临近像素均值法

表 3-3　其他滤波片

名　　称	描　　述	图　案
Bayer 滤波片	最常见的 RGB 过滤器。1 蓝色+1 红色+2 绿色	2×2
RGBE 滤波片	像 Bayer 一样，其中 1 绿色滤镜修改为"翡翠"色；用于 Sony 相机	2×2
CYYM 滤波片	1 青色，2 黄色，1 品红色；用于柯达的一些相机	2×2
CYGM 滤波片	1 青色+1 黄色+1 绿色+1 品红色；用于一些照相机	2×2
RGBW 滤波片	传统的 RGBW 类似于 Bayer 与 RGBE 模型	2×2
RGBW #1	柯达的三个示例 RGBW 过滤器，50% 白色	4×4
RGBW #2		
RGBW #3		2×4
X-Trans	富士胶片专用 RGB 矩阵滤光片，具有较大图案，旨在减少莫尔效应	6×6

　　RGBW 是用白色取代绿色，提高了进光量，损失了一部分颜色信息。适合暗环境拍摄，可降低噪点。RGBW#1～3 是非马赛克方式的其他排列模式。X-Trans 是为减小莫尔条纹的发生，采取不太规则的滤镜排列方式，且加大绿色感光面积，提高分辨率和色彩饱满度。

　　下文简要阐释补色的基本概念（见图 3-58）。

　　在光学中两种色光以适当的比例混合能产生白光，则这两种颜色就称为"互为补色"。色彩中互补色的最典型例子：红色与青色，蓝色与黄色，绿色与品红色。补色并列时，会引起强烈对比的色觉，会感到红的更红，绿的更绿。

　　其他有关近似色、对比色和复色等概念，请参考相关资料。

图 3-57　彩色图像形成过程

a）原始图片　b）灰度图片　c）RGB 光强度数值化图像　d）对每像素所含其他 2 色进行猜色后图像

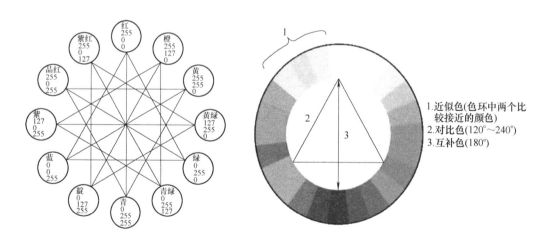

图 3-58　和色与补色

6. CCD 完整结构

CCD 和传统底片相比更接近人眼视觉的工作方式。人眼视网膜是由负责光强度感应的杆细胞和负责色彩感应的锥细胞分工合作组成视觉感应。类似地，CCD 主要由负责光强度感应的垫于最底部的 MOS 矩阵和负责色彩感应的类似马赛克的滤光片网格，加上聚光镜头阵列组成，如图 3-59a 所示。CCD 经过长达 35 年的发展，其形状和运作方式都已定型。

从结构布局来看，微型镜头为 CCD 第一层，众所周知，数码相机成像的关键是感光层，

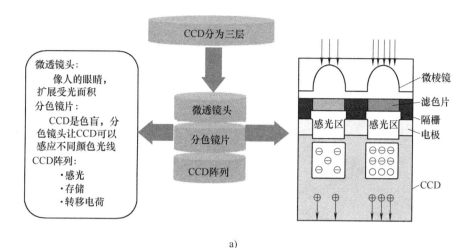

a)

b)

图 3-59　彩色 CCD 结构层次及拜尔滤光片示意图

a) 彩色 CCD 结构层次　b) 拜尔滤光片示意图

例如，构成 CCD 的核心部件 MOS 矩阵，为扩展 CCD 的采光率，必须扩展其单一像素的受光面积。1980 年 SONY 率先为每一个感光像素安装了微小镜片，这就像是为 CCD 挂上了眼镜一样，这样 CCD 像素的感光面积不再仅由传感器的开口面积决定，而是改由微型镜片的表面积来确定。那么，即便是为了提高分辨率导致单一像素太小，但通过采用微型镜片提高了其开口率，使其感光度也能得到保障。位于镜片阵列和 MOS 阵列之间的则是拜尔滤光片，其实物示意图如图 3-59b 所示。

3.3.4　CCD 传感器结构类型和特性参数

1. CCD 传感器的分类

CCD 按照像素排列方式不同，可分为线阵 CCD 和面阵 CCD 两大类。

（1）线阵 CCD　线阵 CCD 每次只能扫描一条线，为得到整个二维图像的视频信号，需要沿着线阵垂直的方向进行扫描予以实现（见图 3-60）。线阵 CCD 因其每次仅扫描一条线，信息量小所以其处理速度能得到保障，因此在实时在线检测应用和遥感探测等多领域均得到

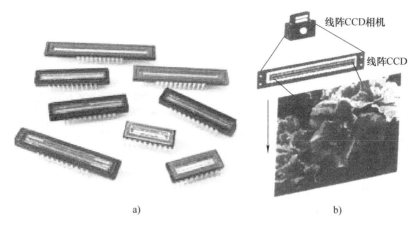

图 3-60　线阵 CCD

a）线阵 CCD 芯片　b）线阵 CCD 线扫描示意图

广泛应用。

（2）面阵 CCD　按照一定的方式将一维线阵 CCD 的光敏单元及移位寄存器排列成二维阵列，就可以构成二维面阵 CCD（见图 3-61），显然面阵 CCD 可同时曝光整个图像，日常生活中的高清数码相机和各种显示器即为其典型应用案例。

图 3-61　面阵 CCD

a）面阵 CCD 芯片　b）面阵 CCD 面图像获取示意图

2. CCD 传感器的特性参数

CCD 的基本特性参数主要包括分辨率、感光度、噪声特性和动态范围等。

（1）CCD 分辨率　CCD 分辨率指的是 CCD 中有多少像素，即有多少感光组件，分辨率是图像传感器的重要特性，像元（素）数越多，分辨率越高。目前，面阵 CCD 的分辨率越来越高（见图 3-62）。

像素是影像最基本单位，即将影像放大到不能再将它分割的影像单位。分辨率即为像素数，即 CCD 行列像素之积，例如，640×480＝307200，就是 30 万像素。

分辨率是在一个特定的区域内共有多少个像素单位，该词最早用来说明工程中单位长度所选取点的数目，即每英寸共有多少点数（dot per inch，DPI）。其他常见单位：

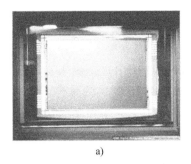

a)   b)

图 3-62　面阵 CCD

a）200 万像素的 CCD　b）1600 万像素的 CCD

PPI：每英寸共有多少像素数（pixel per inch）。

LPI：每英寸共有多少条线（line per inch）。

EPI：每英寸共有多少单位数（element per inch）。

对二维面阵 CCD 在水平方向和垂直方向上的分辨率要求不同，水平分辨率的要求往往高于垂直分辨率，因此分辨率主要取决于水平方向上 CCD 的像元数量。

CCD 分辨率主要取决于 CCD 芯片的像素数（其次还受到传输效率的影响），高度集成的光敏单元可以获得高分辨率；但光敏单元尺寸的减少将导致灵敏度的降低。

（2）感光度　感光度是衡量底片对于光的灵敏程度，已被国际标准化组织标准化。感光度又称为 ISO 值，该值越大感光度就越大（见图 3-63）。对于较不敏感底片，需曝光更长时间以达到跟较敏感底片相同的成像，因此通常被称为慢速底片；相反高度敏感的底片称为快速底片。无论是数位或是底片摄影，为减少曝光时间，均会使用较高敏感度底片。

（3）噪声特性　由于数码相机本身采用大量电子元件，所拍摄影像质量易受电子元件的电磁干扰，包括图像传感器残存能量以及环境温度变化（如机体运作时间过久导致的温升）所产生的自然噪声。可以通过对单一色调（黑色）的拍摄画面，来观察噪声指标（见图 3-64）。

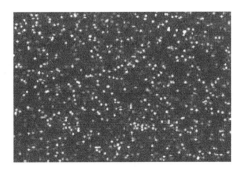

图 3-63　感光度的不同   图 3-64　噪声

（4）动态范围　图像传感器的动态范围，指可变化信号（如声音或光）的最大值和最小值的比值，也可用以 10 为底的对数或以 2 为底的对数来表示。一般来说，具有较宽动态范围的传感器可探测更宽的场景照度范围，以便获得拥有更多细节的图像（见图 3-65）。高动态范围成像（high dynamic range imaging，HDRI 或 HDR）是用来实现比普通数位图像技术更大曝光动态范围（即更大明暗差别）的技术。HDRI 的目的是为正确地表示真实世界中从太阳光直射到最暗阴影的范围亮度。

图 3-65　不同动态范围拍出的照片

3.3.5　CCD 与 CMOS 比较

目前，图像传感器可分为两大类，即 CCD 图像传感器和 CMOS 图像传感器。其比较见表 3-4。

1）CCD 即电荷耦合器件。CCD 的优点是灵敏度高、噪声和信噪比大。但其工艺复杂、成本高及功耗高，因此网络摄像头产品很少采用 CCD 图像传感器。

2）CMOS（complementary metal-oxide semiconductor）即互补性氧化金属半导体器件。其优点是集成度高、功耗较低及成本低，但对光源的要求高。

表 3-4　CCD 与 CMOS 对比

性能指标	CMOS 图像传感器	CCD 图像传感器
感光度	低	高
分辨率	低	高
噪点	高	低
暗电流/（pA/m²）	$10 \sim 100$	10
电子-电压转换率	大	略小
动态范围	略小	大
响应均匀性	较差	好
读出速度/（Mpixels/s）	1000	70
偏执、功耗	小	大
工艺难度	小	大
信号输出方式	x-y 寻址，可随机采样	顺序逐个像元输出
集成度	高	低
应用范围	低端、民用	高端、军用和科学研究
性价比	高	略低

从制造工艺的角度看，CMOS 图像传感器诞生时间比 CCD 早，它是一种用传统半导体芯片工艺方法将光敏元件、放大器、ADC、存储器、数字信号处理器和计算机接口电路集成在一块硅片上的图像传感器。CMOS 是集成在被称作互补金属氧化物的半导体材料上，而 CCD 则是集成在半导体单晶材料上，但是二者工作原理没有本质区别。但从性能上看，在相同像素下 CCD 的成像通透性和明锐度都很好，色彩还原和曝光可保证基本准确。而 CMOS 的成像往往通透性一般，对实物的色彩还原能力偏弱，曝光也都不太准确，由于自身物理特性原因，CMOS 的成像质量和 CCD 还是有一定差距的。但由于 CMOS 低廉的价格以及高度的整合性，其在摄像头领域还是得到了广泛应用。例如，主流的手机用的都是 CMOS 传感器，如 iPhone 5 和小米 2 等。此外，CMOS 也广泛应用于视频摄像头、超市和楼宇监控及汽车倒车影像等（见图 3-66）。

a)　　　　　　b)

图 3-66　CMOS 摄像头的应用

a）视频摄像头　b）苹果手机

3.3.6　CCD 图像传感器及其应用

CCD 图像传感器为检测领域提供了许多典型的应用案例。本节以车牌号码识别为例讲解 CCD 相机在具体检测中的应用。

1. 车牌号基本特征

根据 GA36—2018 对机动车牌号编排规则规定，我国汽车的车牌构造特点如下：小型汽车号牌：蓝底白字白框线，尺寸为 440mm×140mm；汽车车牌号的编排规则：我国的标准车辆车牌是由一个省份汉字（军警车牌为其他汉字）后跟字母或阿拉伯数字组成的 7 个字序列。标准车牌的具体排列格式是：X1X2・X3X4X5X6X7，X1 是各省、直辖市的简称或军警，X2 是英文字母，代表该汽车所在地的地市代码，比如 A 代表省会，B 代表该省的第二大城市，C 代表该省的第三大城市，X3X4X5X6X7 为英文字母或阿拉伯数字，2010 年以前车牌号码的分布规律是：前面是字母，后面是数字。但是，随着车辆保有量的增加，每个字母所属号段越来越不够用。按照新《中华人民共和国机动车号牌》（2010 年修订）标准，将允许字母在后五位编码中任意一位出现，但不能超过两个。除了第一个汉字外，字母和数字的笔画在竖直方向都是联通的。

本应用所识别的车牌特征为：蓝底白字白框线，由汉字、数字和字母共七位组成的，其中第一位固定为汉字，第二位固定为字母，第三位与第四位为数字或字母，第五、六、七位为数字的车牌号

2. 处理流程

预处理如图 3-67 所示，首先对图像进行灰度化，同时对图像边缘进行检测，车牌蓝底白字，边缘清晰且集中在一个长方形内。处理后不但把有效的信息加载在边缘检测的图像

中，也将无用的边缘信息加入，需要做一些除噪声和减少无用信息的操作。对图像腐蚀处理，有效去除离散的边缘点，减少不必要信息的存在。以 25mm×25mm 的正方形进行填充图像，相邻较近的像素点将形成连接的区域。再进行形态学滤波，有效减少不必要的信息，保留车牌核心区域。

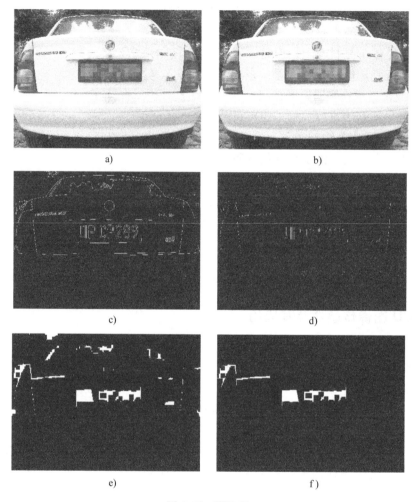

图 3-67　预处理

a）原始图像　b）灰度图像　c）Canny算子边缘检测后图像

d）腐蚀后边缘图像　e）填充后图像　f）形态滤波后图像

如图 3-67 所示，在车牌的区域外，还有很多无关信息，根据行方向与列方向的像素累计图（见图 3-68），可确定出车牌所在区域，从而有效去除其他区域噪声。

根据行和列的基本像素累计情况进行粗定位，确定出车牌的大致位置。再将车牌号灰度化，图像二值化后，对车牌周围无关像素进行处理，之后进行相应的阈值处理，如图 3-69 所示。

由于车牌的每个字母与数字之间是有一定间隔的，进行列方向的像素累计，从而进行字母与数字的分割，关于汉字，根据像素累计宽度的不同，确定出汉字的宽度从而分割每一个字符，如图 3-70 所示。

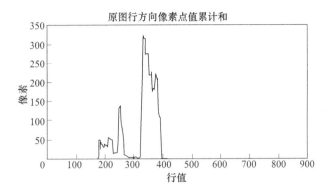

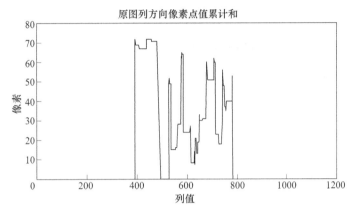

图 3-68　行与列像素累计

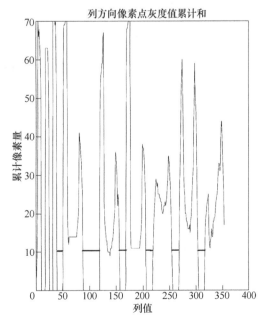

图 3-69　精定位与列方向像素分布图

提前准备好字符库，如数字、字母和汉字等模板库，将模板库与分割后的字符修改尺寸统一，将每一个字符与标准模板库字符进行对比，选出最为相似的数字或字母（实则为重复最多的像素）为相应的正确字符，如图 3-71 所示。

图 3-70　字符分割

图 3-71　提取车牌号

详细应用代码，见附录。

3.3.7　CCD 图像传感器其他应用举例

1. 外观合格检测

通过 CCD 对检测目标取样，并与合格品比对，从而准确迅速地判断出不合格品（部件是否缺损及方向是否正确等），适于高速生产线上产品的外观合格检测。外观合格检测的具体案例如图 3-72 所示。

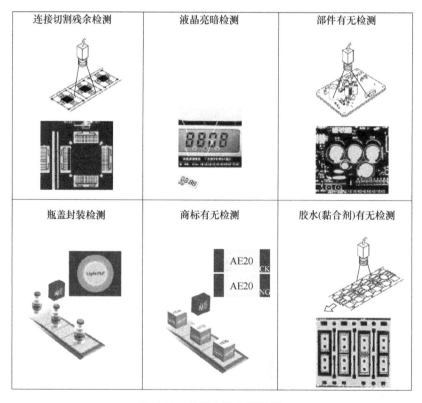

图 3-72　外观合格检测举例

2. 尺寸检测

图像检测装置可以对目标物体的外观尺寸进行精确计算。因为有尺寸精度要求，所以尺寸误差对于设备的本身属性与外界环境要求较高。通常需要二值化边缘和智能边缘线等配合背光源检测。尺寸检测的具体案例如图 3-73 所示。

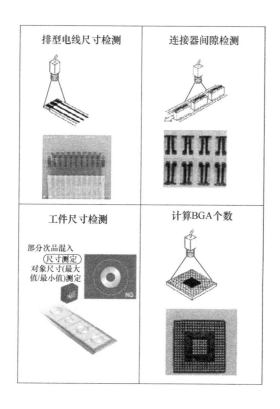

图 3-73　尺寸检测举例

3. 光学字符识别（optical character recognition，OCR）

如图 3-74 所示，图像检测装置可以对目标物体的文字内容进行识别，并把产品批号传输给下游设备，使整个生产工艺流程变的可以控制。

例如，对食品、药品和日化用品的生产日期、有效期、产品代号和条形码等进行检测识别，对于使用安全、真伪识别、成分确认，以及产品质量的可追溯等均具有重要意义（见图 3-75）。

4. 线阵 CCD 在扫描仪中的应用

线阵 CCD 是激光扫描仪最重要的部件，扫描仪的结构如图 3-76a 所示，由机盖、稿台、光源和线阵 CCD，以及包括步进电动机、内轮同步带和导轨、滑杆等运动及其控制部件组成。

如图 3-76b 所示，可移动灯管（光源）由步进电动机驱动的内轮同步带带动沿着与灯管垂直方向移动，实现对置于稿台上文件的逐行扫描，文件反射的光线经反射镜和透镜等投射到线阵 CCD 上，并进行相应 A/D 转换，实现逐行数字信息的获取。

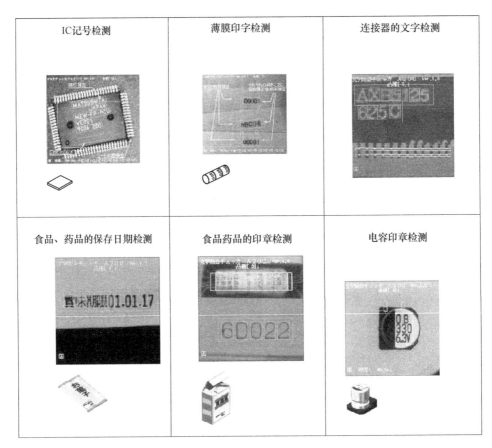

图 3-74　光学字符识别举例

图 3-75　其他光学字符识别举例

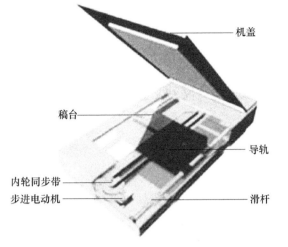

机盖

稿台

导轨

内轮同步带

步进电动机

滑杆

a)

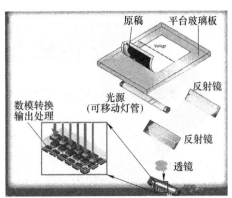

原稿

平台玻璃板

反射镜

数模转换
输出处理

光源
(可移动灯管)

反射镜

透镜

b)

图 3-76 线阵 CCD 在扫描仪中的工作原理

a) 扫描仪结构组成 b) 工作原理

第 4 章
声学传感与声发射检测技术

4.1 声波的概念和基本性质

声波是由振动产生的，尽管形式各异但共同点是，所有这些声音都源于物体的振动，例如，说话的声音源于声带振动，扬声器发声源于纸盆振动，机械噪声源于机械部件的振动。能发出声音的振动体均被称为声源，声源可以是固体，例如，锻造过程中敲击金属材料产生的振动；声源也可以是液体和气体，如浪涛声源于水振动，而汽笛声则是由高压高速气体产生的振动。

设想在空气中某个局部区域，由于某个声源振动的激发，使得局部区域的介质体积源离开平衡位置产生振动，进而推动相邻的介质源运动，如图 4-1 所示，由于空气是连续的介质，我们将连续的空气介质划分为多个相连的体积元，相邻体积元之间都存在着弹性，当体积元 a 向相邻体积元 b 运动时，压缩了体积元 b 这部分空气介质，由于介质的弹性，体积元 b 的介质被压缩时会产生一个反力，这个反力又反过来作用于体积元 a，使其回向原来的平衡位置，由于体积元 a 具有质

图 4-1　介质的压缩与恢复

量，因而其惯性力使体积元 a 超过平衡位置后又继续反向运动，从而又压缩了另一侧相邻介质使其产生一个反抗压缩的弹性力，所以又使体积元 a 反过来趋向平衡位置运动。这样由于介质的弹性和惯性作用，最初被扰动的空气介质体积元 a 在平衡位置附近来回振动，同样原因使更远的体积元 c 和 d 等，也在各自的平衡位置附近相继振动起来，但是时间上是依次落后的，这样介质质点的机械振动便由近及远地传播出去，当传入人耳时，刺激耳内骨膜产生相应的振动，这便是我们感觉到的声音。

可见，声波在介质中的传播，只是对介质在其平衡位置附近来回振动这一状态的传播，介质本身并没有向前运动，这种运动形式称为波动。声音是机械振动状态的传播，传播的是一种机械性质的波动，称为声波，是一种典型的机械波。

4.1.1 纵波、横波和声表面波

根据声源对介质的施力方向与波在介质中的传播方向不同，将声波波型分为：纵波、横波和声表面波。

1. 纵波

如图 4-2 所示，介质中质点的振动方向与波的传播方向互相平行的波，称为纵波（longitudinal wave）或 L 波，同时它也是地震波中传播最快的一种，地震时最先到达震中，故也被称为 primary wave 或 P 波。纵波能在固体、液体和气体中传播。当介质点受到交变拉、压应力时，相邻质点间会产生相应的伸缩形变，从而形成纵波；凡能承受拉伸或压缩应力的介质都能传播纵波。固体介质

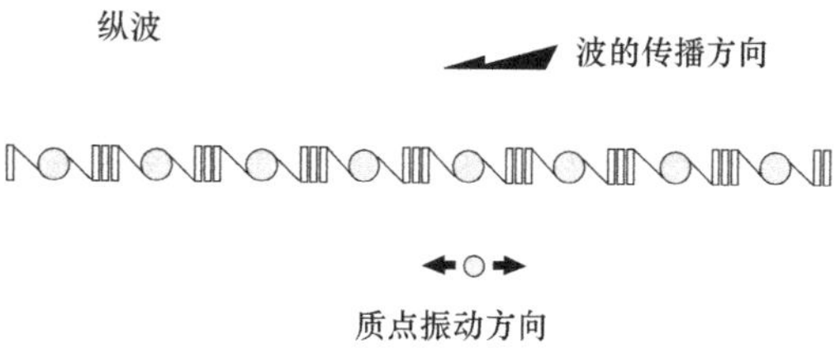

图 4-2　纵波的振动与传播情况

能承受拉伸或压缩应力，液体和气体虽不能承受拉伸应力，但能承受压应力从而会产生容积变化。因此固体、液体和气体三态都能传播纵波。敲锣产生的声音为纵波，锣的振动方向与波的传播方向就是平行的。纵波在钢中的声速达 5800m/s，因此纵波常应用于钢板和锻件的探伤。

2. 横波

如图 4-3 所示，介质中质点的振动方向与波的传播方向互相垂直的波，称为横波（transverse wave）或剪切波（shear wave），或用 T 波或 S 波表示，它只能在固体中传播。当介质质点受到交变的剪切应力作用时，产生剪切形变，从而形成横波；只有固体介质才能承受剪切应力，液体和气体介质不能，因此横波只能在固体介质中传播，不能在液体和气体介质中传播。

图 4-3　横波的振动与传播情况

3. 声表面波

声表面波（surface acoustic wave，SAW）是沿物体表面传播的一种弹性波。声表面波的振动类型介于纵波与横波之间，其振幅随深度增加而迅速衰减。如图 4-4 所示，声表面波在介质表面传播时，介质表面质点作椭圆运动，椭圆长轴垂直于波的传播方向，短轴平行于波的传播方向；椭圆运动可视为纵向振动与横向振动的合成，即纵波与横波的合

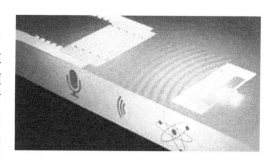

图 4-4　声表面波的传播情况

成，因此声表面波只能在固体中传播，不能在液体和气体介质中传播。声表面波的能量随深度增加而迅速减弱，当传播深度超过两倍波长时，质点振幅就已经很小了，因此，一般声表面波探伤仅用于发现距工件表面两倍波长深度内的缺陷。

4. 不同形态介质传播波的形式

声波不仅可以在空气中传播，而且在液体和固体等一切弹性介质中都可以传播。气体和液体是流体，声音在流体中传播时，只有体积的弹性恢复力而没有切向恢复力，因此介质质

点的振动方向与声波的传播方向一致，是纵波；固体除了纵波传播之外还能传播横波，横波的介质点的振动方向与传播方向垂直。声表面波是横波和纵波的复合，质点的振动介于横波与纵波之间，沿着介质表面传播，其振幅随深度增加而迅速衰减，因此，声表面波只能在固体中传播。

纵波也称疏密波，通过传播介质的密度变化来传递。对于气、液介质，只能以疏密波即纵波的方式传递。固体介质则不然，既可以有密度变化也可以线性振动，所以固体介质既可传播纵波，也能传播横波。例如，地震波的传播，就是两种波都有。简单理解就是固体中分子间距较近，沿传播方向分子发生位置变化产生纵波时，由于分子间的相互作用，垂直于传播方向分子也会受到拉伸，产生横波。但在气、液体中，分子间距较大，沿传播方向分子互相挤压会有纵波产生，但它们的运动不会影响垂直传播方向即横向上分子产生位移，即不会有横波产生。

当频率较高的声波如超声波在介质中传播时，还会对介质产生机械作用和热学作用。超声波在传播过程中，会引起介质质点运动而使介质产生交替压缩和伸张，从而对介质产生机械力作用。超声波引起的介质质点运动，虽然位移和速度都不大，但是质点的加速度与超声波频率的二次方成正比，可对介质产生强大的机械作用。超声波在传播过程中，由于其振动，使介质产生强烈的同频振动，介质之间因振动产生互相摩擦而发热，从而使介质的温度升高。另外，超声波在介质中传播时，一部分能量被介质吸收，从而也会使介质的温度升高。

4.1.2 可闻声波、次声波和超声波

根据声波频率的范围，声波可分为可闻声波、次声波和超声波。它们的频率范围如图 4-5 所示。可闻声波是声波频率在 20Hz～20kHz 之间，能被人耳听到的机械波。次声波是频率低于 20Hz 的机械波，次声波因频率低，所以不易衰减，不易被水和空气吸收，相应地，其波长很长，因此能绕开大型障碍物而发生衍射，某些次声波能绕地球 2～3 圈。某些频率的次声波由于与人体器官的振动频率相近，容易与人体器官产生共振，对人体有很强的伤害性，严重时可致人死亡。而频率在 20kHz～1GHz 的声波称为超声波，超声波因其频率下限大约等于人的听觉上限而得名。频率超过 1GHz 的声波称为特超声波或微波超声波，超声波频率越高，与光波的某些性质越相似。例如，方向性好、穿透能力强、集束性好，易于获得较集中的声能，在水中传播距离远，可用于测距、测速、清洗、焊接、碎石和杀菌消毒等。

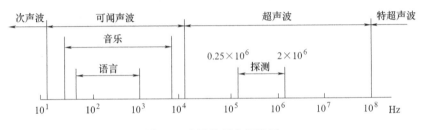

图 4-5　声波的频率界限图

关于次声波，如图 4-6 所示的"孔雀开屏"被认为是孔雀在用次声波交流，加拿大皇后大学的 Roslyn Dakin 专门研究孔雀求偶的视觉魅力，发现孔雀的羽毛散开时，稍微向前弯

曲，像一个浅碟形卫星天线，当一只雄性孔雀展开它裙摆式的羽毛时，振动羽毛，产生声音涟漪。孔雀发出的声音频率低于 20Hz，几百米开外见不到的孔雀都能听到，而人类只能听到像风吹树叶发出的沙沙声。

由于大象食量很大，一个地区能容纳的大象数量有限，所以与其他象群保持距离是一种必要的生存手段。由于大象鼻腔很大，可以发出频率很低的声波，大象一般在傍晚联系其他象群，这时空气中温度层的

图 4-6　孔雀开屏

变化可把大象发出的次声波折射回地面，这样传播的距离可达几十千米，比直接在地面传播的距离远得多。

各物种可听频率范围见表 4-1。

表 4-1　各物种可听频率范围

物种	可听频率范围/Hz	物种	可听频率范围/Hz
大象	1~20000	猫	60~65000
人	20~20000	海豚	150~150000
狗	15~50000	蝙蝠	1000~120000

而蝙蝠不仅能发出和听见超声波，且依靠超声波来捕食。超声波与可闻声波不同，它可以被聚焦，具有能量集中的特点。蝙蝠是利用"超声波"在夜间导航，蝙蝠喉头发出一种超过人耳朵能听到的高频声波，如图 4-7 所示，这种声波沿着直线传播，一碰到物体就迅速返回来，蝙蝠用耳朵接收到返回来的超声波，使其能做出准确的判断，引导蝙蝠飞行。基于电磁波与高频超声波某些相似的特性，科学家受到启发，给飞机装上雷达，解决了飞机在夜间安全飞行问题。雷达（radio detection and ranging, Radar），是一种利用电磁波探测目标的电子设备，通过发射电磁波对目标进行照射并接收其回波，由此获得目标至电磁波发射点的距离、距离变化率、方位和高度等信息。

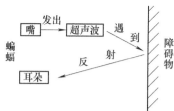

图 4-7　蝙蝠定位原理

如图 4-8 所示，声音导航测距即声呐（sound navigation and ranging, Sonar），同样是依据超声波指向性好且遇到物体易发生反射，在水中传播距离远等特点。而次声波没有指向性，且不容易发生反射，只有当物体的尺度大于声波的 1/4 波长时才容易发生反射现象。

可闻声波即人耳正常能听到的声波，例如，对话交流和听美妙的音乐。本节仅阐述几个基本的概念。

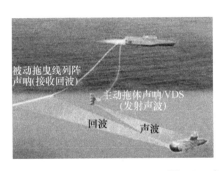

图 4-8   声呐的定位

听阈是指在十分安静情况下，人在某频率刚能听到最小声强（W/m²）的声音为听阈，而引起听觉疼痛的声音为痛阈，两者之间即为人的听觉响应范围，又称听域。声音在耳中传导途径包括骨传导和空气传导，当空气传导消失而骨传导起主要传声途径为传音性耳聋，即外周性听力减退。当两种传导都降低或消失时为感音性耳聋，即中枢性听力减退。

听觉响应时间，即人神经系统对两次声音的间隔响应为 0.1s，间隔少于 0.1s 时不能区别，被当作第一次声音的加强。类似地，视觉神经的最短区别反应时间也是 0.1s，被称为视觉暂留时间。

4.1.3   声波的特性参数

1. 声压

由于声波作用而产生的压强称为"声压"，声压计算公式为

$$p = \rho V U \tag{4-1}$$

式中，ρ 是空气密度；V 是声速；U 是空气质点的振动速度。

声波在传播时声压较易测量，以空气介质为例，没有声波作用时，空气是静止的，其压强为静压强 p_0，声源的振动使周围的空气形成周期性的疏密相向的状态，形成声波，在声波作用下，空间各点压强变为 p，双波扰动产生的压强增量为

$$\Delta p = p - p_0 \tag{4-2}$$

声压的大小反映了声波的强弱，单位是 Pa，$1\text{Pa} = 1\text{N/m}^2$。由于声压容易被人耳感知，也易于测量，因此，通常使用声压作为描述声波大小的物理量。

从听阈到痛阈，声压的绝对值相差很大，可达 1000000 倍。显然，用声压的绝对值表示声音大小很不方便，因此，给出声压级（sound pressure level，SPL）的概念，以分贝（dB）计。即定义为将待测声压有效值 p_e 与参考声压 p_{ref} 的比值取常用对数，再乘以 20，计算公式为

$$\text{SPL} = 20\lg(p_e/p_{\text{ref}}) \tag{4-3}$$

在空气中参考声压 p_{ref} 一般取为 $2\times10^{-5}\text{Pa}$，这个数值是正常人耳对 800Hz 声音刚刚能觉察其存在的声压值，也就是 800Hz 声音的可听阈声压。一般讲，低于这一声压值，人耳就再也不能觉察出这个声音的存在了。显然该可听阈声压的声压级为 0dB。其他典型的参考声压级见表 4-2。

表 4-2　日常环境中的声源的声压级

声源	烈性炸药爆炸声	火箭、导弹发射场	步枪射击声	飞机发动机	切割机工作	冲床车间	卡车
声压级/dB	170	150	130	120	110	95	90
声源	繁华街道	住宅内的厨房	正常谈话	安静房间	轻声耳语	树叶沙沙声	农村静夜
声压级/dB	80	60	50	40	30	20	10

2. 声阻抗

声阻抗是指媒质在波阵面某个面积上的声压 p 与通过这个面积的体积速度 U 的复数比值，公式为

$$Z = p/U = \rho V \tag{4-4}$$

表示声波传导时介质位移需要克服的阻力。体积速度是穿过面积 S 的介质流动速度，声阻抗越大则推动介质所需要的声压就越大，声阻抗越小则所需声压就越小。

3. 声功率

声功率是指声源在单位时间内向外辐射的声能，单位为 W 或 μW。或者指单位时间内声波通过垂直于传播方向某指定面积的声能。连续超声波的声功率一般在几毫瓦到几十千瓦；脉冲超声波的声功率为几分之一毫瓦到几兆瓦。

与声压级相对应，声功率也存在声功率级。声功率级是声功率与参考声功率的相对量度，其计算公式为

$$L_W = 10\lg(W/W_0) \tag{4-5}$$

式中，W 是测量的声功率；$W_0 = 10^{-12}$ W 是基准声功率。声功率是一个绝对量，只与声源有关，与其他无关，因此，它是声源的一个物理属性。人们日常生活中的各类设备或声学环境的声功率和声功率级见表 4-3。

表 4-3　日常环境中的声功率与声功率级

声源	声功率/W	声功率级/dB	声源	声功率/W	声功率级/dB
火箭发动机	10^6	180	机械锯	0.1	110
涡轮喷射发动机	10^4	160	大声讲话	10^{-3}	90
警笛	10^3	150	日常交谈	10^{-5}	70
重卡发动机	10^2	140	冰箱	10^{-7}	50
机关枪	10	130	2.8m 处的听阈	10^{-10}	20
手持式风钻	1	120	28m 处的听阈	10^{-12}	0

4. 声强

在单位时间内，在垂直于声波传播方向的单位面积上所通过的声能，记为 I。声强也可表述为通过与指定方向垂直的单位面积的平均声功率，公式为

$$I = W/S \tag{4-6}$$

式中，S 是声能所通过的面积（m^2）；W 是声功率。

5. 传播速度

本质上讲，声速是介质中微弱压强扰动的传播速度，计算公式为

$$声速 = \sqrt{\frac{弹性率}{密度}} \tag{4-7}$$

在固体中，纵波、横波及表面波三者的声速有一定的关系，通常可认为横波声速为纵波的一半，表面波声速为横波声速的90%。在固体中传播速度计算公式为

$$\begin{cases} V_{纵} = \sqrt{\dfrac{E(1-\mu)}{\rho(1+\mu)(1-2\mu)}} \\[3mm] V_{横} = \sqrt{\dfrac{E}{2\rho(1+\mu)}} = \sqrt{\dfrac{G}{\rho}} \\[3mm] V_{表面} = 0.9\sqrt{\dfrac{G}{\rho}} = 0.9V_{横} \end{cases} \tag{4-8}$$

式中，E 是固体介质的杨氏模量；μ 是固体介质的泊松比；G 是固体介质的剪切弹性模量；ρ 是介质的密度。在气体、液体中传播速度计算公式为

$$V = \sqrt{\frac{K}{\rho}} \tag{4-9}$$

式中，$K = \mathrm{d}p/(-\mathrm{d}V/V)$，称为体积弹性模量，体积应力除以体积应变就等于体积弹性模量。气体中纵波声速约为344m/s，液体中纵波声速为900~1900m/s。

6. 声波的反射和折射

当声波从一种介质传播到另一种介质时，其在两介质的分界面上将发生反射和折射，并满足波的反射定律和折射定律，如图4-9所示。

根据物理学知识，当波在界面上产生反射时，入射角 α 的正弦与反射角 α' 的正弦之比等于波速之比。当波在界面处产生折射时，入射角 α 的正弦与折射角 β 的正弦之比，等于入射波在第一介质中的波速 c_1 与折射波在第二介质中的波速 c_2 之比，计算公式为

$$\frac{\sin\alpha}{\sin\beta} = \frac{c_1}{c_2} \tag{4-10}$$

如图4-10所示，当声波垂直入射到两种介质的界面时，一部分能量直接透过界面进入第二种介质，成为透射波（声强为 I_t），波的传播方向不变；另一部分能量则被界面反射回来，沿与入射波相反的方向传播，成为反射波（声强为 I_r）。声波的这一性质是超声波检测

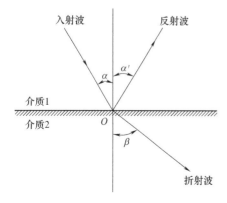

图4-9 反射与折射定律

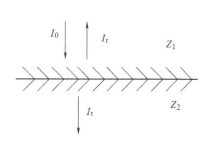

图4-10 超声波垂直入射到两介质界面

缺陷的物理基础。当超声波垂直入射到足够大且光滑的界面时，将在第一介质中产生一个与入射波方向相反的反射波，在第二介质中产生一个与入射波方向相同的透射波。

反射波声压 p_r 与入射波声压 p_0 的比值称为声压反射率 r，透射波声压 p_t 和入射波声压 p_0 的比值称为声压透射率 t。r 和 t 的数学表达式为

$$\begin{cases} r = \dfrac{p_r}{p_0} = \dfrac{Z_2 - Z_1}{Z_2 + Z_1} \\[3mm] t = \dfrac{p_t}{p_0} = \dfrac{2Z_2}{Z_2 + Z_1} \end{cases} \tag{4-11}$$

式中，Z_1、Z_2 分别为两种介质的声阻抗。

为研究反射波和透射波的能量关系，引入声强反射率 R 和声强透射率 T 两个量。R 为反射波声强 I_r 和入射波声强 I_0 之比；T 为透射波声强 I_t 和入射波声强 I_0 之比，声强反射率和声强透射率计算公式为

$$\begin{cases} R = \dfrac{I_r}{I_0} = r^2 = \left(\dfrac{Z_2 - Z_1}{Z_2 + Z_1} \right)^2 \\[4mm] T = \dfrac{I_t}{I_0} = \dfrac{Z_1 p_t^2}{Z_2 p_0^2} = \dfrac{4Z_1 Z_2}{(Z_2 + Z_1)^2} \end{cases} \tag{4-12}$$

$$T + R = 1 \tag{4-13}$$

声波垂直入射到平界面上时，声压和声强的分配比例仅与界面两侧介质的声阻抗有关。

7. 声波的衰减

声波在介质中传播时，随着传播距离的增加，能量逐渐衰减，其声压和声强的衰减规律公式为

$$\begin{cases} p = p_0 e^{-ax} \\ I = I_0 e^{-2ax} \end{cases} \tag{4-14}$$

式中，p、I 分别是距离声源 x 处的声压和声强；p_0、I_0 分别是声源处的声压和压强。

声波在介质中传播时，随着传播距离的增加，能量逐渐减小的现象称为声波的衰减。引起声波衰减的主要原因有三个：

1）扩散衰减。声波在传播中，由于声束的扩散，使能量逐渐分散，从而使单位面积内声波的能量随着传播距离的增加而减小，导致声压和声强的减小。

2）散射衰减。声波传播过程中，遇到不同声阻抗介质组成的界面时，将发生散乱反射（散射），从而损耗声波能量，这种衰减称为散射衰减。散射主要在粗大晶粒（与波长相比）的界面上产生。由于晶粒排列不规则，声波在斜倾的界面上发生反射、折射及波形转换（统称散射），导致声波能量的损耗。

3）黏滞衰减。声波在介质中传播时，由于介质的黏滞性而造成质点之间的内壁摩擦，从而使一部分声能变为热能。由于介质的热传导，介质的疏、密部分之间进行的热交换也导致声波能量的损耗，这就是介质的吸收现象。由介质吸收引起的衰减称为黏滞衰减。

4.2 超声波传感器

4.2.1 超声波传感器的工作原理

声学量传感器是能感受声学量并将其转换成可用输出信号的传感器。在超声波检测技术中,通过超声波仪器首先将超声波发射出去,然后再将接收回来的超声波变换成电信号,完成这些工作的装置称为超声波传感器。习惯上把发射部分和接收部分均称为超声波换能器,也称为超声波探头。压电式超声波传感器的结构有直探头、斜探头、双探头、表面波探头、聚焦探头、空气传导探头及其他专用探头等。利用超声波传感器可进行液位、流量、速度、浓度和厚度等测量,还可以进行材料的无损探伤。

常用的超声波传感器由压电晶片组成,是依据压电效应工作的压电式超声波传感器。当电介质在沿一定方向上受外力作用变形时,其内部会产生极化现象,同时在其两个相对表面会出现正负相反的电荷;当作用力的方向改变时,电荷的极性也随之改变;当外力去掉后,它又会恢复到不带电的状态,这种现象称为正压电效应,如图4-11所示。相反,当在电介质的极化方向上施加电场,这些电介质也会发生变形,电场去掉后,电介质的变形随之消失,这种现象称为逆压电效应,如图4-12所示。

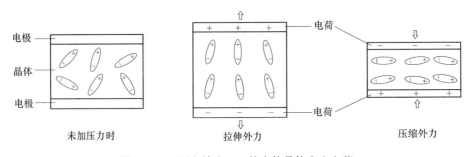

图 4-11　正压电效应——外力使晶体产生电荷

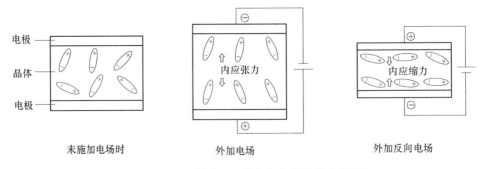

图 4-12　逆压电效应——外加电场使晶体产生形变

压电式超声波发生器是利用逆压电效应将高频电振动转换成高频机械振动,从而产生超声波。当外加交变电压的频率等于压电材料的固有频率时会产生共振,此时产生的超声波最强。压电式超声波传感器可以产生几十千赫到几十兆赫的高频超声波,其声强可达几十瓦每平方厘米。

　　压电式超声波接收器是利用正压电效应原理进行工作。当超声波作用到压电晶片上引起晶片伸缩，在晶片的两个表面上便产生极性相反电荷，这些电荷被转换成电压经放大后送到测量电路，最后记录或显示出来。压电式超声波接收器的结构和超声波发生器基本相同，有时就用同一传感器兼作发生器和接收器两种用途。如图 4-13 所示，典型的压电式超声波传感器结构主要由压电晶片、吸收块（阻尼块）和保护膜等组成。

　　超声探头与被测物体接触时，探头与被测物体表面间存在一层空气薄层，空气将引起三个界面间强烈的杂乱反射波，造成干扰，并造成很大的衰减。因此，必须将接触面之间的空气排掉，使超声波能顺利地入射到被测介质中。在工业中，经常使用一种称为耦合剂（见图 4-14）的液体物质，使之充满在接触层中，起到传递超声波的作用。常用的耦合剂有水、机油、甘油、水玻璃、胶水和化学浆糊等。

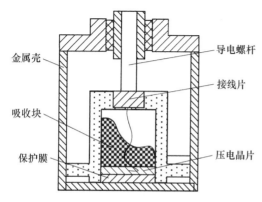

图 4-13　压电式超声波传感器的结构

金属壳
导电螺杆
接线片
吸收块
保护膜
压电晶片

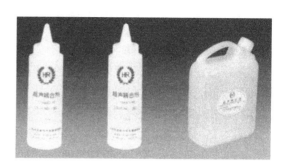

图 4-14　耦合剂

　　压电型超声波传感器的共振频率计算公式为

$$f = \frac{c}{2d} = \frac{1}{2d}\sqrt{\frac{E}{\rho_m}} = \frac{1}{2t_h}\sqrt{\frac{E}{\rho_m}} \tag{4-15}$$

式中，c 是波在压电材料中的传播速度；d 是晶片的厚度；E 是压电片沿 x 轴方向的弹性模量；ρ_m 是压电片密度。其中 $c = \sqrt{\frac{E}{\rho_m}}$。例如，石英晶体，若选择石英晶片的厚度为 1mm，则其自然振动频率为 2.87MHz。常用频率范围：0.5~10MHz，常见晶片直径：5~30mm。

　　超声波具有频率高、波长短、绕射现象小；方向性好、能够成为射线而定向传播；能量集中，对液体和固体的穿透本领很大，在不透明的固体中，它可穿透几十米的深度。当超声波由一种介质入射到另一种介质时，由于在两种介质中传播速度不同，因此在介质界面上会产生反射、折射和波形转换等现象。传播速度取决于介质，与超声波频率无关。超声波频率在很大程度上决定了超声波对缺陷的探测能力，频率越高，则

　　1）波长越短，声束窄，扩张角小，能量集中。因而发现小缺陷能力强，分辨率高，缺陷定位准确。

　　2）散射越大，衰减显著，穿透力弱。同时回波形状复杂，使得信噪比降低。因此在检测粗糙面时，应选择低频率。

3）反射性越强。如果波不是近于垂直地射到裂面上，在检测方向上就不能产生足够大的回波。频率越高这种现象越显著。

4）扫描空间越小，仅能发现声束轴线附近的缺陷。

适合不同材料的超声波探测频率范围见表4-4。

表 4-4　脉冲接触法常用的频率范围

范围	可测材料
25~100kHz	混凝土、岩石等粗结构材料
200kHz~1MHz	灰口铁、可锻铸铁等相当粗的材料
400kHz~5MHz	钢、铝、黄铜等细晶粒材料
200kHz~2.25MHz	塑料
2.25~10MHz	管、型材等有色金属
1~10MHz	维修检测，特别是疲劳裂纹

4.2.2　超声波技术的典型应用举例

1. 超声波流量传感器

超声波在静止和流动流体中的传播速度是不同的，进而形成传播时间和相位上的变化，由此可求得流体的流速和流量。用超声波测流量对被测流体不产生附加阻力，测量结果不受流体物理和化学性质的影响。

图 4-15 所示的 v 为被测流体的平均流速，c 为超声波在静止流体中的传播速度，θ 为超声波传播方向与流体流动方向的夹角（必须小于 $90°$），A、B 为两个超声波探头，L 为两者之间的距离。超声波测流量的方法有时差法、频率差法和相位差法。三种方法的思路基本相同，本节主要讲解时差法和频率差法。

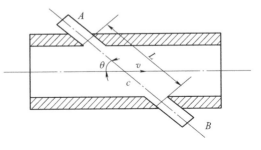

图 4-15　超声波流量传感器

（1）时差法　当 A 为发射探头，B 为接收探头时，超声波传播速度为 $c+v\cos\theta$，则顺流传播时间 $t_1 = \dfrac{L}{c+v\cos\theta}$；当 B 为发射探头，A 为接收探头时，超声波传播速度为 $c-v\cos\theta$，则逆流传播时间 $t_2 = \dfrac{L}{c-v\cos\theta}$，时间差计算公式为

$$\Delta t \approx t_2 - t_1 = \frac{2Lv\cos\theta}{c^2 - v^2\cos^2\theta} \tag{4-16}$$

由于 $c \gg v$，于是式（4-16）可近似为

$$\Delta t \approx \frac{2Lv\cos\theta}{c^2} \tag{4-17}$$

流体的平均流速计算公式为

$$v \approx \frac{c^2}{2L\cos\theta}\Delta t \tag{4-18}$$

该测量方法精度取决于 Δt 的测量精度，同时应注意 c 并不是常数，而是温度的函数。

（2）频率差法　当 A 为发射探头，B 为接收探头时，超声波的重复频率 f_1 的计算公式为

$$f_1 = \frac{c + v\cos\theta}{L} \tag{4-19}$$

当 A 为接收探头，B 为发射探头时，超声波的重复频率 f_2 的计算公式为

$$f_2 = \frac{c - v\cos\theta}{L} \tag{4-20}$$

频率差计算公式为

$$\Delta f = f_2 - f_1 = \frac{2v\cos\theta}{L} \tag{4-21}$$

流体的平均流速计算公式为

$$v = \frac{L}{2\cos\theta}\Delta f \tag{4-22}$$

当管道结构尺寸 L 和探头安装位置 θ 一定时，式（4-22）中 v 直接与 Δf 有关，而与 c 值无关。可见该法能获得更高的测量精度。

超声波流量传感器具有不阻碍流体流动的特点，可测流体种类很多，不论是非导电的流体、高黏度的流体，还是浆状流体，只要能传输超声波的流体都可以进行测量。如图 4-16 所示，超声波流量计可用来对自来水、工业用水和农业用水等进行测量，还适用于下水道、农业灌渠和河流等流速的测量。

图 4-16　超声波流量传感器应用

2. 超声波探伤

穿透法超声波探伤的工作原理如图 4-17 所示，是根据超声波穿透工件后能量的变化来判断工件内部的质量。其优点是指示简单，适用于自动探伤和薄板探测。缺点：虽然可以根据能量变化判断有无缺陷，但不能定位；探测灵敏度较低，不能发现小缺陷；对两探头的相对位置要求也较高。例如，高频发声器让发射探头产生超声波，穿透被测的工件，接收探头接收透过的波再进行放大和显示。

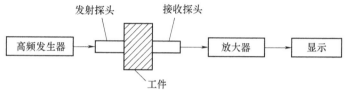

图 4-17　穿透法超声波探伤的工作原理

如图 4-18 所示，发射探头为 S，接收探头为 E，从左向右分析不同缺陷的情况。最左侧位置为无缺陷情况，接收探头能接收到全部入射波；第二种情况是缺陷很严重，只有发射波

存在，但没有接收到任何透射波；第三种情况同第二种情况的缺陷严重程度相同，只是发生在工件的更浅层，接收到的透射波结果与第二种情况完全一样，没有接收到透射波，即穿透法探伤无法辨识其缺陷位置；第四种和第五种情况均属于局部缺陷，能接收到部分透射波，但仍然无法区分内部缺陷位置的差异情况；第六种情况是工件不存在缺陷，仅因为接收探头安装偏了，所以接收的透射波信号与第四种和第五种情况几乎一样。因此，穿透法探伤是基于能量的变化判断有无缺陷，但该方法不能定位，也不能发现小缺陷，而且对探头的安装位置要求较高，仅适用于薄板检测。

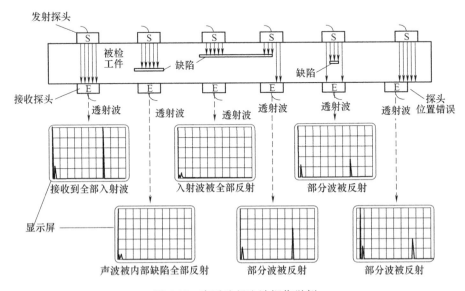

图 4-18　穿透法超生波探伤举例

反射法探伤是根据超声波在工件中的反射情况不同，来探测工件内部是否有缺陷，分为一次脉冲反射法和多次脉冲反射法两种。

一次脉冲反射法，是在被测工件上表面安装了一个既能发射又能接收的探头，探测过程中探头首先发射脉冲，然后根据接收反射脉冲的情况判断缺陷情况，可反映缺陷深度与缺陷大小。如图 4-19 所示从左向右进行分析，第一种为无缺陷情况，能够接收到几乎全部反射脉冲，而且时间间隔恰好为工件厚度的两倍与波速的比值；第二种情况与第三种情况为遇到了缺陷，缺陷程度虽然相同，但缺陷深度不同，因此，所接收的反射波波形也不同，缺陷位置越浅，越早接收到反射回波，且该波发生多次衰减式反射，缺陷位置越深，则越晚接收到反射回波，而且因二者缺陷均很严重，两者均无底波返回。第四种情况和第五种情况缺陷程度类似且缺陷程度较轻，但位置不同，两者均接收到了反射底波，但由缺陷情况不同导致接收到的反射回波也不一样。由此可见，相对于穿透法探伤，一次脉冲反射法探伤可有效辨识缺陷的深度和位置等信息。如图 4-20 所示，通过不断积累各类型缺陷的检测数据库，可根据反射波的不同，准确判断不同的缺陷情况。

多次脉冲反射法是指当发射进入试件的超声波能量较大，而试件厚度较小时，超声波可在探测面与底面之间往复传播多次，如图 4-21 所示，示波屏上出现多次底波 B_1、B_2、B_3、…。如果试件存在缺陷，则由于缺陷反射、散射等增加了声能损耗，底面回波次数减少，

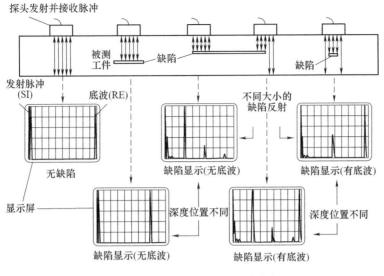

图 4-19 一次脉冲反射法探伤举例

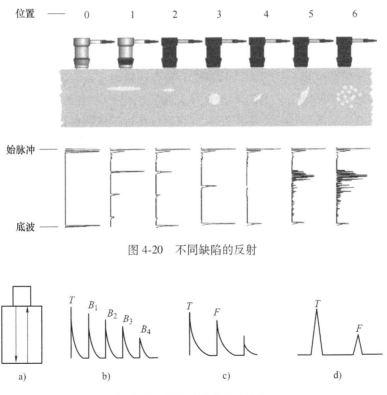

图 4-20 不同缺陷的反射

图 4-21 不同缺陷产生的波形

a) 示意图 b) 无缺陷时的波形 c) 有吸收性缺陷时的波形 d) 缺陷严重时的波形

同时也打乱了各次底面回波高度依次衰减的有序规律,并显示出缺陷回波。这种依据底面回波次数来判断试件有无缺陷的方法,称为多次底波法。多次底波法主要用于厚度不大、形状简单、探测面与底面平行的试件探伤，缺陷检出的灵敏度低于缺陷回波法。图 4-22b 与图 4-22a 相比，加入一个延迟块可有效延展发射和回波的时间间隔，以便为检测提供充分的响应余地，增强检测的实际可操作性。

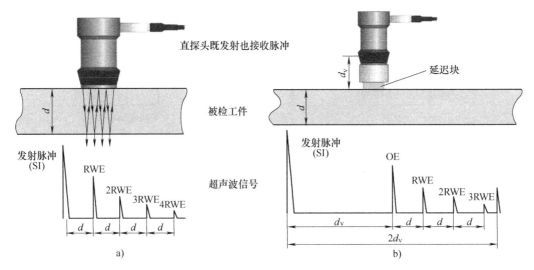

图 4-22 多次脉冲反射法示意图

3. 超声波测厚

应用超声波传感器测量金属零部件的厚度，具有测量精度高、操作安全简单等优点。超声波测厚常用的是脉冲回波法。如图 4-23 所示，由发射电路发出脉冲通过换能器注入试件，反射回波经接收放大器后，传送给由主控制器控制的具有扫描和标记发生功能的示波器，以实现波形显示。

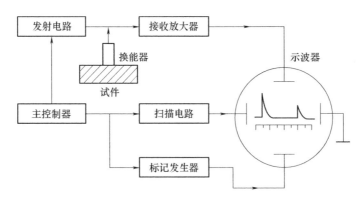

图 4-23 超声波测厚原理图

若超声波在工件中声速 c 已知，设工件厚度为 δ，脉冲波从发射到接收时间间隔 t 可测，则工件厚度计算公式为

$$\delta = \frac{ct}{2} \tag{4-23}$$

4. 超声波测物位

各种容器内的液面高度及所在位置称为液位，固体颗粒、粉料、块料高度或表面所在位置称为料位，两者统称为物位。超声波测量物位是根据超声波在两介质分界面上的反射特性而工作的。物位传感器可分为单换能器和双换能器两种。

超声波传感器可放置于液体中，让超声波在液体中传播。由于超声波在液体中衰减比较小，所以即使产生的超声波脉冲幅度较小也可以传播。为便于安装和维修，也可安装在液面上方，让超声波在空气中传播，但超声波在空气中衰减比较严重。如果从发射超声波脉冲开始，到接收换能器接收到反射波为止的这个时间间隔为已知，即可求出分界面位置，实现对物位的测量。

1）如图 4-24a、c 所示，对于单换能器来说，超声波从发射到液面（料面），又从液面（料面）反射回换能器的时间间隔为

$$t = \frac{2h}{c} \tag{4-24}$$

式中，h 是换能器距液面的距离；c 是超声波在介质中传播的速度，根据式（4-24），则 $h = ct/2$。

2）如图 4-24b、d 所示，对于双换能器来说，超声波从发射到被接收，经过的路程为 $2s$。

$$\begin{cases} s = \dfrac{ct}{2} \\ h = \sqrt{s^2 - a^2} \end{cases} \tag{4-25}$$

式中，s 是超声波反射点到换能器的距离；a 是两换能器间距之半。

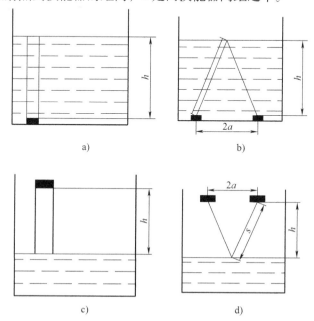

图 4-24　超声波物位检测的工作原理

a）单换能器置于液位下　b）双换能器置于液位下　c）单换能器置于液位上　d）双换能器置于液位上

声速在固定介质中的传播速度一定，测得超声波脉冲从发射到接收的时间间隔，依据式（4-25）便可以求得待测的物位。超声波物位传感器具有精度高、使用寿命长、安装方便、不受被测介质影响和可实现危险场所的非接触连续测量等优点。但其缺点是，当液体中有气泡或液面发生波动时，便会产生较大的误差。在一般使用条件下，它的测量误差为 $\pm 0.1\%$，检测物位的范围为 $10^{-2} \sim 10^4 \mathrm{m}$。图 4-25 所示为在液罐上方

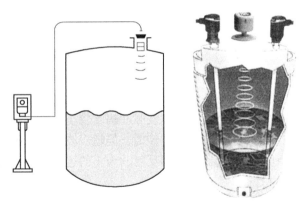

图 4-25 液罐安装超声波测位传感器

安装空气传导型超声发射器和接收器的实际例子，根据超声波的往返时间，即可测得液体的液面。

5. 超声波测距和障碍物探测

如图 4-26 所示，超声探头首先发射超声脉冲，到达被测物时被反射回来，并被另一只空气超声探头所接收。测出从发射超声波脉冲到接收超声波脉冲所需的时间 t，即为超声波往返被测距离所经历的总时间，空气中的声速为 340m/s。

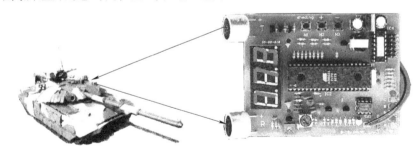

图 4-26 超声波测距离

利用超声波检测汽车后面有无障碍物的装置，为驾驶人倒车时提供了方便，其检测电路如图 4-27 所示。

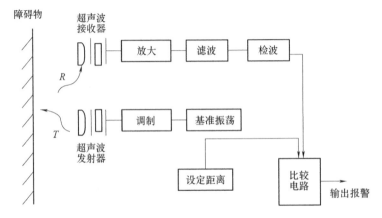

图 4-27 超声波测距离原理图

6. 超声波的其他应用

（1）超声清洗　如图 4-28 所示，当弱的声波信号作用于液体中时，会对液体产生一定的负压，使液体体积增加，分子空隙加大，形成许多微小的气泡；当强的声波信号作用于液体时，则会对液体产生一定的正压，使液体体积被压缩，液体中形成的微小气泡被压碎。研究表明，脉冲超声波作用于液体时，液体中每个气泡的破裂会产生能量极大的冲击波，相当于瞬间产生高达上千个大气压的压力和几百摄氏度的高温，这种现象被称之为"空化作用"。超声波清洗正是利用液体中气泡破裂所产生的冲击波来达到清洗和冲刷工件内、外表面污垢的。超声清洗多用于半导体、机械、玻璃和医疗仪器等行业。

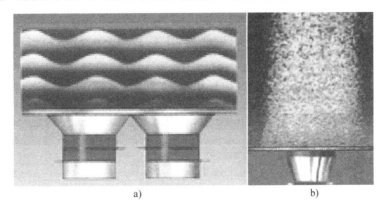

图 4-28　超声波的空化作用

a）强弱交替的超声波信号作用于液体　b）交替形成大量气泡并破裂

超声波清洗机通过清洗槽壁，将脉冲超声波辐射到槽中的清洗液，当声压或者声强到达一定程度时，气泡就会迅速膨胀，然后又突然闭合。在这段过程中，气泡闭合的瞬间产生冲击波，使气泡周围产生 $10^{12} \sim 10^{13} \mathrm{Pa}$ 的压力及局部高温，这种超声波空化所产生的巨大压力能破坏不溶性污物而使它们分化于溶液中（见图 4-29）。

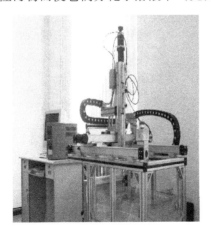

图 4-29　超声的"破碎"能力对器械和餐具消毒

超声波牙刷（见图 4-30）同样是利用超声波能量在牙周的空化效应达到清除牙周的病菌和不洁物的。利用超声波把已封装罐头食品消毒，细菌在超声波的作用下，因经受不起剧烈振动被"肢解"而死。

（2）超声雾化　在振幅相同的条件下，一个物体振动的能量与振动频率成正比，超声波在介质中传播时，介质质点振动的频率很高，因而能量很大，且可以被聚焦，具有能量集中的特点。如图 4-31 所示，剧烈的振动会使罐中的水破碎成许多小雾滴，再用小风扇把雾滴吹入室内，就可以增加室内空气湿度，这就是超声波加湿器的原理。用超声波把治疗气喘用的药液击碎成很细的雾状液滴，药液就更容易进入气管的深部，疗效大大提高。

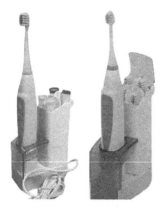

图 4-30　超声波牙刷

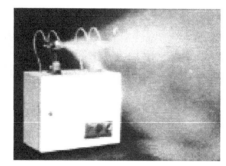

图 4-31　超声波加湿器与超声波雾化器

（3）超声焊接　压电陶瓷或磁致伸缩材料在高电压窄脉冲作用下，可得到较大功率超声波，可以被聚焦。利用高频振动波传递到两个需焊接的物体表面，在加压的情况下，使两个物体表面相互摩擦而形成分子层之间的熔合，能用于集成电路及塑料的焊接。超声波塑料焊接机如图 4-32a 所示，超声波金丝焊接机如图 4-32b 所示。

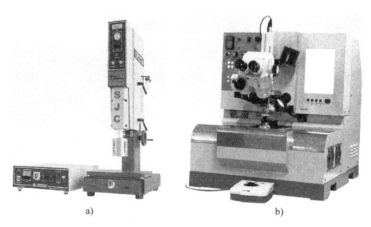

a)　　　　　　　　　　　　　　　　　　b)

图 4-32　超声波仪器
a）超声波塑料焊接机　b）超声波金丝焊接机

此外，用超声波处理刚放上盐的猪肉，只需要 1h，就可获得酿制 15 天左右的效果。经过超声波处理的种子，可提高发芽率，收成也增加。超声波传播时，由于介质的分子振动引起分子排列改变或化学反应，从而改变物质的某些性质。

7. 超声成像技术概述

超声诊断成像的基本原理是基于几个假定作为前提，而这些假设在人体中近似成立，即①声束在介质中沿直线传播；②在各种介质中声速均匀一致；③介质对超声波的吸收系数均匀一致。在这些假设前提下，一个典型的超声回波应包含大界面的反射回波和小粒子的散射回波两种成分。反射回波用来反映超声成像的位置信息，如超声反射成像机制。散射回波则用于反映被测介质的结构信息，如散射波场。脉冲回波测距的理论基础是回波信号的时间反映了界面的位置，而回波的强度能够反映界面的性质。

根据不同界面的回波时间 t 可以计算出各个界面与换能器之间的距离 l，公式为

$$l = \frac{ct}{2} \tag{4-26}$$

超声成像技术适用的人体区域包括颅脑部位、眼部、甲状腺、乳房、心脏、血管、肝脏、胆囊、胸腔膜、脾脏、泌尿系统以及妇产科方面，在这些方面超声诊断均显示出它的极大用处。按图像信息显示的成像方法可将超声诊断仪分为如下类型：A 型（amplitude modulation）；M 型（motion-time）；广义 B 型（brightness modulation），即 B 型、P 型、BP 型、C 型、F 型和超声全息等。

（1）A 型即幅度调制（amplitude modulation）型超声诊断仪（见图 4-33）　A 型诊断仪的诊断基础是人体脏器和组织正常与异常的物理性质及结构不同，形成相应的超声界面，这些界面会对超声波产生规律的反射回波，其工作原理是脉冲回波理论，如图 4-34 所示，发射声波遇到层峦叠嶂的不同界面（不同的人体器官和组织），其回波时间和回波强度将会因遇到具体的器官组织的实际情况而存在差异。

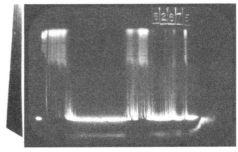

图 4-33　幅度调制型超声诊断仪

图 4-35 所示为 A 型诊断仪的显示方式，其横坐标为时间轴，代表被探测物体的深度，纵坐标代表回波脉冲的幅度。

A 型诊断仪适用于医学各科的检查，其中应用最多的是对肝、胆、脾、眼、肾和子宫等的探测，其缺点是只能反映局部组织的回波信息，诊断的准确性与操作医师的识图经验关系很大。

（2）M 型即辉度调制时间动态（motion-time）显示型超声诊断仪（见图 4-36）　M 型超声诊断仪的诊断示意图如图 4-36 所示，探头位置固定，脏器有规律的收缩和舒张，脏器各层组织和探头的距离便产生节奏性的改变，随着水平方向的时间慢扫描，便把心脏各层组织的回声展开成曲线。

图 4-34　超声波诊断

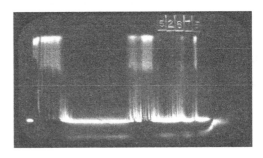

图 4-35　A 型诊断仪的显示方式

如图 4-37 所示，反射回波的幅度，通过辉度调制，以亮点的形式显示，纵坐标代表发射界面的深度，横坐标代表扫描时间信号。与 A 型诊断仪比较的特点是，深度扫描信号加在 y 轴偏转板上，回波信号距顶部的距离表示被探查的组织界面的深度。采用辉度调制，亮点的强弱代表回波信号的幅度。增加了一个时间扫描信号发生器，它产生的信号加在 x 轴偏转板上。

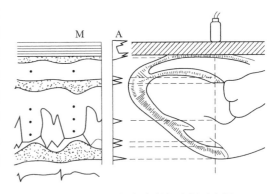

图 4-36　M 型超声诊断仪诊断示意图

M 型超声诊断仪适用于人体中的运动脏器，如心脏、胎儿胎心、动脉血管等功能的检查，且具有优势，并可进行多种心功能参数的测量，如心脏瓣膜的运动速度和加速度等。

（3）B 型即辉度调制（brightness modulation）型超声诊断仪　为了获得人体组织和脏器解剖影像，继 A 型超声诊断仪和 M 型超声诊断仪应用于临床之后，B 型、P 型、BP 型、C 型和 F 型超声成像仪又先后问世，由于它们的一个共同特点是实现了对人体组织和脏器的断层显示，通常将这类仪器称为超声断层扫描诊断仪，其诊断基础是如图 4-38 所示的断层扫描图。

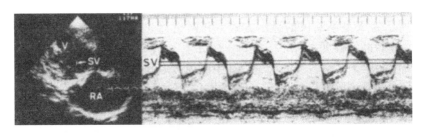

图 4-37　脏器扫描图

B 超仪已实现二维图像显示方式，辉度调制方式显示反射回波的幅度，横坐标代表探头扫描的距离，纵坐标代表产生回波界面的深度。

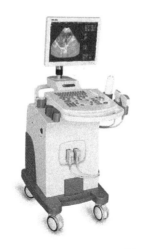
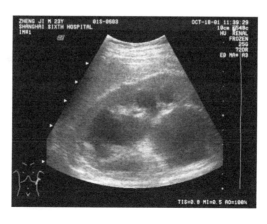

图 4-38　B 超仪及其断层扫描图

B 超仪工作原理如图 4-39 所示，应用回声原理，探头发射的声束必须进行扫查，逐次得到不同位置的深度方向所有界面的回波，以得到人体切面声像图，其扫描方式包括：线扫描、扇形扫描和其他扫描方式。

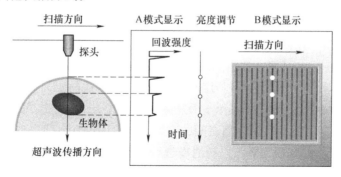

图 4-39　超声波成像

线扫描（见图 4-40）：探头发射的超声束在水平方向上以快速电子扫描的方法，逐次获得不同位置的深度方向所有界面的反射回波，得到由超声声束扫描方向决定的垂直平面二维断层图像。

扇形扫描和其他扫描方式（见图 4-41）：改变探头的角度使超声束指向方位快速变化，获得被探测方向不同深度所有界面的反射回波，得到由探头摆动方向决定的垂直扇面二维超声断层图像。

B 超仪在临床上广泛应用于观察腹部脏器，如肝、胆、脾、肾和子宫的检查。扇形扫描断层 B 超尤为适用于对心脏的检查，也可以对运动脏器实时动态显示，并重建三维图像。

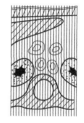

图 4-40　线扫描成像

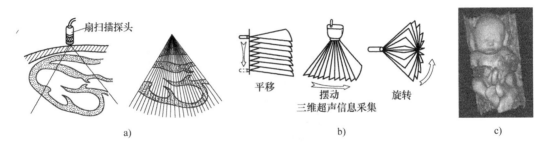

图 4-41　超声波的临床应用

a）扇形扫描　b）探头扫查方式　c）重建三维图像

4.3　次声波传感器

4.3.1　次声波概念与特征

频率小于 20Hz 的声波称为次声波。在自然界中，海上风暴、火山爆发、大陨石落地、电闪雷鸣、波浪击岸、水中旋涡、海啸、空中湍流、龙卷风、磁暴、极光和地震等都可能伴有次声波的产生。在人类活动中，如核爆炸、导弹飞行、火炮发射、轮船航行、汽车行驶、高楼和大桥摇晃，甚至像鼓风机、搅拌机和扩音喇叭等在发声的同时也都能产生次声波。

次声波的传播速度和可闻声波相同，由于其频率很低，大气对其吸收甚小，当次声波传播几千千米时，其被大气吸收还不到万分之几，所以它传播的距离较远，例如，频率低于 1Hz 的次声波，可以传到几千千米甚至上万千米以外的地方，某些次声波能绕地球 2~3 圈。1883 年 8 月，南苏门答腊岛和爪哇岛之间的克拉卡托火山爆发，产生的次声波绕地球三圈，历时 108h。1961 年，苏联在北极圈内新地岛进行核试验激起的次声波绕地球转了 5 圈。次声波波长很长，具有极强的穿透力，不仅可以穿透大气、海水和土壤，而且还能穿透坚固的钢筋水泥构成的建筑物，甚至连坦克、军舰、潜艇和飞机都不在话下。7000Hz 的声波用一张纸即可阻挡，而 7Hz 的次声波可以穿透十几米厚的钢筋混凝土。地震或核爆炸所产生的次声波可将房屋摧毁。

次声波如果和周围物体发生共振，能放出相当大的能量。如 4~8Hz 的次声波能在人的腹腔里产生共振，可使心脏出现强烈共振和肺壁受损，严重时可致人死亡。次声波可能成为杀人于无形的恐怖武器，科学家认为，自然界的次声波可制造混乱无序的状态。老虎在捕食前的怒吼可产生 18Hz 的次声波，使猎物惊惶失措甚至昏迷。某些地区精神疾病患者人数异常增多也与自然次声波有关。还有研究结果表明，次声波对飞机的影响还有一种"生物效应"，当次声波的频率接近人体频率时，就有可能产生"共振"，飞机员无法承受这种强烈的效应时，就有致命的危险。

4.3.2　次声波应用展望

随着现代科学技术的发展，人们对次声波的认识越来越深入，许多科研工作者也开始着手将次声波同人类的生产生活结合起来。

1. 次声波在工业领域的应用

1）设备除灰。原理是将压缩空气的能量转化为次声波，利用次声波的频率振荡来为锅炉、过热器以及受热面等工业设备除灰。有望改变用水除灰或蒸汽除灰的传统方法。

2）线材控冷。在线材冷却过程中，可利用次声波所产生的相对高速脉冲气流来提高线材与周围环境的热交换效率，进而通过与周边恒定气流的结合可有效将热空气排出。

3）检查机器。机器零件因磨损导致的间隙不断改变，当超过一定限度，就会产生附加振动而发生一定频率的次声波。虽然人耳听不见，但可用次声波接收器来"收听"。

4）气象工作。由于次声波传播的距离很远，因此可以将它发射到 30～50km 的大气高层，侦查热空气团的存在和范围，为气象工作服务。

5）船只导航。在浓雾天、夜间和阴雨天时，在船只上装置次声波接收器，就能在很远距离外探测到别的船只发动机和螺旋桨发出的次声波，以免发生相撞事故。

2. 次声波在生物医学中的应用

通过测定人和其他生物的某些器官发出的微弱次声波的特性，可了解人体或其他生物相应器官的活动情况。例如，次声波诊疗仪可以检查人体器官工作是否正常。次声波会与人体发生生物共振，研究发现可利用此特点研究对人体有利的次声波的应用。而次声波武器和次声波治疗的区别就是在于次声波的强度上，但截至目前尚没有一个明确阈值指出两者的区分度是多少。

1）诊断环节次声波应用：研究发现人体各器官或系统工作时也会产生次声波，利用特制的次声波听诊器用于发现脏器异常，得到其病变成因和病变位置。

2）治疗环节次声波应用：科研人员研制的应用次声波原理的按摩仪，利用低频强度小的可与人体发生共振的信号对人体皮肤、血管以及脏器等进行全方位按摩，可以活血化瘀、疏通经脉等，无论是按摩范围还是均匀程度都远超传统按摩仪器，给人带来全新的体验。

3）次声波在医学中实际的应用：用类似人脑节律（8～13Hz）的适度人工次声波作用于人体，在人体正常节律限度范围内，可使有机体抗氧化系统酶活性和代偿反应增强，使人精神饱满；次声波在临床医学中已经用于硬膜外麻醉或部位麻醉，并能产生良好的镇痛作用；医疗人员也可利用次声波医疗器来取代手术或药物进行肾脏等内脏疾病的治疗。

3. 次声波在自然预测中的应用

很多自然现象都会产生次声波，如地震和海啸等。因此，如果能够及时探测这些自然现象所发出的次声波便可以有效预测自然灾害事件，如海底地震会引发海啸，其产生的海浪巨大，能量也十分可观，在海水推进的过程中会不断向外辐射出低频长波的次声波，通过声音传播特性可知，次声波在海水中的传播速度要远大于在空气中的传播速度，及时探测到地震引起的海水中的次声波，在灾难来临前可以争取到宝贵时间，让人们有效撤离。

1）次声波预测地震：次声波可以用于借助动物预测地震。动物的听觉范围与人不同，人耳听不到的次声波，某些动物却可以听到。大地震前动物听到由于前震产生的次声波而烦躁不安，据此可预测大地震的将要来临。在强烈地震时，沿地面传播的地震波有纵向波、横向波和声表面波，它们所激发的次声波的强度各不相同。接收这三种不同的次声波，可以推算出地震波的垂直幅度、方向和水平速度。

2）次声波预报风暴：声音在大气层中的衰减主要是由分子吸收、热传导和黏滞效应所引起的，相应的吸收系数与声波频率的二次方成正比。由于次声波的频率很低，在传播过程中大气对它的吸收系数很小，所以次声波能"跑"很远。台风和海浪摩擦产生的次声波，由于其传播速度远快于风暴传播速度，所以可作为海洋风暴来临的"前奏曲"。这种次声波人耳无法听到，小小的水母对此却很敏感，仿生学家仿照水母耳朵的结构和功能，设计了"水母耳"风暴预测仪，安装在舰船的前甲板上，能提前15h对风暴做出预报，对航海和渔业安全都有重要意义，如图4-42所示。

图4-42 次声波预测风暴

此外，次声波监察技术是监测大气核爆炸并准确判断其爆炸方位的一种极为实用的技术手段。次声波监察具有极快的反应速度，能够在几个小时之内为监察人员提供及时的爆炸数据报告；次声波监察系统还能调整监察范围，可将监察范围控制在100km之内，大大降低了误报率。另外，资源勘探人员可在土地表面进行定点引爆，利用爆炸所引起的巨大次声波对地下矿产资源以及地质结构进行探测。

通过上文分析可以看出，次声波的应用具有很大的潜力，但目前来看，次声波在声学领域中还是一个较新的区域，相关研究与应用才刚刚开始，还有很多问题亟待解决。

4.4 声发射无损检测技术

4.4.1 无损检测及声发射技术简介

无损检测（non-destructive testing，NDT）是利用声、光、磁和电等特性，在不损害或不影响被检对象使用性能的前提下，检测对象中是否存在缺陷或不均匀性，给出缺陷的大小、位置、性质和数量等信息，进而判定被检对象所处状态（如合格与否、剩余寿命等）的所有技术手段的总称。美国国家航空航天局（NASA）将无损检测方法分为六大类约70余种，实际常用的主要包括：目视检测（visual testing，VT）、超声检测（ultrasonic testing，UT）、射线检测（radiographic testing，RT）、磁粉检测（magnetic-particle testing，MT）、渗透检测（penetrated testing，PT）、声发射（acoustic emission，AE）、涡流检测（eddy-current testing，ET）和泄漏检测（leak testing，LT）等。

声发射作为无损检测评价的一类代表性技术，近年来在多领域均取得较为广泛的应用，尤其在金属材料或结构件的整体、动态、连续和无损检测方面表现卓著。声发射是指材料或结构受外力或内力作用产生变形或断裂，以弹性应力波形式释放出应变能的现象。当材料受到一定程度应力作用时，应变能以弹性波的形式迅速释放，而弹性波可以被放置在材料上的传感器检测和监测。摩擦、塑性变形、裂纹萌生和扩展是金属声发射的主要来源，有助于判定声发射源的位置和声发射源特性等信息，方便进行结构损伤评估。如图4-43所示，现实生活中折断竹竿、新生儿主动或被动听力筛查诊断和储罐油气泄漏所产生的机械波等，均属于声发射的范畴。

AE具备以下优势：

1）频率范围广，可覆盖次声频、声频到数十兆的超声频，实际上机械零部件释放的大

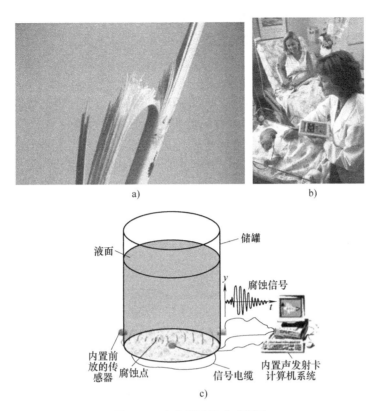

图 4-43　声发射波的典型例子

a）折断竹竿发出的声音　b）新生儿听力筛查诊断　c）储罐油气泄漏的咝咝声

部分应变能的频率范围在 1kHz～1MHz 范围内，因此，AE 对结构共振和机械背景噪声等低频噪声不敏感。

2）声发射探测的能量来自被测物本身，不像超声或射线探伤均由检测仪器来提供，因此，与成熟的振动分析相比，其优点是对微观水平裂纹高度敏感，甚至在次表面裂纹出现在表面之前就可以检测到裂纹生长，有助于早期缺陷识别。

3）由于对构件的几何形状不敏感，适于检测形状较为复杂而其他方法受限制的构件；同时对被检件的要求不高，适于其他方法难于或不能接近测试场景，如高低温、核辐射、易燃、易爆及极毒等环境。

4）声发射是一种动态检验方法，可提供缺陷随载荷、时间和温度等外部变量变化的实时或连续信息，适用于工业过程在线监控、早期或临近破坏预报；监测过程包括精确测定断裂开始及其在整个加载过程中的连续发展，而不干扰试样；一次试验过程，声发射能够整体探测和评价整个结构中活性缺陷的状态。

同时，声发射技术也具有一定的局限性：

1）声发射特性对材料敏感，而且在一定程度上要受到机电噪声的干扰，因此，对数据的正确解释要有更丰富的数据库和现场检测经验。

2）声发射检测一般需要适当的加载程序，虽然多数情况下可利用现成的加载条件，但有时仍需要特殊准备。

3）由于声发射的不可逆性，实验过程的声发射信号不可能通过多次加载重复获得，因此，每次检测过程的信号获取是非常宝贵的，不可因人为疏忽而造成宝贵数据的丢失。

4.4.2 声发射检测原理

声发射技术广泛应用于金属材料裂纹扩展和失效的无损检测。声发射信号幅度范围可从几微伏到上百伏。若应变能足够强则人耳就能听到，但许多金属材料的声发射信号强度很弱，尤其是早期失效情况，人耳不能直接听见，需要借助包含声发射传感器和放大器等的专用声发射检测仪来实现检测、记录和分析声发射信号并推断声发射源，其过程如图4-44所示。

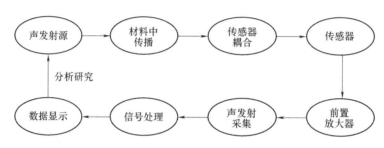

图4-44　声发射仪器检测工作流程

1. 声发射检测原理与凯塞尔效应

材料在外力作用下，形成裂纹、断裂和分层等形式的损伤时也会发声，产生声发射信号。声发射波的产生是材料中局部区域快速卸载，弹性能得到释放的结果，声发射源和材料的性质决定了弹性能释放的方式、速度和时间，而这又进一步决定了声发射信号的特性。因此，声发射信号的特性与材料或构件性质存在一定的关系，基于这种关系，采用仪器检测记录和分析声发射信号，即可推断声发射源及材料的某些性质。

如图4-45所示，声发射检测的一般原理为声发射源产生的弹性振动以应力波的形式传播一段距离后到达材料表面，沿其材料的表面安装声发射传感器，将材料表面位移的机械振动转化为电信号，进而送入声发射检测仪进行分析和处理。经前置放大器放大、滤波器滤波、主放大器再放大后，由数据采集卡进行采集，送入计算机进行数/模处理和分析判断，评定发射源特性，并将结果进行显示。

凯赛尔（Kaiser）效应是德国学者凯赛尔在1963年研究金属声发射特性时发现

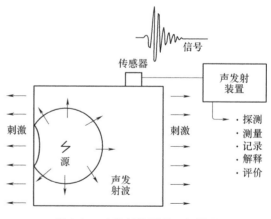

图4-45　声发射检测的一般原理

的，材料的受载历史对重复加载声发射特性有重要影响。重复载荷到达原先所加最大载荷以前，不再发生明显的声发射，这种声发射的不可逆性质被称为凯赛尔效应（见图4-46）。凯赛尔效应在声发射技术中有着重要用途，主要包括：①在役构件新生裂纹的定期过载声发射检测；②岩体等原先所受最大应力的推定；③疲劳裂纹起始与扩展的声发射检测；④通过预载措施消除加载销孔的噪声干扰；⑤加载过程中常见的可逆性摩擦噪声的鉴别。

但重复加载前，如产生新裂纹或其他可逆声发射机制，则凯赛尔效应会消失。费利西蒂效应（Felicity effect）指材料重复加载时，重复载荷到达原先所加最大载荷前发生明显声发射的现象，也被认为是反凯赛尔效应。重复加载时的声发射起始载荷（P_{AE}）对原先所加最大载荷（P_{max}）之比（P_{AE}/P_{max}）称为费利西蒂比。费利西蒂比作为一种定量参数，较好地反映材料中原先所受损伤或结

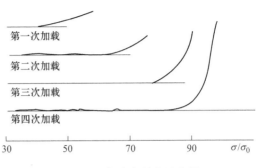

图 4-46　凯赛尔效应及应用

构缺陷的严重程度，已成为缺陷严重性的重要评定判据。树脂基复合材料等黏弹性材料，由于具有应变对应力的滞后效应而使其应用更为有效。费利西蒂比>1 表示凯赛尔效应成立，而费利西蒂比<1 则表示凯赛尔效应不成立。在一些复合材料构件中，费利西蒂比<0.95 被作为声发射源超标的重要判据。

2. 声发射传感器及其校准

当某些晶体受力产生变形时，其表面出现电荷；而又在电场的作用下，晶片发生弹性变形，这种现象称为压电效应。常用声发射传感器的工作原理是基于晶体元件的正压电效应，即将声发射波引起的被检件表面振动转换为电信号，送入信号处理器，完成信号处理过程。声发射传感器一般由壳体、保护膜、压电元件、连接导线及高频插座组成。其结构如图 4-47所示。将压电元件的负电极面用导电胶粘贴在底座

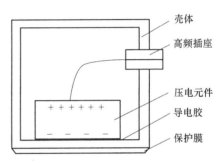

图 4-47　声发射传感器结构

上，另一面焊出一根很细的引线与高频插座的芯线连接，壳体接地。压电元件通常采用锆钛酸铅陶瓷晶片，起到声电转换作用；压电晶片两表面镀上银膜，起到电极作用；保护膜起到保护晶片及传感器与被检体之间的电绝缘作用；金属外壳对电磁干扰起着屏蔽作用。

传感器应根据被检测声发射信号来确定，在选择传感器时，首先了解被检测对象声发射的频率范围和幅度范围等，然后选择对有效声发射信号灵敏的传感器。

传感器对外部信号发生共振时的信号频率称为谐振频率，传感器对该点频率最灵敏。谐振频率的试验方法，例如，取两个相同的待测传感器，面对面固定在同轴夹具上，距离20cm，其中一个传感器接信号发生器（陪试传感器），另一个接示波器（被试传感器），设置信号发生器为 5V 正弦波，频率从 10kHz 缓慢变化到 800kHz，观察示波器上被试传感器的接收电压，多次循环变化，记录其电压最大时对应的信号频率，即传感器谐振频率。此频率对应的电压值与标称的谐振频率时的电压值的差值不大于 3dB 为合格，否则为不合格。

声发射传感器灵敏度的校准方法如图 4-48 所示。例如，取厚度 10mm A3 材质 300mm×300mm 钢板一块，取两个校准专用传感器与一个被试传感器，在钢板上三点等距 5cm 安装，信号发生器接其中一个校准传感器 REF-VL，另一个校准传感器接示波器第一通道；被试传感器接示波器第二通道。信号发生器设置为具有被试传感器谐振频率的正弦波，调节信号发

生器的输出电压为10V，记录示波器所测量的两个传感器的电压值，两个电压的差值应该在12~18dB之间，否则为不合格。

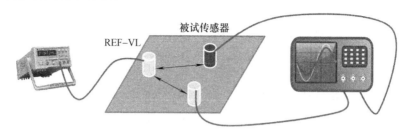

图4-48 声发射传感器灵敏度的校准方法

在使用前还需要对声发射传感器进行标定，用激励源对传感器的技术参数进行核准。作为标定传感器用的激励源要求是，在测量的频率范围内具有恒定的振幅。使用直径为0.5mm的HB或2B铅芯与构件表面成30°夹角，铅芯的伸长量约为2.5mm，铅芯在距离传感器30mm内折断，散点的幅值应在95dB左右。铅芯常需要折断3~4次。一根铅芯开始和最后的几次折断不应作为标准。这种方法简单、经济、重复性好，而且调节铅笔芯直径、长度和倾角就可以改变力的大小和方向。

在对传感器进行安装时，需要利用耦合剂涂抹传感器底部后，再通过磁座方式进行安装固定。使用耦合剂可以填充接触面之间的微小空隙，使传感器与检测面之间的声阻抗差减小，从而减少能量在此界面的反射损失，也可以起到润滑作用，减少接触面间的摩擦。另外，有些被测金属结构件表面的防锈漆也会对声发射信号造成界面影响，因此，需要预先对传感器安装位置处的防锈漆进行抛光或打磨处理。

3. 声发射检测仪器的分类与声发射信号类型

应变能足够强，则人耳可以听到。金属材料声发射信号强度弱，则需要借助灵敏的电子仪器才能检测出来。将材料的机械振动转换为电信号，然后再被放大、处理和记录。根据声发射仪器输出信号的形式，可将其分为模拟式声发射仪和数字式声发射仪两大类。

（1）模拟式声发射仪 模拟式声发射仪的工作原理如图4-49所示，工作的过程为，试件发出的信号进入传感器，进入前置放大器，再进一步放大、滤波和阈值检测，然后再进行相应参数的统计与运算。

（2）数字式声发射仪 如图4-50所示，数字式声发射仪的工作流程为，声发射器经过传感器、前置放大器、模/数转换、经过总线控制的DSP计数器或经过其他信号处理，然后进入计算机来进行相关的模式识别、波形分析和参数分析等。其特点是大大降低了系统噪声、漂移和频率相关性；采用高精度设计，系统不需要重新标定；高速采样；大动态范围；灵活性强（用户可按自己要求设计特别的特征参数）；数字化的信号可存储在瞬态记录仪中，需要特别注意的是，如图4-51所示，多通道是数字式声发射仪的优势所在。

（3）声发射信号类型及其处理方法分类 声发射信号的基本类型包含连续型声发射信号和突发型声发射信号。如图4-52所示，连续型声发射信号是大量的声发射事件同时发生，时间上不可分辨。一般流体泄漏、金属塑性变形等都是连续型声发射信号。连续型声发射信号波幅没有很大起伏、频度高、能量小。

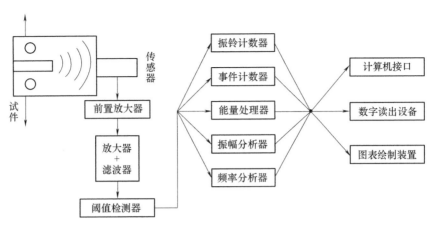

图 4-49　声发射检测仪器工作原理图

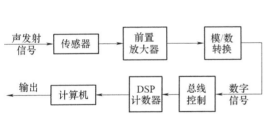

图 4-50　数字式声发射仪工作原理图

MB2/MB6/MB19主机箱

图 4-51　多通道数字式声发射仪

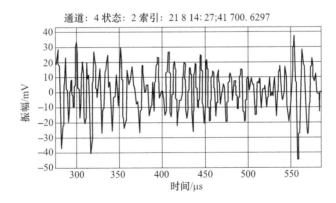

图 4-52　连续型声发射信号

图 4-53 所示为突发型声发射信号，当脆性或带裂纹金属材料在裂纹不连续扩展时，发出的高幅值、不连贯和持续时间为微秒级的单个应力波脉冲，其波形特点是峰值大和衰减很快。

根据声发射信号瞬态性、多态性和易受噪声干扰的特点，声发射信号的处理方法有：①以多个简化的波形特征参数来表示声发射信号的特征，然后对这些波形特征参数进行分析

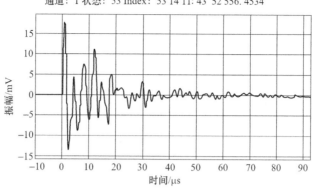

通道：1 状态：53 Index：53 14 11：43 52 556. 4534

图 4-53　突发型声发射信号

和处理；②存储和记录声发射信号的完整波形，对波形进行信号处理，主要包括：经典谱分析和现代谱分析、小波分析、神经网络识别和模式识别等。本书着重对参数分析法进行讲述，对波形分析感兴趣的读者请参阅相关资料。

4. 声发射信号的参数分析方法

图 4-54 所示为典型的声发射信号，为排除噪声干扰，设置阈值电压 V_t，传感器输出信号低于阈值电压时无效。从包络线超过 V_t 的一点开始到包络线降到 V_t 的时间称为事件宽度 t_e。为避免同一个事件的反射信号当作另一个事件处理，设置事件间隔时间 t_i，在该时间内出现的信号，仪器不予处理。$t_e + t_i$ 称为事件时间或事件持续时间。

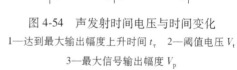

图 4-54　声发射时间电压与时间变化

1—达到最大输出幅度上升时间 t_r　2—阈值电压 V_t

3—最大信号输出幅度 V_p

4—事件宽度 t_e　5—事件间隔时间 t_i

声发射测量的主要参数包括：

1）事件计数：事件计数率、事件总计数。

2）振铃计数（对一持续时间内超过门槛值的振铃次数的计数）：包括振铃计数率、振铃总计数、振铃-事件比（即振铃计数/事件），振铃在一定程度上反映了信号的幅度。

3）幅度和幅度分布：声发射信号幅度可用于量度声发射信号的能量。

4）能量：声发射信号幅度的二次方，进行包络线检波并求出包络线所围面积。

声发射信号的参数处理方法包含计数法、能量分析法、幅度分析法、经历图分析法、分布分析法和关联分析法。

（1）计数法　计数法是处理声发射脉冲信号最常用的方法，适用于突发型声发射信号。计数法有声发射事件计数率、振铃计数率，以及它们的总计数等。声发射计数（振铃计数）是声发射信号超过某一门槛的次数，信号单位时间超过门槛的次数为计数率，声发射计数率依赖于传感器的响应频率、换能器阻尼特性和门槛水平等。

（2）能量分析法　声发射能量反映声发射源以弹性波形式释放的能量，声发射信号的能量测量是定量测量声发射信号的主要方法之一，适用于对连续型声发射信号进行分析。声发射信号的能量正比于声发射波形的面积，通常用均方根电压（V_{rms}）或均方电压（V_{ms}）来进行声发射信号的能量测量。

（3）幅度分析法 信号幅度峰值和幅度分布是一种能反映声发射源信息的处理方法，信号幅度与材料中产生声发射源的强度有直接关系，而幅度分布与材料的形变机制有关。声发射信号幅度的测量同样受换能器的响应频率、换能器阻尼特性、结构的阻尼特性和门槛电压水平等因素的影响。应用对数放大器，既可对声发射大信号也可对声发射小信号进行精确的峰值幅度测量。不同的声发射源具有不同的幅度分布谱。

（4）经历图分析法 如图 4-55 所示，声发射信号经历图分析方法是通过对声发射信号参数随时间或外变量变化进行分析，从而得到声发射源的活动情况和发展趋势的方法。采用经历图分析法可实现：声发射源的活动性评价、费利西蒂比和凯赛尔效应评价、恒载声发射评价和起裂点测量等。

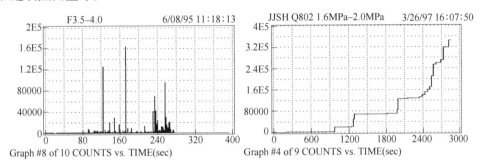

图 4-55 声发射信号的经历图

（5）分布分析法 如图 4-56 所示，分布分析方法是将声发射信号撞击计数或事件计数等，按信号参数值进行统计分布分析。可用于发现声发射源特征，达到鉴别声发射源类型的目的。

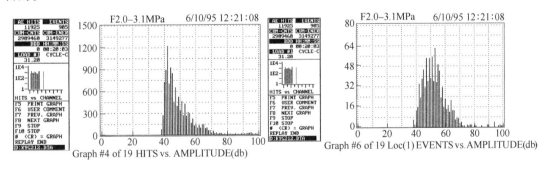

图 4-56 分布分析法

（6）关联分析法 如图 4-57 所示，关联分析法也是常用的声发射信号方法之一，对任意两个声发射信号的波形特征参数作关联图分析，图 4-57 中二维坐标轴各表示一个参数，每个显示点对应于一个声发射信号撞击或事件，可分析不同声发射源的特征，起到鉴别声发射源的目的。

5. 声发射源定位

为了在固体材料表面某一范围测量出缺陷位置，可将几个声发射传感器按一定几何关系

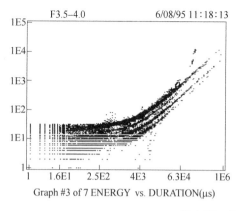
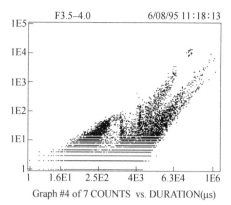

图 4-57　关联分析法

放置在固定点上，组成传感器阵列。可根据各声发射传感器检测到的声发射信号的特征参数来确定或计算声发射源的位置。声发射源的定位需多通道声发射仪器实现，这也是多通道声发射仪最重要的功能之一。

对于连续型信号和突发型信号，具有针对性的源定位方法，连续型信号的定位方法主要用于压力泄漏源的定位，本节着重讨论突发型信号的定位方法。如图 4-58 所示，对于突发型声发射信号的定位方法主要包括区域定位法和时差定位法。

区域定位是一种处理速度快、简便而又粗略的定位方式，主要用于复合材料等由于声发射频度过高、传播衰减过大，或检测通道数有限而难以采用时差

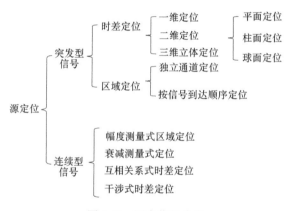

图 4-58　源定位的分类

定位的场合。区域定位主要包含两种方式：①独立通道定位，②按信号到达顺序定位。

时差定位是指，当用两个或多个传感器进行声发射检测时，各传感器接收到来自声发射源的时间是不一样的，所以可以通过时差确定出声发射源的位置。常用时差定位方法包括①一维定位，②二维定位，③三维定位。

（1）一维定位　当被检测物体的长度与半径之比较大时，如管道、棒材和钢梁等，易采用一维定位进行声发射检测。时差一维定位至少需要两个声发射探头，如图 4-59 所示，到达 1 号探头的时间为 t_1，到达 2 号探头的时间为 t_2，因此，该信号到达两个探头之间的时差为 $\Delta t = t_2 - t_1$，若以 D 表示两个探头之间的距离，以 V 表示声波在试样中的传播速度，则声发射源距 1 号探头的距离 d 为

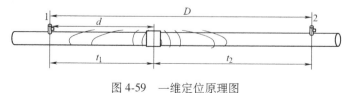

图 4-59　一维定位原理图

$$d = \frac{1}{2}(D - \Delta tV) \tag{4-27}$$

（2）二维定位　如图 4-60 所示，二维定位至少需要三个传感器和两组时差，但为得到单一解，一般需要四个传感器三组时差。传感器阵列可以任意选择，但为运算简便，常采用简单阵列形式，如方形、菱形等。就原理而言，波源的位置由两组或三组双曲线的交点确定。

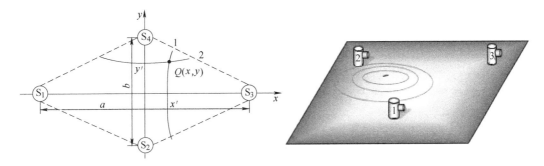

图 4-60　二维定位原理图

（3）三维定位　如图 4-61 所示，三维定位至少需要四个传感器，建立一个三维的坐标系。以传感器 T_2 为基准，测量其他三只传感器与基准信号的时间差，假设声发射信号在该三维空间的传播速度已知为恒定值，根据空间的几何关系列方程得出声源到各个传感器的距离差，进而计算出声源的相对空间坐标。三维定位用于混凝土结构和岩石大型变压器局部放电检测等。

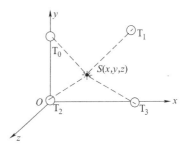

图 4-61　三维定位原理图

6. 声发射检测程序

以压力容器升压过程的声发射检测为例，简要介绍声发射的检测步骤。

（1）准备工作　了解各种可能的噪声来源；预计压力容器的薄弱部位；熟悉压力容器材料的声发射特性；确定声发射检测人员与加压装置控制人员之间的联络方法；确定连续记录压力的方法等。

（2）布置声发射换能器　换能器阵列的数目、大小及位置；用模拟声发射源逐个监测换能器的耦合质量和耦合一致性；用模拟声发射源检查换能器阵列大小是否合适，并测出换能器之间的距离。

（3）校准声发射仪器　使各个监测通道的灵敏度一致；测量各个通道背景噪声的强度，据此设置声发射监测的门槛电压。

（4）试验　确定声发射参数；至少在升压前 2s 开始测量声发射；连续测量声发射的发生情况；升压初期，若遇特别强的噪声，应设法排除后再进行试验；试验过程中若遇反常、紧急情况，应及时通知控制加压人员做出处理决定。

（5）试验结果分析和报告　推断声发射源，根据有关标准，对声发射源进行分类；对重要的、值得注意的缺陷应进行超声检测或其他检测；填写书面试验报告。

4.4.3 工程起重机关键结构件裂纹萌生和断裂的声发射检测案例

考虑到工程起重机结构件种类多（臂架、支腿、转台和吊钩等）、形状尺寸差异大、缺陷种类繁多，又有动态和微观检测需求，工程起重机结构件的在线缺陷和损伤检测是无损检测中的一个难题。而声发射技术不受结构件形状尺寸等约束，具有整体、动态和连续检测优点，依托国家 863 高技术计划重点项目课题，我们采用该技术对中联重科起重机关键结构件的焊接裂纹缺陷以及施工过程导致的结构件损伤进行了试验。

如图 4-62 所示，考虑到结构件种类多，而且起重臂又包含多节臂，因此，在进行声发射传感器布局前，先依据模态分析等对敏感检测点进行优化选取，为传感器数量的确定、合理可行的布局等提供支撑，进而对关键结构件进行实时传感信号获取，然后通过智能数据处理系统，实现信号处理、模式识别、专家系统诊断和决策处理。

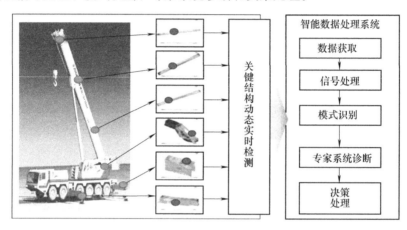

图 4-62 起重机声发射检测工作流程图

正式进行在役结构件检测之前，首先对用于起重机结构件制造的 HG70 钢试件的典型焊接裂纹缺陷进行试验室探索。图 4-63 所示为 HG70 钢标准试样及三点弯曲试验。三次加载使试件产生弹性变形，最后加大压力产生塑性变形，前三次加载是为了使配合变得适宜，所产生的声发射信号及加载后试件的变形情况分别如图 4-64 和图 4-65 所示。

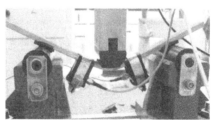

图 4-63 HG70 钢标准试样及三点弯曲试验

在加载过程中，具有裂纹开裂的试件和仅产生塑性变形的试件，其能量与振铃计数值有着鲜明的对比，如图 4-66 所示，表现在裂纹开裂过程会伴随突发事件，而后者往往是稳定的和连续的，一般不会展现突发性变化。同样地，如图 4-67 所示，两类型信号的均方根电

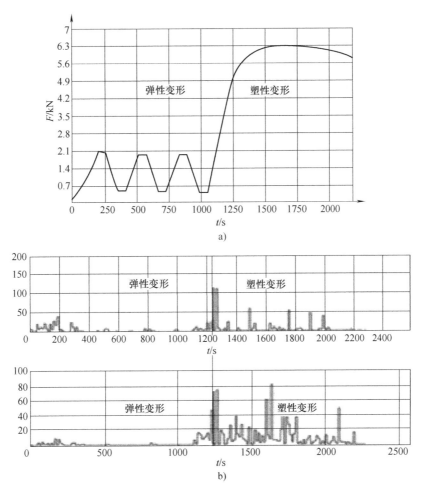

图 4-64　负载时间曲线、振铃计数及能量值随时间的历程图

a）负载时间曲线　b）振铃计数及能量值随时间的历程图

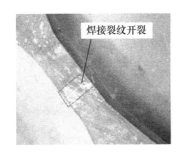
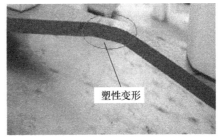

图 4-65　加载完成后试块变形

压值所体现的能量变化，以及幅度随加载过程的变化也展示出不同的形式。

图 4-68 显示了裂纹萌生、稳态扩展到裂纹开裂，以及作为参比信号的铅笔芯折断信号的时域和频谱分析对比，可见裂纹稳态扩展与铅笔芯折断的时域信号和频谱表现出相似的效果，相关参数的对照表见表 4-5。

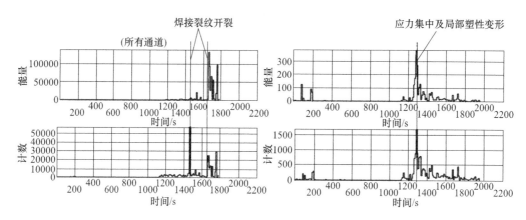

图4-66 能量及振铃计数值随时间的历程图

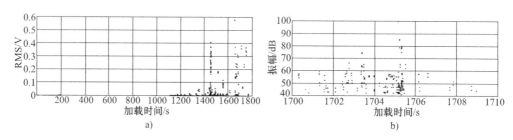

图4-67 不同类型缺陷

a）塑性变形　b）裂纹

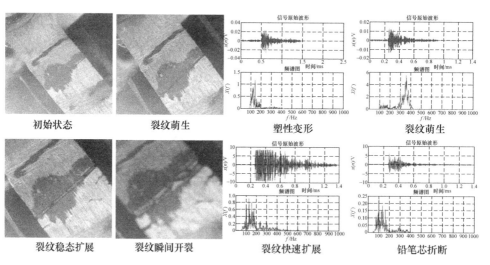

图4-68 不同声发射源信号的时域及频谱波形

图4-69所示为频率质心和声发射事件持续时间的相关关系图，展示的是起重机臂架在加载过程中检测到的相关声发射信号，包括摩擦噪声以及裂纹萌生和扩展的相关关系图。为增强现场试验的可行性，先将两块搭接焊板焊接在起重臂的基本臂上，然后在两焊板中间焊上特制的具有明显颈缩部位的试件，以实现对起重臂变形的放大作用，使起重臂受到一个小的载荷时就能把中间的试件拉断。

表 4-5 不同缺陷源指标分布统计的声发射特性

信号源	振幅 /dB	均方根 (RMS) 电压/V	频率 /kHz	平均频率 /kHz	峰值频率 /kHz
塑性变形	40~65	0.0004~0.001	140~210	20~120	90~180
微裂纹的出现和稳定扩展	40~81	0.0004~0.0035	190~290	100~280	96~178, 228~375
裂纹和断裂迅速膨胀	65~100	>0.01	140~240	88~182	92~180, 290~312
铅笔芯断	95~100	0.04~0.08	175~200	100~130	130~160

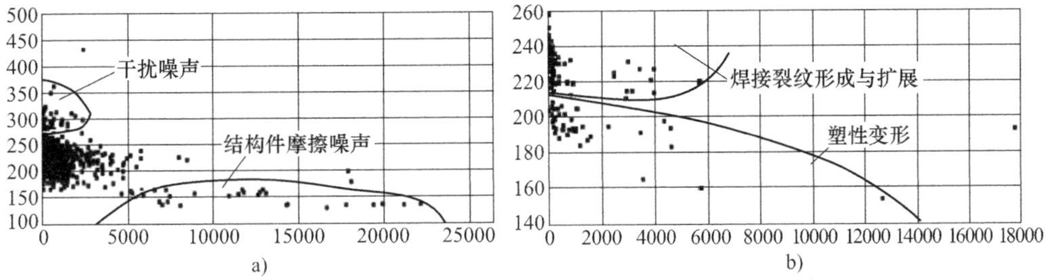

图 4-69 频率质心和声发射事件持续时间的相关关系图
a) 非定位声发射信号 b) 定位声发射信号

图 4-70 所示为聘请有经验的焊接工程师特制具有不同类型的典型焊接缺陷（夹渣、气孔和完好焊接件）的试件，在同样加载过程中产生的能量累积变化对比图，可见存在较为明显的区分，例如，完好试件（见图 4-70c）的能量累计变化是连续的，而夹渣试件（见图 4-70a）在受弯曲加载过程中会产生能量的突变。

图 4-71 所示为试件弯曲加载过程中的二维定位过程的实例展示，可见对缺陷位置的定位是准确的。

而有关声发射信号波形分析以及试件的三维面定位等内容（见图 4-72），本节不再详述，请参考其他相关专业书籍。

4.4.4 声发射检测技术的其他应用

作为一种新兴的无损检测技术，声发射技术从诞生之始就受到学者、政府部门和工业界的重视并加以推广应用，目前，该技术主要应用于以下领域：

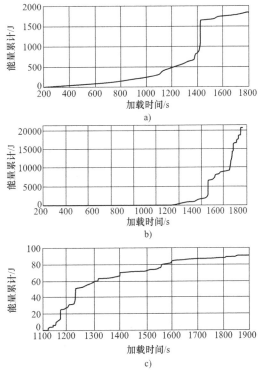

图 4-70 典型焊接缺陷能量累积对比图
a) 夹渣 b) 气孔 c) 完好焊接件

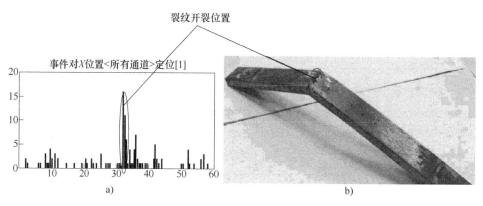

图 4-71 试件弯曲及定位图

a）定位图 b）试件断裂破坏照片

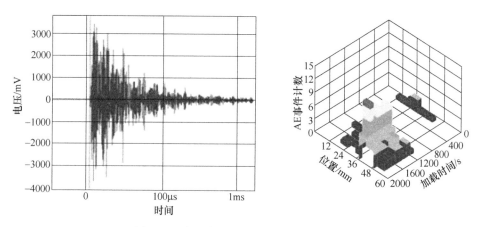

图 4-72 波形分析与试件三维面定位分析

1）石油化工工业。该领域是声发射技术目前应用最成功和最普遍的领域，主要用于各种石油化工设备的检测和结构完整性、安全性评价，以及泄漏监测等，尤其在压力容器、油罐和储罐等大型构件的在役检测方面，声发射技术已成为最重要的检测手段之一，研究表明，声发射检测对管道泄漏具有较高的灵敏度，当传感器距泄漏源 0.85m 时，可检测到 8×10^{-4} mL/s 的流量。

2）航空航天工业。主要用于航空器壳体和蒙皮等主要构件的检测、结构完整性评价、航空器材料检验和疲劳实验、机翼蒙皮下的腐蚀检测、飞机起落架的原位监测，以及发动机叶片和直升机叶片的检测，我国学者曾对某型飞机发生全尺寸疲劳事件进行了长达一年的发射跟踪检测，成功预报了主梁螺栓孔和机翼机身连接螺栓等疲劳裂纹的萌生和扩展。

3）电力工业。主要用于高压蒸汽管道和阀门、汽轮机叶片和汽轮机轴承运行状况检测，以及变压器局部放电等的检测。国外目前已研制成功检测 400kV 高压设备漏电的专用发射系统。

4）地质探测。主要用于岩石变形和破坏监测，现代岩石力学中的裂纹破裂过程分析、

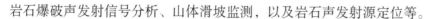

岩石爆破声发射信号分析、山体滑坡监测，以及岩石声发射源定位等。

　　5）交通运输业。主要用于拖车、船舶的检测和缺陷定位；铁路材料和结构的裂纹探测，桥梁和隧道的结构完整性探测；车辆轴承状态监测，以及火车车轮和轴承的断裂探测等。

　　6）民用工程。主要用于楼房、桥梁、隧道、大坝的监测，以及水泥结构裂纹开裂和扩展的监测等。

第 **5** 章
近红外光谱与高光谱成像技术

5.1 光谱分析与振动光谱技术

5.1.1 分子光谱

光学分析法与待分析对象和辐射密切相关，可分为两个类型，即光谱法和非光谱法。

非光谱法是在物质与辐射相互作用时测量辐射的某些性质，如折射、散射、干涉、衍射和偏振等的变化。光谱法是在物质与辐射能相作用时，测量由物质内部发生量子化的能级之间的跃迁时产生的发射、吸收或者散射辐射的波长和强度等并进行分析的方法。除此之外，还包括第 3 章中讲到的依据光电效应器件等的分析方法。本章主要介绍光谱法的相关内容。

光谱法包含两种类型，分别是原子光谱法和分子光谱法。

其中，原子光谱的表现形式为线光谱，其与电子能级变化密切相关，如由原子外层或内层电子能级的变化产生。原子发射光谱法（atomic emission spectrometry，AES）、原子吸收光谱法（atomic absorption spectroscopy，AAS）、原子荧光光谱法（atomic fluorescence spectrometry，AFS）以及 X 射线荧光光谱法（X-ray fluorescence spectrometry，XFS）均属于这类分析方法。

在给出分子光谱的概念之前，需先分析物质分子内部运动形式，主要包含分子绕轴转动、分子中原子的振动与分子内电子的跃迁三种形式，对每种运动进行分析：①分子绕轴转动即分子本身绕其重心的转动；②分子中原子的振动即分子中原子核在平衡位置附近振动；③分子内电子的跃迁即电子相对于原子核的运动。分子光谱与这三种运动形式相对应，分子从一种能态改变到另一种能态时会吸收或发射光谱，许多光谱线密集在一起便形成了分子光谱，因此分子光谱又称为带状光谱。分子光谱的范围可包括从紫外光谱到远红外光谱直至微波谱，对应不同光谱波段范围有不同分析方法，如紫外-可见分光光度法（ultraviolet-visible spectrophotometry，UV-Vis）、红外光谱法（infrared spectroscopy，IS）、分子荧光光谱法（molecular fluorescence spectroscopy，MFS）和分子磷光光谱法（molecular phosphorescence spectroscopy，MPS）、核磁共振（nuclear magnetic resonance，NMR）与顺磁共振波谱等都属于这类分析方法。

上文中提到的分子能级主要有三种形式，分别是电子能级、振动能级和转动能级。这三种能级都是量子化的，且每个能级都分别具有相应能量。当光照射物体时，物体内部分子从外界吸收能量，处于低能量基态的分子便向高能级跃迁。图 5-1 所示的是双原子分子中三种形式能级跃迁（电子、振动与转动）关系的示意。纯电子跃迁即图中从 A 跃迁到 B，其所需要的能量是一定的；振动跃迁是 V' 从零态跃迁到第一个激发态的跃迁，除此之外它还可以从零态（基态）直接跃迁到第二个激发态，或者从第一激发态跃迁到第二激发态，这些都是属于纯振动跃迁。转动跃迁就是在一个纯振动跃迁的能级范围内的更具体的细分，如

图 5-1 所示不同细分的小格，其跃迁需要的能量较低。总分子能 E 就是电子能量 E_e、振动能量 E_v、转动能量 E_r 这三种能量的总和，其关系满足 $E=E_e+E_v+E_r$（$E_e>E_v>E_r$）。

在分子中，不同类型能级跃迁所需能量不同，电子跃迁需要能量最大，转动跃迁需要能量最小。对所需能量关系具体量化，电子态的能量比振动态的能量大 50~100 倍，而振动态的能量又比转动态的能量大 50~100 倍。此外，在分子电子态的跃迁中，总会伴随着振动跃迁和转动跃迁。例如，照射光是一束很微弱的光，只能让分子转动跃迁，而未必能让它产生振动跃迁，所以优先分析能产生电子态跃迁的这种能量较大的情况，这个较大的能量可能在造成电子态跃迁后，还有一些剩余，而继续造成了转动跃迁或振动跃迁。

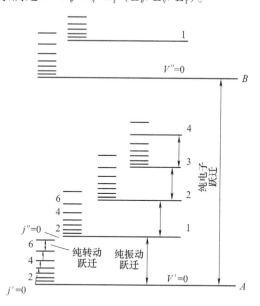

图 5-1　双原子分子的三种能级
（电子、振动与转动）跃迁示意图

进一步分析光谱范围与能量跃迁的关系，图 5-2 所示为光谱范围与分子中能级跃迁关系图。原子内层的电子跃迁形成 X 射线，也可以称为化学键断裂，这个现象导致形成了 X 射线；分子中的电子跃迁产生了紫外光谱；而分子中的振动跃迁则导致红外光谱、近红外光谱、中红外光谱、远红外光谱的产生；另外，分子中的转动跃迁形成了微波；此外，还有波长更长的无线电波；但核磁共振则是由于原子核的自转产生的。

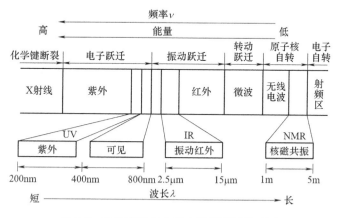

图 5-2　光谱范围与分子中能级跃迁关系图

5.1.2　电子光谱（紫外吸收光谱）

由上文可知，电子能级间相互跃迁的同时，也同时会有振动能级跃迁和转动能级跃迁产生。当光照射分子（待测物质中的分子）时，分子吸收光子能量后受到激发，便可以从一个能级跃迁到另一个能级，这里的能级可以指电子能级也可以是振动能级或转动能级。在上文中提到，根据量子理论分子能量是量子化的，因此，只有吸收等于分子内两个能级差的光子才能发生跃迁。能级差是指不同激发态之间的差值，如第二激发态到第一激发态的差值等。从第一激发态到基态的能级差，称为 ΔE，计算公式为

$$\Delta E = E_2 - E_1 = h\nu = hc/\lambda \tag{5-1}$$

式中，E_2、E_1 分别是始态和终态的能量；h 是普朗克常数；ν 是光子频率；c 是光速；λ 是波长；将光子频率换为波长之后可表示为 hc/λ。

在许多有机分子中发生价电子跃迁的条件是吸收特定波长范围（200~1000nm）的光，通过对比波长范围可知，这个范围内的光恰好位于紫外-可见光光谱区域。其中可见光可根据分析需要与光子能量归为可见近红外或紫外区域。以紫外光谱的基本原理介绍分子吸收光谱的形成：分子中电子经紫外或可见光照射时，吸收了相应波长的光，由于紫外光要比可见光的频率高、能量大，所以紫外光才能使电子产生跃迁，可见光只能产生振动。因此，待分析物质在紫外光照射下，物质中分子吸收照射紫外光的能量，其中的电子会产生跃迁。在这种条件才产生的吸收光谱称为紫外吸收光谱（波长范围是 200~380nm）也可以称它为电子光谱，其所需能量在 1~20eV 之间。

5.1.3　振动光谱

振动光谱（vibrational spectrum）是指分子中同一电子能态中不同振动能级之间跃迁产生的光谱。分子中振动能级间隔较大，一般为 0.05~1eV，其对应光子波长约为 1~25μm。由于这种光谱位于近红外区和中红外区，所以又称为红外光谱。

分子的振动能高于转动能，因此，在振动能级跃迁发生的同时，会不可避免地伴随着转动能级的跃迁，这导致纯粹的振动光谱不易测量，只能测量分子的振动-转动光谱。由于这种光谱的波长范围通常位于红外区域，从而其被称为红外光谱。另外，在实际应用中由于大多数有机和无机离子的化学键基频吸收发生在中红外区，因此这里的红外光谱具体应指的是中红外光谱区。

通过进一步比较紫外-可见光谱、X 射线光谱和红外光谱的异同，发现紫外-可见光谱和红外光谱都属于分子光谱，都是由分子键在能量吸收后分子的能级跃迁产生的；而 X 射线能谱是原子内层吸收能量后电子跃迁产生的，主要为原子光谱。这些光谱都可以用来定性分析、定量分析和结构分析。但它们的产生机制是不同的，首先，紫外又称为电子光谱，是由分子中的价电子跃迁引起的，具有最大的能级差和相应的最大辐照光频率；红外光谱是由于振动能级和转动能级的跃迁造成的，在能量上有很小的差别。另外，紫外光谱只能从研究对象和应用角度分析不饱和有机物；红外光谱则可应用于所有具有分子振动偶极矩变化的化合物（有机和无机）。

5.2　红外吸收光谱

5.2.1　红外吸收光谱简介

红外吸收光谱是分子吸收光谱的一个类型，同时，红外吸收光谱分析技术指的也是一种分析方法，它利用待测物质相对于红外电磁辐射的选择性吸收特性实现结构分析、定

性分析和定量分析。红外光谱位于可见区域和微波区域之间，位于 $0.75 \sim 1000 \mu m$ 的波长范围内。习惯上红外光谱区域可划分为三个，具体划分区域名称、波长范围和能级跃迁类型等如表 5-1 所列。另外，在红外光谱有两个重要单位分别是波长（λ）和波数（k），波数即波长的倒数，其具体含义为在光传播方向上单位长度内的光波数，波长与波数的换算公式为 $k = 1/\lambda$。

表 5-1　红外光谱的三个区域划分

区域名称	$\lambda/\mu m$	k/cm^{-1}	ν/Hz	能级跃迁类型
近红外	$0.75 \sim 2.5$	$4000 \sim 13333$	$1.2 \times 10^{14} \sim 4.0 \times 10^{14}$	OH、NH 及 CH 键的倍频/合频吸收
中红外	$2.5 \sim 50$	$200 \sim 4000$	$6.0 \times 10^{12} \sim 1.2 \times 10^{14}$	振动、转动的基频
远红外	$50 \sim 1000$	$10 \sim 200$	$3.0 \times 10^{11} \sim 6.0 \times 10^{12}$	骨架振动，转动

以红外光谱曲线为例（见图 5-3），进一步分析红外光谱曲线的表示方法。图 5-3 中横坐标为波数（波长的倒数，k），可表示吸收峰的位置，其范围为 $400 \sim 4000 cm^{-1}$，越向右波长越长，波速越低；纵坐标为透过率（$T\%$），即透射光与入射光的强度比值，表示吸收强度。T 值越小表明吸收越好，故曲线的低谷表示是一个好的吸收带。透过率 $T\%$ 的公式为

$$T\% = \frac{I}{I_0} \times 100\% \qquad (5-2)$$

式中，I 是透过光的强度；I_0 是入射光的强度。

如图 5-3 所示，我们可以大致将光谱曲线划分官能团区（$4000 \sim 1500 cm^{-1}$）和指纹区（$1500 \sim 400 cm^{-1}$）为两个区域。其中，官能团区出现的吸收峰较为稀疏，容易辨认。这里的官能团指的是原子或原子团，它们能够决定有机化合物的化学性质，典型的官能团包含羟基、羧基、醚键和醛基等。官能团区即表示决定有机化合物的化学性质的官能团（-CHO、-COOH 和-NH$_2$ 等）的区域。指纹区谱带密集、难以辨认，主要是 C—C、C—N 和 C—O 等单键的伸缩和各种弯曲振动的吸收峰，用于区别不同化合物结构微小差异。这一区域具有典型表征特点，类似人的指纹，故称为指纹区。指纹区的红外吸收光谱很复杂，能反映分子结构的细微变化，但这也在一定程度上给光谱分析带来困难。

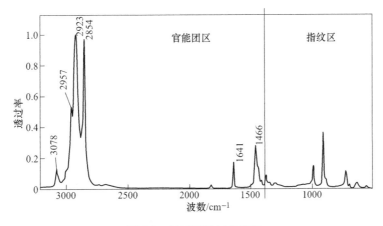

图 5-3　仲丁醇的红外光谱

中红外波谱区（也包含通常说的红外光谱区）能够表征绝大多数有机物和无机离子的化学键基频吸收。这里的基频指的是振动能级由基态跃迁到第一激发态时产生的吸收峰（基频峰）所对应的频率。

5.2.2 红外吸收光谱产生机理

为阐明红外吸收光谱产生机理，需先进一步分析分子的振动方式，如图 5-4 所示为分子振动类型的分类与联系。

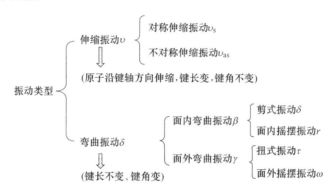

图 5-4 分子振动类型的分类与联系

1. 双原子分子的伸缩振动

对于双原子分子（这个分子只有两个原子）只有一种振动形式为伸缩振动（stretching vibration）。伸缩振动如图 5-5 所示，图中小球相当于原子，弹簧相当于原子间的键，小球沿轴振动（伸缩），只改变键长，不改变键角。

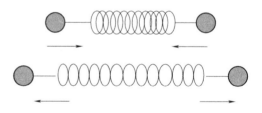

图 5-5 双原子分子的伸缩振动

将由两个小球通过弹簧连在一起组成的弹簧振子来模拟双原子分子分析其振动特性。分别设定两个小球（原子）质量为 m_1 和 m_2，假定该振子振动完全服从胡克定律（简谐振动），则该振子则称为谐振子。当某物体处于简谐运动时，它所受的力跟位移成正比，并且始终指向平衡位置。分子的振动能级（量子化）公式为

$$E_{振} = (V + 1/2)h\nu \quad (\nu = 0,1,2,\cdots) \tag{5-3}$$

式中，ν 是化学键的振动频率；V 是振动量子数。

$$\nu = \frac{1}{2\pi}\sqrt{\frac{K}{m}} \tag{5-4}$$

$$\nu = \frac{1}{2\pi}\sqrt{\frac{K}{\mu}} \tag{5-5}$$

式中，K 是化学键的力常数，这个常数与键能和键长有关；μ 是双原子的折合质量，计算公式为 $\mu = m_1 m_2 / (m_1 + m_2)$；振动能级跃迁所需能量与键两端原子的折合质量和键的力常数有关，也就说所需能量与分子结构特征密切相关。一些典型化学键的伸缩力常数（mdyn/Å）见表 5-2。

任意两个相邻的能级间的能量差为

$$\Delta E = h\nu = \frac{h}{2\pi}\sqrt{\frac{K}{\mu}} \tag{5-6}$$

$$\bar{\nu} = \frac{1}{\lambda} = \frac{1}{2\pi c}\sqrt{\frac{K}{\mu}} = 1370\sqrt{\frac{K}{\mu}} \tag{5-7}$$

表 5-2　一些键的伸缩力常数

键	分子	K	键	分子	K	峰位
H—F	H—F	9.7	H—C	CH_2—CH_2	5.1	
H—Cl	HCl	4.8	H—C	CH≡CH	5.9	
H—Br	HBr	4.1	C—Cl	CH_3Cl	3.4	
H—I	HI	3.2	C—C		4.5~5.6	7.0μm
H—O	H_2O	7.8	C═C		9.5~9.9	6.0μm
H—S	H_2S	4.3	C≡C		15~17	4.5μm
H—N	NH_3	6.5	C—O		12~13	
H—C	CH_3X	4.7~5.0	C═O		16~18	

以 C═C 键为例进行说明，由表 5-2 中查得 C═C 键的 $K=9.5\sim9.9$，令其为 9.6，计算波数值为

$$\bar{\nu} = \frac{1}{\lambda} = \frac{1}{2\pi c}\sqrt{\frac{K}{\mu}} = 1370\sqrt{\frac{K}{\mu}}\,\mathrm{cm^{-1}} = 1370\sqrt{\frac{9.6}{12/2}}\,\mathrm{cm^{-1}} = 1732.9\,\mathrm{cm^{-1}}$$

通过计算可知，正己烯中 C═C 键伸缩振动频率的实测值为 $1732.9\,\mathrm{cm^{-1}}$。

2. 多原子分子的振动

多原子分子振动包括两种形式，即伸缩振动（stretching vibration）和弯曲振动（bending vibration）。以多原子分子二氧化碳（CO_2）为例介绍多原子分子的振动，将二氧化碳类比到如图 5-6 所示中的结构，小球代表氧，大球代表碳。

在伸缩振动中，当两个小球（氧）同时缩短或变长时，称为对称伸缩振动（ν_s）；当两个小球运动方向不一致时，即在一个伸长的同时另一个缩短，称为不对称伸缩振动（ν_{as}）。伸缩振动只改变小球间键的长度（键长）并不能改变键的角度（键角）。在弯曲振动中，两个小球同时向里或同时向外，称为剪式振动；朝同一个方向向里运动，称为面内摇摆振动；朝同一个方向向外运动，称为面外摇摆振动；一个向外一个向里运动，称为扭式振动，这些弯曲振动只改变键角，不改变键长。在同一基团中，对称伸缩振动的频率比不对称伸缩振动的频率要稍低。另外，要产生红外吸收光谱仅出现振动是不够的，还有一个重要条件，即出现偶极矩（μ）的变化。例如，在 N_2、O_2、H_2 这些分子中电荷分布均匀，它们的偶极矩不会发生变化，因此，即使出现振动也不能引起红外吸收光谱。

5.2.3　产生红外吸收光谱的条件

从上文可知，产生红外吸收光谱有两个重要条件，分别是光辐射的能量能够满足振动能级跃迁产生振动，并且在振动过程中有偶极距的变化。下文将逐一对这两个条件进行分析。

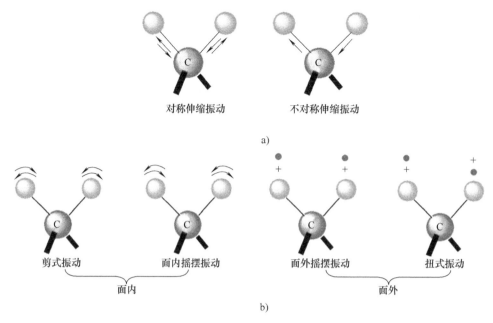

对称伸缩振动　　　　　不对称伸缩振动

a)

剪式振动　　面内摇摆振动　　　　面外摇摆振动　　　扭式振动

面内　　　　　　　　　　　　面外

b)

图 5-6　多原子分子的振动

a）伸缩振动　b）弯曲振动

1. 光辐射能量与振动能级跃迁关系

量子理论认为，分子所吸收的光是由能级（量子能级）的离散变化产生的，对于中红外区域来说，当分子内部的原子间键吸收的能量等于两个相邻量子能级之差时即会产生。以一个双原子分子（两个原子，如 CO）为例，键的舒张及收缩振动频率是由量子理论选择规律所决定的，这些规律也适用于更复杂的多原子分子。

在分子振动能级跃迁时，通常会伴随转动能级的跃迁，这是由于分子振动能级差比转动能级差大导致的。在这种情况下测量纯的振动光谱是十分困难的，通常为振动转动光谱。但为讨论方便仍以双原子分子的振动为例（见图 5-5）说明红外光谱产生的条件。则两个原子间的伸缩振动，可近似地看成沿键轴方向的简谐振动。当处于室温条件下，分子位于基态（$\nu = 0$）如图 5-1 所示，此时 $E_{\mathrm{v}} = \dfrac{1}{2} h\nu$，伸缩振动的频率比较小。当有光辐射能量照射到分子时，如果光子（ν_{L}）所具有的能量（E_{L}）与振动能级间的能级差（ΔE_{v}）恰好相等时，分子便会吸辐射能量跃迁至激发态。分子振动能级的能量差为

$$\Delta E_{\mathrm{v}} = \Delta\nu h\nu \tag{5-8}$$

光子能量为

$$E_{\mathrm{L}} = h\nu_{\mathrm{L}} \tag{5-9}$$

因此，可得产生红外吸收光谱的第一条件为

$$E_{\mathrm{L}} = \Delta E_{\mathrm{v}} \tag{5-10}$$

即

$$\nu_{\mathrm{L}} = \Delta\nu\nu \tag{5-11}$$

因此，分子吸收红外辐射的一个条件是振动量子数的差值与分子振动频率乘积等于照射

辐射频率。分子吸收红外辐射后，从基态振动能级（$\nu=0$）跃迁至第一振动激发态（$\nu=1$），所产生的吸收峰称为基频峰。因为 $\Delta\nu=1$ 时，即 $\nu_L=\nu$，因此基频峰的位置（ν_L）等于分子的振动频率。除基频峰外，还有倍频峰，即振动能级由基态（$\nu=0$）跃迁至第二激发态（$\nu=2$）、第三激发态（$\nu=3$）…，所产生的吸收峰。$\nu=0$ 跃迁至 $\nu=2$ 时，吸收的红外线辐射频率（ν_L）是分子振动频率的二倍，振动量子数的差值 $\Delta\nu=2$，则 $\nu_L=2\nu$，即产生的吸收峰称为二倍频峰。由 $\nu=0$ 跃迁至 $\nu=3$ 时，吸收的红外线辐射频率（ν_L）是分子振动频率的三倍，$\Delta\nu=3$，则 $\nu_L=3\nu$，即产生的吸收峰称为三倍频峰。其他可依次类推。在这些倍频峰中，最强的是二倍频峰，而三倍频峰以上则比较微弱不易检测，这是由于跃迁概率小造成的。另外，在红外光谱中合频峰是在吸收辐射频率恰好为相互作用基频之和的情况下产生的，相应的差频峰在辐射频率为两个相互作用基频之差的情况下出现。出现和频峰或差频峰原因是多原子分子不同振动形式能级间可能存在相互作用。

分子存在非谐振性，因此各倍频峰不一定恰好是基频峰的整数倍，而是比基频峰的整数倍略小一些。以 HCl 为例说明其中不同类型峰的信息，除倍频之外，还有和频峰（$\nu_1+\nu_2$，$2\nu_1+\nu_2$，…）、差频峰（$\nu_1-\nu_2$，$2\nu_1-\nu_2$，…）等，倍频峰、和频峰和差频峰统称为泛频峰，但倍频和差频峰通常较弱，不易辨认。HCl 倍频峰信息见表 5-3。

表 5-3　HCl 倍频峰信息

倍频峰	峰位	强弱
基频峰（$\nu_{0\rightarrow1}$）	2885.9cm^{-1}	最强
二倍频峰（$\nu_{0\rightarrow2}$）	5668.0cm^{-1}	较弱
三倍频峰（$\nu_{0\rightarrow3}$）	8346.9cm^{-1}	很弱
四倍频峰（$\nu_{0\rightarrow4}$）	10923.1cm^{-1}	极弱
五倍频峰（$\nu_{0\rightarrow5}$）	13396.5cm^{-1}	极弱

2. 辐射与物质之间耦合作用

偶极矩（dipolemoment）指的是正、负电荷中心间的距离 d 和电荷中心所带电量 q 的乘积，其计算公式为 $\mu=qd$。偶极矩是一个矢量，其方向规定为从正电中心指向负电中心（见图 5-7）。

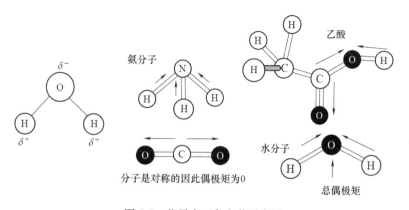

图 5-7　分子中正负电荷示意图

　　分子由于其空间构型不同，其正负电荷中心可以重合，也可以不重合，前者称为非极性分子，后者称为极性分子。也可利用分子偶极矩判断分子的极性。偶极矩越大，分子的极性也越大，分子的偶极矩为零，则为非极性分子。双原子组成的分子，分子键极性就是分子极性。多原子组成分子中，分子键极性的向量和组成了分子的极性，这导致分子极性与分子键极性和方向都密切相关。由于分子极性是向量计算得出，因此，存在分子各化学键存在极性，但通过向量相加后整个分子反而没有极性的情况。如图5-8所示，在二氧化碳分子中，虽有存在两个极性键 C =O，但二氧化碳是线性对称的，两个键极性在向量相加时相互抵消，导致整个分子没有极性（分子偶极矩为0）；再如四氯化碳分子，四个键成正四面体排布，虽然碳氯键都是极性键，但由于四个键完全对称导致整体分子偶极矩为0；在氯甲烷分子中，C—Cl 键极性对分子极性起决定性作用，其分子偶极矩为 $1.94D$。

　　当偶极子处在电磁辐射电场时，偶极子在周期性反转的电场中受到交替作用力（见图5-9），偶极子的偶极矩对应增加或减少。分子与辐射的相互作用（振动耦合）仅在辐射频率与偶极子频率相匹配时才会发生，分子发生振动耦合增加它的振动能，由基态跃迁到高振动能级。

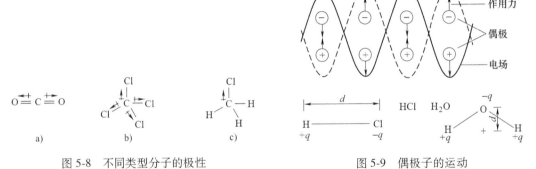

图 5-8　不同类型分子的极性
a）二氧化碳 $\mu = 0D$　b）四氯化碳 $\mu = 0D$
c）氯甲烷 $\mu = 1.94D$

图 5-9　偶极子的运动

　　进一步只有偶极矩发生变化（$\Delta\mu \neq 0$）的振动才能激发可观测的红外吸收光谱，称该分子为红外活性的；$\Delta\mu = 0$ 的分子振动不能产生红外吸收光谱，称为非红外活性的（见图5-10）。当一定频率的红外光照射分子时，若辐射频率与分子中某基团频率相匹配而造成二者共振，偶极矩的变化可将辐射光能量给分子基团，这个基团就会吸收一定频率的红外光。但由于分子对不同频率红外光的吸收程度不同，当照射分子的红外光频率连续发生改变时，照射试验后红外光会在不同波段出现强弱改变。通过特定仪器记录这些强弱变化的光谱，可对试样进行定性和定量分析。

5.2.4　分子振动的主要参数

1. 自由度

　　振动自由度即简正振动数目，与红外光谱的基频吸收峰对应。若一个分子包含多个原子（N 个），每一个原子空间位置需要 3 个坐标（x，y，z）或自由度来确定，那么对于这个分子则有 $3N$ 个坐标或自由度；另外在整个分子分别沿 x、y、z 轴方向的 3 个自由度和整个分子绕 x、y、z 轴方向的 3 个转动自由度，但由于平动和转动自由度都不属于分子的振动自

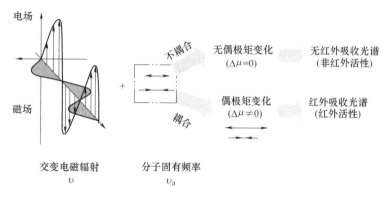

图 5-10　振动与红外吸收关系图

由度，振动自由度计算公式为

$$振动自由度 = 3N - 平动自由度 - 转动自由度 \tag{5-12}$$

以线性和非线性分子为例分别分析其振动自由度，如图 5-11 所示。可以看出，线性分子沿 x 轴分布，当其绕 y 或 z 轴的转动时，原子位置会发生改变，但绕 x 轴转动时，不会引起原子的位置改变，因此在 x 轴方向没有形成转动自由度。所以线性分子的振动自由度可计算为 $3N-3-2 = 3N-5$。非线性分子绕每个坐标轴的转动都改变原子的位置，因此，非线性分子的振动自由度为 $3N-3-3 = 3N-6$。

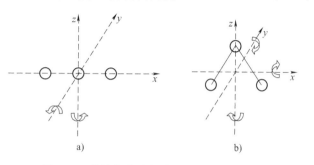

图 5-11　线性与非线性分子振动自由度分析
a）线性分子　b）非线性分子

具体通过两个实例来分析线性和非线性分子的振动自由度。二氧化碳分子（CO_2）属于一个典型的线性分子，其振动自由度可计算为 $3N-3-2 = 3 \times 3-5 = 4$。第一个振动为对称的伸缩振动（相对或者相向运动），但由于其两个原子相对运动，偶极矩为 0，红外无活性，因此，第一个位置虽有振动但无吸收峰；第二个振动为反对称伸缩振动，其偶极矩不为 0，会出现吸收峰；第三个为 x-y 平面弯曲振动；第四个为 y-z 平面的弯曲振动，但由于这两个平面的弯曲振动合并，导致曲线上仅出现一个吸收峰。最终虽然其振动自由度为 4，应对应四个吸收峰，但实际在曲线中仅出现两个吸收峰（见图 5-12a）。水分子（H_2O）属于极性分子，在水分子中有三种振动形式，即反对称伸缩振动、对称伸缩振动和弯曲振动，因此水的光谱曲线中可发现其有三个吸收峰相对应（见图 5-12b）。

分子在辐射光照射后，产生基频吸收峰的数目在理论上应与计算得出的振动自由度一致。但有时测量出的基频吸收峰会多于振动自由度，这是由于红外光谱吸收峰除了基频峰外，还有倍频峰、合频峰和差频峰等一系列泛频峰出现。有时也会出现实际测得的基频吸收峰的数目比计算振动自由度少的现象，造成这种现象的原因一般有如下几个方面：①具有相同波数的振动所对应吸收峰发生了简并；②振动过程中分子的瞬间无红外活性；③仪器的分辨率和灵敏度不够高，对一些波数接近或强度很弱的吸收峰，仪器无法将之分开或检出；

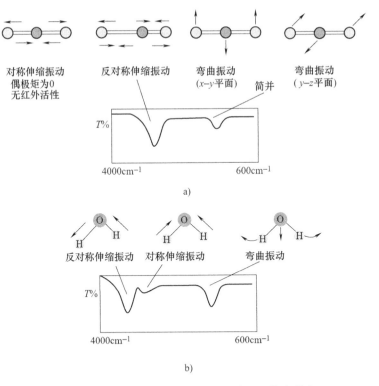

图 5-12 线性与非线性分子振动与蒲县吸收峰形成

a）二氧化碳分子振动与谱线吸收峰 b）水分子振动与谱线吸收峰

④仪器波长范围不够，无法测量出全部吸收峰。

2. 峰位、峰数与峰强

（1）峰位 根据基频的公式，如式（5-5）和式（5-7），吸收峰随着化学键的力常数 K 的增大，出现在高波数区（短波长区）；反之，随着 K 的减小，出现在低波数区（高波长区），一些典型键的峰位总结见表 5-4。

表 5-4 一些典型键的峰位

键	峰位
$-C\equiv C-$	$2120cm^{-1}$
$-C=C-$	$1650cm^{-1}$
$-C-C-$	$900cm^{-1}$
$C-H$、$O-H$、$N-H$	$2800\sim3700cm^{-1}$
$C-C$、$O-C$、$N-C$	$1000\sim1300cm^{-1}$

（2）峰数 当存在瞬间偶极矩变化时，红外光谱图上的一个基频吸收带对应不同振动自由度（见图 5-12）。

（3）峰强 根据量子理论，红外吸收峰强度与分子振动时偶极矩变化的二次方成正比。

从 5.2.1 节可知红外光区分官能团区和指纹区，但从波长范围看可分为三个区段，分别是近红外区、中红外区和远红外区，其区间分布与用途如下：

1）近红外区：波长区间为 $0.75\sim2.5\mu m$，$4000\sim13333cm^{-1}$，近近红外区属于泛音区，可表征单键的倍频、组频吸收。

2）中红外区：波长区间为 $2.5\sim25\mu m$，$400\sim4000cm^{-1}$。中红外区属于基频振动区，可表征不同基团基频的振动吸收。

3）远红外区：波长区间在 $25\mu m$ 以上，远红外区属于转动区，可表征价键转动、晶格转动。

5.2.5 傅里叶变换红外光谱仪及工作原理

红外光谱主要的应用仪器就是傅里叶变换红外光谱仪，其采用干涉原理完成检测，即两束红外光的光程差按一定的速度不断变化，光源经过干涉仪（麦克尔逊干涉仪）形成干涉光，再照射到样品室和样品发生相互作用，之后再到检测器，检测器主要得到干涉图，计算机通过傅里叶变化得到光谱图（见图 5-13）。

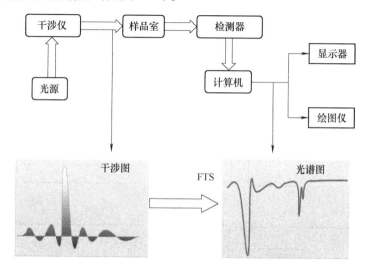

图 5-13　傅里叶变换红外光谱仪基本原理

典型的傅里叶变换红外光谱仪，都包含由以下几个重要组成部分：光源、干涉仪（分束器是它的一部分）以及检测器。针对不同光谱仪结构介绍其工作流程，光源通过孔径与光学器件照到反射镜上，光一路形成了反射，一路形成透射，反射光通过固定镜（fix minor）照射到最下方反射镜上，而透射光也通过半透半反镜（beam splitter），再反射到最下方的反射镜上，以此来形成干涉（见图 5-14a）。最后，干涉光照在样品上，反射回检测器，再进行信号处理。因此干涉仪是红外光谱仪的心脏。另一种，如图 5-14b 所示，红外光源发出的光束照射在半透半反镜上，首先，反射光照射到固定镜上再反射回半透半反镜，透射光照在移动镜（moving mirror）后，同样也返回半透半反镜，产生了两路光程差，在干涉仪的出口发生干涉，最后，干涉的光照在样品上。

进一步分析其原理，假设光源是最简单的单色光，当两路光程相等时（$\delta=0$），干涉相长，固定镜与移动镜相互叠加；反之，当两路光程差是二分之一光程时（$\delta=\lambda/2$），则干涉完全反向，固定镜移动镜完全相消（见图 5-15）。

光程差是连续变化的，既有波长相等的情况，也会出现是其一半的情况，因此固定镜的

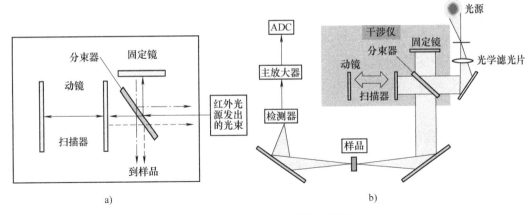

图 5-14   两种干涉仪结构示意图

a）干涉仪原理图   b）干涉仪组成

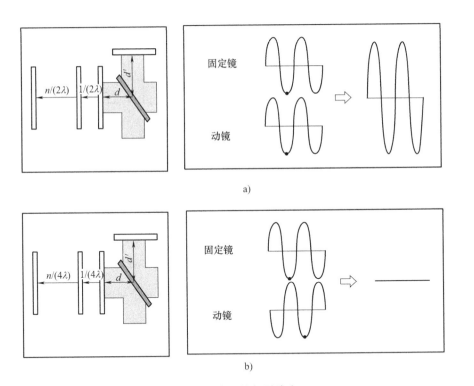

图 5-15   光程差与干涉光

a）当动镜移动距离为 $n/(2\lambda)$（光程差为 $n\lambda$）   b）当动镜移动距离为 $n/(4\lambda)$（光程差为 $n/(2\lambda)$）

返回光和移动镜的返回光会形成一种连续的干涉光。光强是光程差的函数，按照恒定速度移动动镜，就会得到光强随时间变化的关系。

$$I(d)' = B[1 + \cos(2p)d/l] \tag{5-13}$$

$$I(t)' = B[1 + \cos(2p)2u_0t/l] = B[1 + \cos(2p)2u_0tn] \tag{5-14}$$

其中，交流部分对应测到的干涉为

$$I(d)' = B\cos(2p)nd \tag{5-15}$$

$$I(t)' = B\cos(2p)2u_0tn \tag{5-16}$$

式中，B 是对应单色光的光源强度；$u_0 = 1/l$ 对应波数。但由于实际的光源并不是单色的，因此在实际情况中，要把各种频率光的贡献累加，将 B 改为 $B(n)$ 得

$$I(d) = \int_{-\infty}^{+\infty} B(n)\cos(2p)uddn \tag{5-17}$$

进一步通过逆变换得

$$B(n) = \int_{-\infty}^{+\infty} I(d)\cos(2p)uddn \tag{5-18}$$

当两个单色光的频率不同时，这两束光的干涉图与得到的谱图如图 5-16 所示。

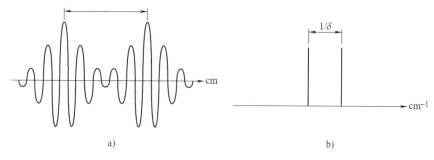

图 5-16　干涉图以及相应的谱图
a）干涉图　b）光谱图

理论上，我们得到的图谱可以覆盖 $-\infty$ 到 $+\infty$，且能够适应任何分辨率。为满足这一覆盖范围，我们需做到动镜移动距离可达到无限远；另外，为了图谱能适应任何一个分辨率，我们数据采样间隔要做到无限小。但在实际情况中这都是无法实现的，因此，图谱不可能从 $-\infty$ 到 $+\infty$，也限制了实际的分辨率。在实际情况中如图 5-17 所示，动镜移动到位置 a 时，分辨率低，对应得到的光谱曲线（RES = 4）吸收峰比较平缓；而当动镜的可移动距离达到二倍（位置 b）时，分辨率高，对应得到的光谱曲线（RES = 2）吸收峰也较多。

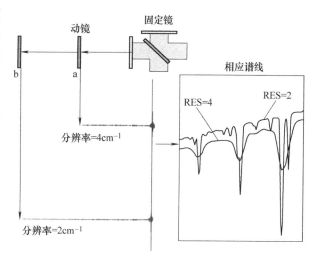

图 5-17　动镜位置与分辨率关系

5.3　近红外光谱分析技术

5.3.1　近红外光谱简介

根据 ASTM（美国材料试验协会）定义，可见光与中红外之间的波段为近红外波段，光

谱范围为 780 ~ 2526nm，在一般应用中也将波长划分至 700 ~ 2500nm（波数 4000 ~ 14286cm^{-1}）。根据波长范围可将近红外波段进一步划分为两类：短波近红外光谱（700 ~ 1100nm）和长波近红外光谱（1100 ~ 2500nm）（见图 5-18）。近红外光谱相对于中红外光谱是一个全新的领域，主要是利用化学计量学的方法进行分析。中红外光谱只需要找到对应的峰、基团、指纹图谱就能对应确切的物质，而近红外主要是针对化学键的信息，但无论是淀粉、脂肪和水，都会包含相同的键，如 C—H，因此化学键的倍频所反映的物质需要进一步统计分析与推导。

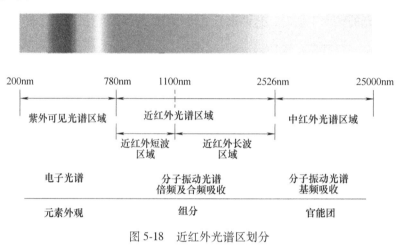

图 5-18   近红外光谱区划分

由 5.2 节可知，分子基团吸收入射的光须满足两个条件。然而，在实际体系中，分子振动并不完全符合简谐振点模式，存在非谐性振动的情况，即从最低振动能级，不仅可以向第一激发能级跃迁（谐性），还可以直接向第二激发、第三激发甚至更高的激发能级跃迁，由此产生倍频吸收峰；另外，如果某光子的能量正好等于两个或者两个以上基频跃迁的能量总和，该辐射也有可能被吸收，同时相应引起多重跃迁，由此对应产生合频吸收峰（见图 5-19a）。因此，近红外中的能量跃迁包含基频跃迁、倍频跃迁、合频跃迁（见图 5-19b）等

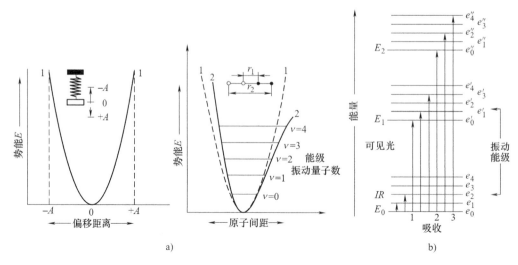

图 5-19   原子的谐振/非谐振势能与振动能级跃迁

多种形式。近红外光谱有以下特点：①分子振动从基态向高能级跃迁时产生的，记录的主要是含氢基团 C—H、O—H、N—H 和 S—H 的倍频和合频吸收。②化学环境对基团吸收波长和强度有影响，不同化学环境下不同基团或同一基团的吸收波长与强度都有明显差别。③具有丰富的结构和组成信息，非常适合用于碳氢有机物质的组成性质测量。

因此，基于以上分析可知，中红外强调了基频吸收，近红外则是倍频与合频的吸收。产生合频和倍频的原因主要是分子振动中存在谐性振动和非谐性振动，即在近红外中不仅仅是正弦波还存在一次谐波和二次谐波。图 5-20 所示为水的近红外（深实线）与中红外（浅虚线）的波谱曲线，近红外与中红外的差异可分为以下几个方面：①近红外是基频振动的合频与倍频振动信息，中红外是基频振动的信息；②近红外的谱峰重叠严重，难以肉眼识别分析；中红外谱峰分离较好，容易肉眼识别分析；③近红外吸收弱，中红外吸收强，近红外的合频振动的吸收系数比中红外基频振动吸收弱 1~5 个数量级。

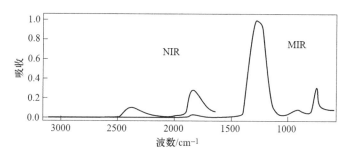

图 5-20　水的近红外光谱与中红外光谱

近红外光谱区间中，合频近红外谱带位于短波区（2000~2500nm），一到四级倍频谱带所处波谱区依次由短波向长波区分布，一级倍频位于 1400~1800nm 处，二级倍频位于 900~1200nm 处，三级和四级或更高级倍频则位于 780~900nm 处（见图 5-21），不同化合物基团在近红外区的吸收谱带如图 5-22 所示。表 5-5 中也给出了主要基团合频与各级倍频吸收带的近似位置，例如，C—H、N—H 和 O—H 与水在合频、二倍频、三倍频和四倍频的峰的位置，另外，通过中红外分析已知二倍频和三倍频不一定是基频的整数倍，这也与分子的非简谐运动有关。

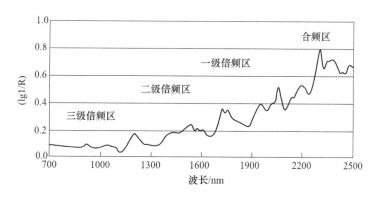

图 5-21　倍频所处位置

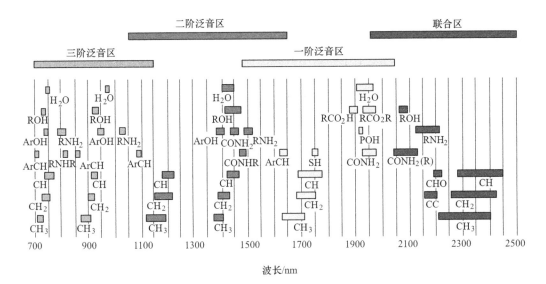

图 5-22　不同化合物基团在近红外区的吸收谱带

表 5-5　主要基团合频与各级倍频吸收带的近似位置

单位	cm^{-1}				nm			
基团	C—H	N—H	O—H	H_2O	C—H	N—H	O—H	H_2O
合频	4250	4650	5000	51500	2350	2150	2000	1940
二倍频	5800	6670	7000	6940	1720	1500	1430	1440
三倍频	6500	9520	10500	10420	1180	1050	950	960
四倍频	11100	12500	13500	1330	900	800	740	750
五倍频	13300				750			

5.3.2　近红外光谱测定的基本原理

通常选择卤素灯（或称卤钨灯）为近红外光谱测定时的光源，光谱检测材料是半导体材料，如 Si、PbS、InAs、Ge 和 InGaAs 等。中红外光源一般用硅碳棒（加热）或者是纤维，检测材料是半导体材料，如碲镉汞（MCT）和 DTGS 等。在光照射物体时，会出现吸收、全反射、漫反射、透射和散射现象（见图 5-23）。其中，吸收是物体吸收了的光，例如，我们看到的绿色蔬菜其实是返射过来的光，而其吸收的是除了绿色以外的其他光；反射指的是全反射，如镜面反

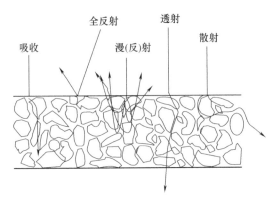

图 5-23　光照射物体的各种现象

射；漫反射光是光照射在粗糙、凹凸不齐的表面返回的光；透射光则是穿透物体的光；散射是指光通过不均匀介质（如悬浮微粒、密度起伏）时一部分光偏离原方向传播的现象。

基于光照在物体表面出现的各种现象，近红外的采样方法主要有三种（见图 5-24）：①光源经过单色器或干涉器进行分光，光经过样品，实现透射，最后透射光照射在检测器上；②光源经过单色器或干涉器进行分光后，照射到样品上出现反射，反射光照射在检测器上；③光源同样首先经过单色器或干涉器，当分光后的光照射在样品上时，一部分透射，一部分出现漫透射，最后透射光与漫透射光进入检测器。

另外当光照射在物体表面时，散射、穿透深度会随波长出现变化。如图 5-25 所示，水平轴代表波长，波长在不断增长的过程中，透射能力减弱。例如，X 射线比可见光相的波长短，其透射能力更强；而随着波长增长，散射程度增强。例如，X 射线能直接穿透金属，散射现象不明显，而波长比较长的光，能量较小，则容易产生散射。

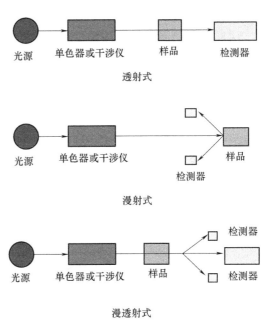

图 5-24　近红外的采样方法

1. 透射光谱法（多指 700~1100nm 短波近红外区）

基于上文理论分析，进一步分析近红外光谱测定的基本原理。如图 5-26 所示，透射光谱是将待测样品（通常为液体）置于光源与检测器之间，检测器所检测光是透射光或与样品分子相互作用后携带样品信息的光。

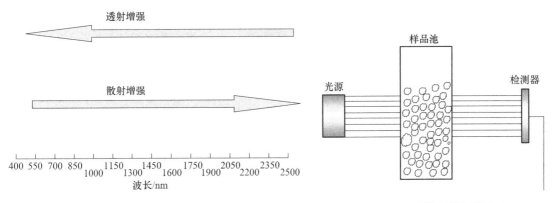

图 5-25　散射、穿透深度会随波长出现变化　　图 5-26　透射光谱检测原理

当被测物质是透明的物质时，物质内部只发生光的吸收，没有反射、散射和荧光等其他现象发生，绝对吸光度遵循朗伯-比尔定律，公式为

$$A^*(\lambda) = \lg\left[\frac{I_0(\lambda)}{I_t(\lambda)}\right] = \lg\left[\frac{1}{T^*(\lambda)}\right] = \varepsilon cd \qquad (5\text{-}19)$$

式中，$A^*(\lambda)$ 是被测物的吸光度（或称绝对吸光度）；$I_0(\lambda)$ 是入射光强度；$I_t(\lambda)$ 是透射光

强度；$T^*(\lambda)$ 是透射比；ε、c、d 是摩尔吸光系数、被测物质浓度和光程长度。由式（5-18）可知，当被测物质确定后，其吸光系数也会被确定，因此，吸光度只与摩尔吸光系数即被测物的浓度有关。

除绝对吸光度外还有相对吸光度，即在另一等同吸收池中放入标准物质（也称为参比）与被分析物质的透射强度进行比较参比，公式为

$$T(\lambda) = \frac{I_t(\lambda)}{I_s(\lambda)} \tag{5-20}$$

式中，$I_t(\lambda)$ 是标准溶液的透射强度；$I_s(\lambda)$ 是试验溶液的透射强度；$T(\lambda)$ 是相对透射比。反之，吸光度则为

$$A(\lambda) = \lg\left[\frac{I_s(\lambda)}{I_t(\lambda)}\right] = \lg\left[\frac{1}{T(\lambda)}\right] \tag{5-21}$$

式中，$A(\lambda)$ 是相对吸光度，在应用中称为吸光度。

2. 反射光谱法（多指 1100~2500nm 长波近红外区）

当照射样品光的波长较长时，通常采用反射光谱法。在检测时探测器和光源置于样品的同一侧，检测器所检测的是光照射样品后以各种方式反射回来的光，检测原理如图 5-27 所示。

漫反射光强度与样品浓度相关，满足 Kubelka-Munk 方程，公式为

$$\frac{k}{s} = \frac{(1 - R_\infty)^2}{2R_\infty} \tag{5-22}$$

式中，k 是试料的吸收系数（单位面积、单位深度）；s 是试料散射系数；R_∞ 是绝对反射率，是样品厚度大于入射光透射深度时的漫反射比（含镜面反射），定义为全部漫反射光强与入射光强之比。

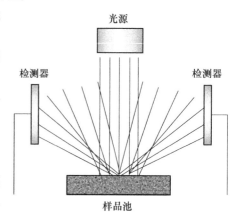

图 5-27　反射光谱检测原理

在了解绝对反射率的基础上，分析相对反射。通常将样品的反射光强与标准板（参比）的反射光强之比定义为相对反射率（一般记作 R）。标准测试板的绝对反射率计算公式为

$$R_\infty^s = \frac{I_s}{I_0} \tag{5-23}$$

对于测试样，其绝对反射率为

$$R_\infty^t = \frac{I_t}{I_0} \tag{5-24}$$

则相对反射率为

$$R = \frac{R_\infty^t}{R_\infty^s} = \frac{I_t}{I_s} \tag{5-25}$$

将相对反射率代入式（5-23）代替绝对反射率得：

$$\frac{K}{S} = \frac{(1 - R)^2}{2R} = f(R) \tag{5-26}$$

式中，K 是被测物质的摩尔吸收系数；S 和试样浓度成比例关系。因此，在散射系数不变的

条件下，显然 $f(R)$ 也是与试样浓度成正比的量。

进一步分析近红外光谱技术的特点包含以下几个方面：

1）分析速度快，测量过程大多可在 1min 内完成。

2）分析效率高，在测量光谱并建立好校正模型后，便可基于模型实现新待测样品多种组分或性质的快速定量或定性分析。

3）适用的样品范围广，在不同检测配件辅助下可较方便地测量多种类型（液体、固体、半固体和胶状体）样品，但近红外光谱分析技术不适用于含水量过大的物质样品。

4）检测前无须对样品进行预处理，不需要使用化学试剂进行样品处理，也不需要高温、高压和大电流等测试条件，避免了化学、生物或电磁污染。

5）对样品无损害，可广泛应用于活体分析和临床医药领域。近红外光在普通光纤中具有良好的传输特性，便于实现在线分析。

6）近红外光谱分析技术操作简单，无须专业技术人员，简单培训就可以胜任；分析成本低，测试重视性好。

此外，近红外光谱分析技术也存在一系列的难点：

1）测试灵敏度相对较低，一般当被测组分含量大于 0.1% 时才能有效检测。

2）测量样品后需要与标准样品进行校正对比，因此，很多情况下这种技术是一种间接分析技术。

3）近红外光谱信息强度较低，一些组分在近红外光谱中的谱峰强度较弱，容易被湮没，而影响近红外测量的检测结果。

4）在检测前无须对样品进行预处理，但这也导致了近红外光谱变动性大，样品状态、测定方式和测定条件都会影响测量结果。

5）待测样品通常不是提纯后的纯净品，也没有经过预处理，因此，在样品中除待测成分外还有复杂高强度背景，这导致样品近红外图谱峰重叠，难以用常规方法解析。

6）在近红外光谱区，一个基团通常存在多个谱峰，但由于近红外光谱的谱峰较宽，这导致多种组分产生的谱峰在同一个波长处出现重叠。

5.3.3　近红外光谱仪的分类与特点

近红外光谱仪的工作原理如图 5-28 所示。钨灯和溴钨灯光谱可覆盖整个近红外谱区，因此，通常选择这两种类型光源作为近红外光谱仪的光源系统；光源发射的连续性，复合光经过分光系统分光，变为具有一定分辨率的单色光再进入样品室，样品对单个波长的光产生吸收；光吸收/反射后的携带样品信息进入检测器，进一步检测器将光信号转换为电信号；控制和数据处理系统对所采集的光谱信息进行分析处理，从而实现样品定性或定量分析，记录显示系统显示或打印样品光谱或测量结果。除对光谱分析处理外，整个一系列过程都离不开控制和数据处理系统。

根据光谱仪不同类型的分光系统，可将近红外光谱仪分为滤光片型、光栅色散型、傅里叶变换型和声光调谐型等几类，逐一分析其优缺点如下：

1）滤光片型可据需要在固定波长下进行测量，灵活方便。这种类型光谱仪仅需测量几个固定波长信息，具有设计简单、成本低、光通量大、信号记录快和坚固耐用的优点；但其仅测量几个波长信息，具有波长分辨率差，单色光的带宽较宽的缺点，当样品基体或温湿度

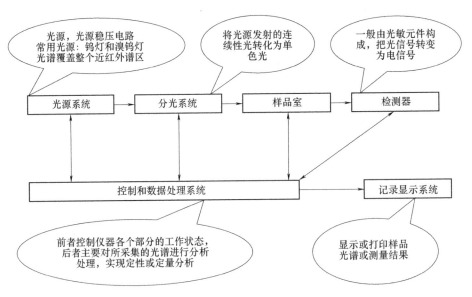

图 5-28　近红外光谱仪的工作原理

变化较大时，会引起较大测量误差，需完善的校正系统克服测量误差，并且滤光片波长的选择也需在仪器对样品的全谱扫描分析的基础上确定。

2）光栅色散型基于不同频率的光谱色散衍射程度不同，利用光栅完成分光。除光栅色散外，还有棱镜色散型，利用不同波长光对棱镜的折射率不同的性质，利用棱镜完成分光。色散型光谱仪可进行全谱扫描，分辨率较高，仪器价格适中，便于维护。但也由于可扫描样品全谱信息，其扫描速度较慢。

3）傅里叶变换型通过光程差时光产生干涉，再进一步通过傅里叶变换与逆变换计算完成。其优点为信噪比高、分辨率高、波长准确且重复性好、稳定性好等。但由于干涉仪中的动镜会限制仪器的可靠性，也对仪器的使用和放置环境要求较高。

4）声光调谐型光谱仪中无机械移动部件，其工作可靠性和稳定性在一定程度上有所提高，并且其波长调节速度快、精度高（分辨率约 0.01nm）、准确性好；但其价格较贵。

1. 滤光片型

复色光又称"复合光"，是包含多种频率的光，例如，太阳光、弧光和白炽灯发出的光等。单色光（monochromatic color）是单一频率（或波长）的光，是混合色光的组成部分，不能产生色散。滤光片能够对光的不同波段进行有选择性的吸收，可按照光谱波段、光谱特性、膜层材料和应用特点等方式进行分类。图 5-29a 所示为复合光通过窄带滤光片后，仅剩有某波长窄带的光。如图 5-29b 所示为适用不同波长的滤光片。以绿色的滤光片为例，若采用透射方式，其只能透过绿色的光；若采用反射方式，其只能反射绿色的光。此外，还有辅助滤光使用的装置，如图 5-29c 所示，安装 6 个滤光片的转轮，使用时能够选取 6 个波长，能够用于便携近红外检测仪器中。

2. 光栅色散型

在光学中，将复色光分解成单色光的过程称为光的色散。当白光（复色光）穿过三棱镜时，棱镜可将不同频率的光分开，使光发生色散。在同一种介质中，其对光的折射率与光

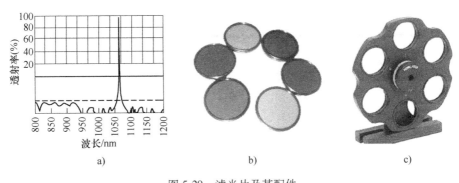

图 5-29　滤光片及其配件

a）窄带滤光片透过的光　b）不同波长的滤光片　c）滤光片转轮

的频率成正比。因此，当白光穿过三棱镜时，紫光的折射率最大，其穿过棱镜后的偏折程度也最大，相比之下红光的折射率最小，偏折程度也最小。在实现复合光的色散时，可通过棱镜色散也可通过光栅色散。棱镜色散是在不同波长的光从一种介质进入到另一种介质后，通过偏向角不同来完成分光。即棱镜是折射分光，不同频率（波长）的光通过棱镜后会走不同的路径，使光散开。如一细束阳光可被棱镜分为七种颜色（见图 5-30）。棱镜色散属于非线性色散，有长波密、短波疏、色散效果好、光谱是连续的特点。

衍射指的是波遇到障碍物时偏离原来直线传播的物理现象，光栅色散便是基于光的衍射。经典物理学中，波在穿过狭缝、小孔或圆盘之类的障碍物后会发生不同程度的弯散传播（见图 5-31）。当发生衍射后，光继续透过光栅就会发生色散。

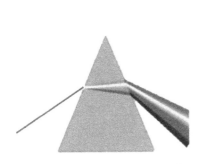

图 5-30　白光通过三棱镜的色散

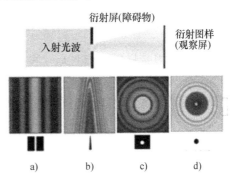

图 5-31　不同障碍物产生的衍射现象

a）狭缝　b）针尖　c）圆孔　d）圆屏

光栅主要包括了透射光栅和反射光栅。直接在透明材料上刻画一系列平行、等距且紧密相靠的凹槽是透射光栅，而反射光栅是首先在抛光的玻璃表面或金属表面镀铝，而后在这层铝表面上刻画一系列平行、等距且紧密相靠的凹槽。这两种光栅都可通过衍射的方式使不同的光有不同的衍射角，从而使光散开。光栅色散属于线性色散，且光栅可以复制，造价低于棱镜，但不如棱镜坚固，另外其单位长度内刻线越多，光栅色散效果越好，可产生多级光谱。图 5-32 所示为白光的光栅光谱。

图 5-33 所示为单光路的非扫描型近红外光谱仪的结构图，复色光从狭缝 S_1 入射，M_2 将其变成复色平行光，并使光照射到光栅 G 上发生色散，射出不同波长的平行光，照射到 M_3

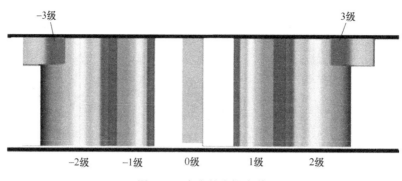

图 5-32　白光的光栅光谱

上，将这些平行光分别聚焦到 S_2 上，连接在 S_2 后的检测器记录不同波长光的强度，完成一次信息记录。

进一步分析其工作过程，如图 5-34 所示光源经过准直镜 1 照射到反射镜 1 上，经过透镜 1，直接进入样品池，经过透镜 2，来到狭缝（光谱仪），经过反射镜 2、准直镜 2，经过光栅进行分光，经过球面镜，来到反射镜 3，把色散的信息传递至 CCD 检测器。

目前，我们使用的光谱仪已经比较成熟，但其也经历了一系列的发展过程。最初，必须通过光栅旋转才能完成光谱数据采集。如图 5-35a 所示，光源经过光学器件（透镜），照射到样本并携带样本的信息后，再经过狭缝照射到聚焦反射镜上，并进入光栅实现色

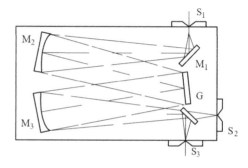

图 5-33　单光路的非扫描型近红外光谱仪结构图
M_1—反射镜　M_2、M_3—准光镜　G—平面衍射光栅
S_1—入射狭缝　S_2—光电倍增管接收
S_3—检测器

散，最初使用的探测器为灵敏度较高的单点探测器，但是，若要使色散的每一个波长的光线

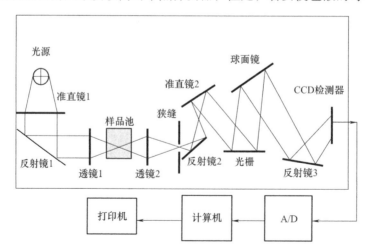

图 5-34　光谱仪信息采集原理示意图

都能让探测器感受到，光栅就需要旋转。每照射一次就需旋转一次，这会产生机械磨损，产生误差。在后来发展中光栅改为了固定非旋转样式（见图 5-35b），探测器改为了 CCD 线阵探测器，可同时接受不同的散射的光，但 CCD 相比单点探测器的灵敏度要低很多，因此这种方式也存在一定问题。最后光谱仪进一步改进，衍射光栅保持固定，色散的光通过聚焦反射镜都反射到 DMD（数字微镜阵列）上，后仍然采用灵敏度较高的单点探测器，由于 DMD 是一列反射镜，因此通过编程可以轮流让 DMD 上的光反射到探测器（见图 5-35c）。这样既可以避免光栅不必要的旋转产生的机械磨损和精度下降，又可以继续采用灵敏度较高的单点探测器。

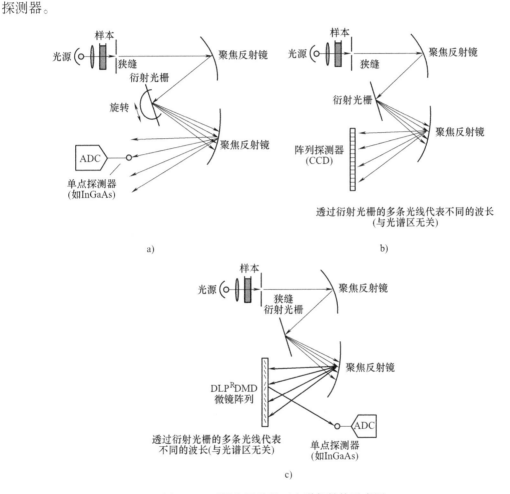

图 5-35　不同发展阶段下光谱仪结构示意图

a）最初阶段　b）中间阶段　c）最终阶段

3. 傅里叶变换型

很多傅里叶变换型光谱仪器包含了近红外这个波段，其原理如图 5-28 所示，本节不再详述。若要使傅里叶变换红外仪能够覆盖整个红外范围光谱（近红外、中红外和远红外，$10 \sim 10000 \mathrm{cm}^{-1}$），其测量仪器元器件需实现自动转换。瑞典 FOSS TECATOR 公司的 Infratec 5000 型、6500 型和美国 NEOTEC 公司的 6250 型均属于该类型光谱仪，其检测精度较高，但价格较贵。

4. 声光可调型

声光可调谐滤光器也是一种光电器件，其利用超声波与特定晶体作用实现分光。当光通过有超声波作用的介质时，相位受到调制，其结果如同光通过一个衍射光栅，光栅间距等于声波波长，光束通过这个光栅时要产生衍射，这即是通常观察到的声光效应（见图5-36）。

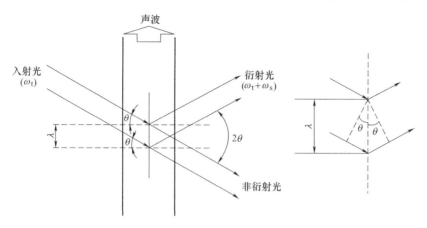

图 5-36　布拉格声光衍射

基于声光衍射原理的分光器件，由晶体和键合在上的换能器构成。分光示意图如图 5-37 所示，其分光原理为：高频电信号由电声转换器转换成超声信号并耦合到双折射晶体内，在晶体内可形成一个声行波场，当一束复色光以一个特定的角度射到声行波场后，通过光与声的相互作用，入射光被超声衍射成两束正交偏振的单色光和一束未被衍射的光，自动连续改变超声频率，就可以实现衍射光波长的快速扫描，进而达到分光的目的。

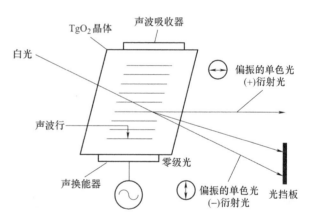

图 5-37　声光可调谐滤光器原理图

近红外光谱仪目前在众多领域中都有广泛的应用，其主要性能指标包括波长范围、分辨率、波长准确度、波长精确度、光度准确度、分析速度和信噪比等几个方面。

5.3.4　近红外光谱数据分析方法

基于上文分析，在近红外光谱中合频和倍频的信号弱，多组分复杂样品的近红外光谱也并不是各组分单独光谱的叠加，所以需要用数学、统计的方法进行分析，但这些分析均是基于一定的信噪比、仪器与实验正确的前提下。现在的化学计量学是针对光谱的一种分析，如测量苹果的糖分，在建模前需要知道被测量苹果的实际糖度，根据得到的光谱进行关联分析，这就称为建模。建模的过程必然涉及化学的破坏性分析，例如，得到标准测量值（苹果的实际糖分），这就涉及化学的内容；在建模过程中会涉及一系列的坐标变换和训练学习的方法，如神经网络和遗传算法等，这都与计量学相关，因此，两者结合就是化学计量学。

主要涉及分类、判别回归等定性、定量、线性与非线性的建模方法。

近红外分析技术是应用化学计量学的方法从复杂、重叠和变动的光谱中提取微弱信息。在实际中建立性能优良的数学模型存在一系列的困难：仪器、分析软件、建模人员的经验、样品资源的应用（如苹果样品的产地、收获时间等不同，相应的建模的覆盖面就应该不同）和化学值测定准确水平等都会影响模型的准确性，另外，在完成建模后，模型还要进行不断检验、修正、转移（如烟台的苹果模型运用到陕西苹果样品就可能遇到无法适用的问题）。

1. 近红外光谱定量分析

近红外光谱多元定量分析包括模型建立与模型应用等过程如图 5-38 所示。建模的过程是在测得被测物的近红外光谱（见图 5-38a），并得到需要检测的物品的标准化学值后，将两者进行相关的过程。而使用模型的过程刚好相反（见图 5-38b），测光谱的过程称为非破坏检测，根据计算机里面的模型，带入测得的光谱，那么就可以测量出我们想要的结果。在建模过程中必须首先测得样品的真实值，使用模型的过程中，得到的就是我们预测的结果。例如，电子秤的称量过程中，电子秤中的应变片会根据放置一定质量的砝码输出一定的电压，这里可将输出的电压类比光谱仪测得的光谱，砝码的质量类比化学的真实值，在建立好两者的关系后，在使用过程中，根据应变片的电压（光谱值）可计算出砝码质量（样品的实际化学值）。

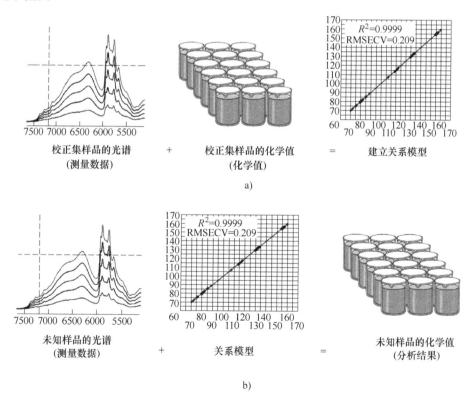

图 5-38　模型建立与模型应用

a）建模过程　b）模型应用过程

近红外光谱定量分析的主要步骤包括：样品准备、光谱数据的测量与预处理、校正模型的建立、校正模型的质量评价和预测五个步骤。

（1）样品准备

1）建模样品筛选。从总体样品中抽取能代表研究对象总体的适合分析的样品作为建模样品，通常建模样品需覆盖不同类型、不同品种、不同来源以及待测组分含量分布等。

2）建模样品化学组分分析与测定。在建模样品化学组分测定值与其近红外光谱的吸光度或光密度间，通过回归建立校正模型。因此，样品化学组分测定的方法与测定值的准确性对模型预测效果有较大影响。

为保证化学值的准确性，须选用国际或国内标准方法来测量化学组分，并且须在不同时间测定平行样品。

3）样品集选择原则。在选择或配备建模样品时，针对天然样品或反应过程中的样品，应选择较多的样品数量；对成分已知样品，则需较少样品数量即可。

（2）光谱数据的测量与预处理　　在测定光谱数据时，应注意到仪器状态和环境因素的变化，测量条件尽量保持一致。

预处理是通过对光谱的适当处理来削弱或消除各种非目标因素对光谱的影响。进行预处理可以净化光谱信息，保障模型的建立和较好测定未知样品组分和性质。常用的预处理方法有：①卷积平滑、小波变换等高频噪声滤除方法；②中心化、标准化处理等光谱信号的代数运算方法；③光谱信号的微分、基线校正；④吸光度与反射率转换等光谱信号变换方法。

（3）校正模型的建立　　建模的目的是对未知样品的组成或性质进行预测。常用的线性模型建立方法有三种：主成分回归（principal component regression，PCR）、偏最小二乘回归（partial least-squares regression，PLSR）和多元线性回归（multi-linear regression，MLR）。常见的非线性模型建立方法有区域权重线性回归（locally weighted linear regression，LWLR）和人工神经网络（artificial neural network，ANN）。

（4）校正模型的质量评价　　在模型评定中通常用以下几个参数来评判：

1）决定系数（R^2）：描述模型预测结果与实际结果这两个定量的相关程度，数值范围为 0~1，在浓度范围相同的前提下，随着决定系数增大，模型预测准确性越高，其计算公式为

$$R^2 = 1 - \frac{\sum_{i=1}^{n} (\hat{y}_i - y_i)^2}{\sum_{i=1}^{n} (\hat{y}_i - \bar{y})^2} \tag{5-27}$$

式中，$\hat{y}_i$ 和 y_i 是第 i 个样本的预测结果和实际值；$\bar{y}$ 是所有样本实际值的平均值。

2）校正集样品的均方根误差（RMSEC）为

$$RMSEC = \sqrt{\frac{\sum_{i=1}^{n} (\hat{y}_i - y_i)^2}{n}} \tag{5-28}$$

式中，$\hat{y}_i$ 和 y_i 是第 i 个样本的预测值和实际值；n 是校正集样本数。

3）预测集样品的均方根误差（RMSEP）：模型预测效果与 RMSEP 取值成反比，取值越小，模型预测结果越准确，另外，RMSEP 通常应与参考测量方法的重复性相当。

$$RMSEP = \sqrt{\frac{\sum\limits_{i=1}^{n}(\hat{y}_i - y_i)^2}{n}} \tag{5-29}$$

式中，$\hat{y}_i$ 和 y_i 为第 i 个样本的预测值和实际值；n 为验证集样本数。

4）预测相对标准偏差（RPD）：预测样本标准偏差与模型标准差（SD）的比值，用来评价所建模型的质量。

在实际应用中，应将以上四个指标结合起来，进行综合评价。通过 RPD 计算过程中可通过预测集样品的标准偏差（SEP）的标准化处理，以增加评定模型的准确度。当 RPD>10 时，说明所建模型的准确性、稳定性非常好，可以准确地预测相关参数；RPD 在 5～10 之间，说明模型可以用于质量控制；RPD 在 2.5～5 之间，说明该模型只能对样品中所测成分的含量进行高、中、低的判定，不能用于定量分析；RPD 接近 1，说明 SEP 与 SD 基本相等，因此，模型不能准确有效地预测成分含量。

（5）预测　通过得到的校正模型进行预测。需注意未知样品集与校正样品集必须属于同一类。

此外，还有最佳谱区的选择、因子数选择及模型预测结果与真实值对比等步骤。使用光谱仪获取的每一条光谱曲线包含有数百甚至更多波长数据点，可能会包含一些冗余、共线性和重叠的信息，同时也含有大量噪声，这都会对建模造成干扰。因此，挑选出冗余少且包含对应于被检测物质成分有关的有效信息波长或波长区间能够有效减轻计算难度（见图 5-39a）。同样，在建模过程中的因子选择时，当得到同样的结果时，应优先选择较少的因子/波段数（见图 5-39b）。得到的预测结果应与实际值做对比，分析预测结果的相关性和绝对误差的分布（见图 5-39c～d）。

2. 近红外光谱定性分析

定性分析与定量分析类似，在定性分析中常利用模式识别方法，具体可分为有监督、无监督和图形显示识别等方法。其中，有监督方法指的是样品类别已知，基于此建立模型的方法；而无监督方法是样品类别不可知，通过分析使样品聚类而实现分类的方法。定性分析仅需知道样品的类别或等级，对其具体组分含量没有要求；另外，定性分析是依靠已知样品及未知样品谱图的比较来完成的。

5.3.5　近红外技术的发展与应用

回顾近红外的发现和应用发展里程，在 1800 年近红外电磁波首次被发现，到 1970 年才将其应用在了农产品和食品的品质分析，并提出了物质含量与近红外区某些波长下吸收峰呈线性关系的理论。进一步，新的分析技术的出现及多元校正技术在分析中的成功应用，促进了近红外光谱分析技术的推广。在 20 世纪 90 年代后，这项技术的应用已逐渐扩展到石油化工、医药、生物化学、烟草和纺织等行业。如今，近红外已成为一种独立分析技术，在光谱分析领域发挥着积极作用，并逐渐成为主要的质量控制、质量分析和在线分析手段。部分方法已经成为 ASTM（美国材料实验协会）、AOAC（美国分析化学家协会）、AACC 及 ICC 等的使用标准。

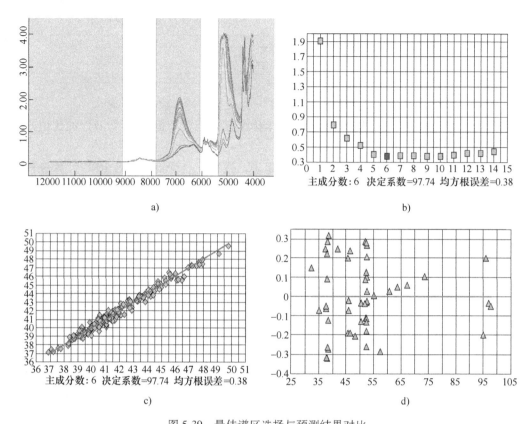

图 5-39　最佳谱区选择与预测结果对比

a）选择的最佳区间　b）RMSECV 排序图　c）粗蛋白预测模型结果　d）绝对误差分布图

1. 近红外光谱分析技术在谷物和粮油制品中的应用

近红外光谱的应用，最早是在美国农业部对谷物的检测，例如，FOSS 的谷物品质检测仪，近红外光谱可对谷物的水分、氨基酸、蛋白质、饱和脂肪酸或非饱和脂肪酸进行检测。对谷物的检测主要包含以下几个方面：

1）由于红外测定方法具有方便快捷、无污染的特点，在粮食和油料中可以测定水分、粗蛋白和淀粉含量等。

2）尽管近红外分析水分的准确度（1%）有一定限制，但是其可快速分析的特点十分突出，可以实现植物原料中蛋白质和氨基酸的快速测定。

3）在油脂工业中，近红外光谱技术可以测量油脂品中碘值、过氧化值、游离脂肪酸含量等一系列指标，进而实现品质分级和真伪鉴别等。

4）红外技术可分析储藏粮食中水分变化及虫类代谢物、蛋白质和甲壳质含量，进而判断其是否发生病害及病害程度。

2. 近红外光谱分析技术在牛奶和乳制品中的应用

除谷物外还可对牛奶等乳制品进行检测，目前，监测内容主要包含以下几个方面：

1）利用近红外技术测定原料奶、奶粉、乳酪及黄油的品质，预测结果已经相当精确（R>0.9）。

2）利用近红外技术测定牛奶中体细胞数目（somatic cell count，SCC）进而判断奶牛是否患有乳腺炎。

3）利用近红外技术对牛奶主要成分进行测定，实现品质分级和掺假鉴别，为牛奶质量的标准化提供依据。

3. 近红外光谱分析技术在果蔬加工和储藏中的应用

关于水果的检测，可以有便携的检测也可以有在线的检测，无论便携还是在线的检测，最关键的是检测探头的整合。对果蔬加工检测内容包括：

1）近红外光谱技术借助光导纤维非破坏性检测成熟水果和蔬菜中的甜度、酸度和硬度，还可以在植物生长过程中无损检测其化学成分，从而确定植物在生长循环过程中是否从土壤中得到合适的营养成分，确定适合植物栽培的土壤类型。同时获得多个品质参数，实现果蔬的按质分级。

2）近红外分析法检测维生素 C 含量提供了一种分析果蔬维生素 C 含量的快速、简便的方法，分析维生素 C 的其他方法主有 2，6-二氯靛酚滴定法等，需要进行化学预处理，费时费力，还要昂贵的化学试剂。

3）随着便携式近红外光谐仪的诞生，可对农田农作物、果园水果和蔬菜等实时监测，确定最佳收获期和采摘期，图 5-40 所示为便携式近红外检测仪。

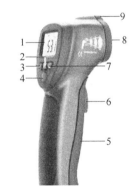

图 5-40　便携式近红外检测仪
1—LCD 显示屏　2—激光按钮
3—℃ 选择键　4—背光源选择键
5—电池盖　6—测量扳机
7—℉ 选择键　8—红外线传感器
9—激光瞄准器

4. 近红外光谱分析技术在肉制品加工和储藏中的应用

对于肉制品的检测，肉本身比较复杂，近红外光谱可对其中的一些指标测量，如新鲜度、表面的污染情况、肥瘦、脂肪含量及肉掺假等。

1）肉制品加工过程中，近红外光谱分析技术可以测定水分、蛋白质和脂肪含量等指标，甚至可以在生产线中实现水分和蛋白质含量等的在线实时检测。也有研究利用近红外光谱分析技术，分析添加剂对肉制品的影响。

2）冷冻肉中，近红外技术可分析冷冻和解冻对肉的品质的影响，如肉的保水性及渗透性，肉汁的失落率及干物质的含量等。也可实现品质鉴定，如将反复冷冻和解冻的低品质肉识别出来。

3）在肉制品鉴定中，近红外技术可对掺假肉进行鉴别，如牛肉汉堡中的牛肉掺假问题，并且掺假含量越高，检测结果越准确。

5.4　高光谱成像技术

5.4.1　高光谱成像技术的产生与基本概念

成像技术非常直观、便于理解也蕴含了丰富的信息，红外光谱可实现分子基团，或者其内部成分和含量等检测。在实际应用中如果不仅对内部成分进行检测还能直观形象地通过可视化形式表征出来，将会更好地辅助成分分析，所以，将这两个技术进行结合，称为光谱成像。在单波段下，图像显示为灰度图片，即在单通道 CCD 图像上可以得到一个灰度图像，将 RGB 通道（或通过贝尔滤光片获取不同通道）的灰度图像结合，则能构成彩色的画质，彩色的图像比灰度图像能够识别的信息多；在图像的技术上进一步地分光即可得到多个波长、波数下的图像，从而形成多光谱图像；基于此再提高波长的分辨率，便可以得到高光谱图像（见图 5-41）。

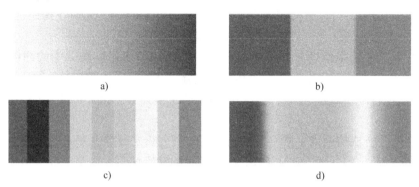

图 5-41　光谱成像

a）灰度图像　b）RGB 图像　c）多光谱图像　d）高光谱图像

在遥感领域，多光谱（multi-spectral）遥感、高光谱（hyper-spectral）遥感及超光谱（ultra-spectral）遥感的光谱分辨率依次在 $10^{-1}\lambda$（整个光谱范围分 10 个波段）、$10^{-2}\lambda$ 和 $10^{-3}\lambda$。如图 5-42 所示，从全色宽波段到高光谱遥感的实质是光谱谱分辨率的不断提高。

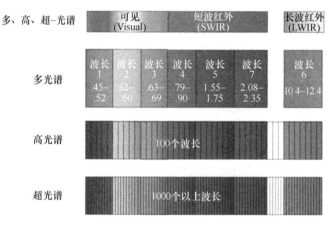

图 5-42　不同分辨率光谱

高光谱成像（hyper spectral imaging，HSI）技术发展于 20 世纪 80 年代，是一门融合光学、电子学、计算机科学以及统计学等领域的多学科交叉的光电探测检测技术。早期高光谱成像技术主要应用于航空遥感，如森林探火、地质勘探及海洋监测等方面，现阶段已逐步在农业、食品、环境、工业和医药等领域快速地发展应用。高光谱成像技术的发展首先从航空领域开始，成像光谱仪由飞机搭载，例如，航空遥感。此外，还有航天遥感，例如，成像光谱仪由嫦娥一号搭载。高光谱遥感成像模型如图 5-43 所示，飞机搭载机载光谱仪沿扫描方向飞。飞行方向相当于 y 轴，x 轴类似光谱仪中的狭缝，即扫描一行的像素点个数，x 与 y

轴构成空间维；而高度方向为光谱维。因此，在一次飞行中即可得到数千幅目标对象的图片。另外，在高光谱影像中每个物体的每一像元或像元组都包含一个特有的连续光（波）谱，正是这一光谱在经大气校正后可作为识别这一地物的特征参量。

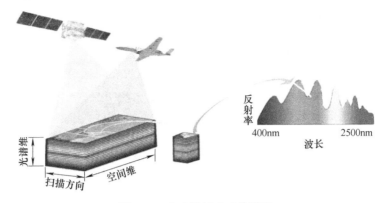

图 5-43 高光谱遥感成像模型

进一步对高光谱遥感展开分析，如图 5-44 所示，全色图像是单通道的，为可见光波段（380~760nm）范围的混合图像，因此它是单波段的，在图上显示也为灰度图片。全色遥感图像一般空间分辨率高，但图像表征的光谱信息少，多光谱图像可包含一些光谱信息，而高光谱影像包含的光谱信息更加丰富。

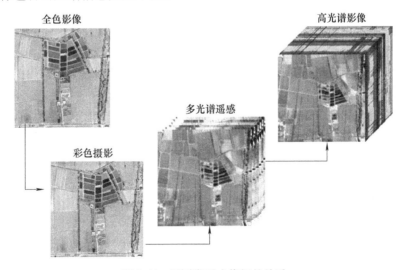

图 5-44 不同类型成像间的关系

5.4.2 高光谱成像区别于常规近红外光谱的特点及其工作原理

从这个光谱的角度来分析高光谱成像，在近红外光谱分析时，获取的是样品某一个点的平均信息，即在采集样品光谱时光源在样品表面形成一个光斑，而光谱曲线为光斑的平均信息。若需采集多种不同部位的光谱信息，则需在每个部位形成一个光斑，而后再获取光谱，这大大增加了光谱采集的工作量。基于此产生了高光谱成像，其在采集图像后能获取图像中任何一点的光谱。图 5-45 所示为高光谱成像光谱仪测试结果，在采集到图像后，可通过软件选择任意区域（或像素），得到该区域（或像素）光谱信息。

高光谱成像原理如图 5-46a 所示，图 5-46a 中第一个图为通过高光谱仪来拍摄花朵图案，第二个图为普通的近红外光谱仪照射花朵图像，近红外光谱仪在图像上仅照射一个斑点，一个斑点会相应的得到了一条谱线，谱线的横轴是波长，纵轴是光的反射率。当利用高光谱仪拍摄时，其采用线扫描来照射花的图像的一条线，从而可到这条线上每一个像素的光谱曲线。结合图 5-46b，在扫描时使用线光源，而 CCD 传感器使用面阵 CCD 作为检测器，因而扫描的线的方向为 x 轴（用虚线表示），波长轴为 y 轴，特定某一点（图 5-46b 中 x 点）在每个波长下的吸光度即可用彩色（亮暗）来表示，在得到这条线上的每个点的光谱后，线上所有光谱的叠加则可得到 CCD 整个画面。高光谱仪逐条线扫描，可以得到被测物体的下一条线的矩阵信息，依次这样逐幅叠加，便可得到立方体的数

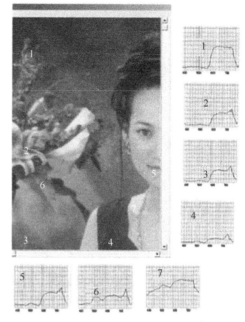

图 5-45　高光谱成像光谱仪测试结果

据。如图 5-46c 所示为成像光谱仪成像原理，扫描的线的信息通过光学器件、入射狭缝及反射凹面镜，再照射在光栅上分光，分光后可得到每个像素点的光谱。

高光谱成像一方面是高光谱，另一方面是成像。高光谱是指在波段区间上有数百个波长的分辨；而成像则是每个波长都能得到它的图像。图 5-47 所示为苹果在某一波长下的图像。从图像上取一个单点，从光谱维度提取数据，则可知该单点每个波长信息，从而得到该单点的谱线，也就是该点在各个波长下的这个反射率；另外，也可以从空间维截切，那截切面所对应的图像，则为某个波长下样品的图像。在获得每个波长下图像后，在某些波段图像会表征出直接用人眼观察不到的信息，例如，苹果的瘀伤等，因此，便可利用单波下图像或利用不同波段建图像的运算将瘀伤等分辨出来。

综合上文介绍可知，高光谱成像技术是基于多波段的影像数据技术。相较于基于 R、G、B 三通道的彩色图像，高光谱图像是在光谱维度上进一步细分多个窄波段通道的图像数据集合。因此，高光谱图像是一个三维数据立方体（$x \times y \times \lambda$），数据结构如图 5-48 所示。其中 x、y 表示图像空间尺寸的二维信息，λ 表示光谱维度的反射率或吸光度等信息。高光谱数据可以理解为由每个光谱波段下的反射率或吸光度二维空间图像叠加而成，也可以理解为二维空间图像上的每个像素点均包含了一条光谱曲线。图像的横纵坐标信息（即二维空间图像信息）能够反映待检测样品的形状、大小和缺陷等外部品质。另外，由于光谱差异可反映样品成分差异，因此，在某个特定波长下的图像会将样品品质变化明显反映出来；光谱信息则可以充分反映样品物理结构和其内部品质差异。

高光谱成像技术结合了机器视觉与近红外光谱技术的优点，既包含了被测样品的空间形态信息，也具有与内部化学成分高度相关的光谱信息。因此，它不仅可以检测样品的物理结

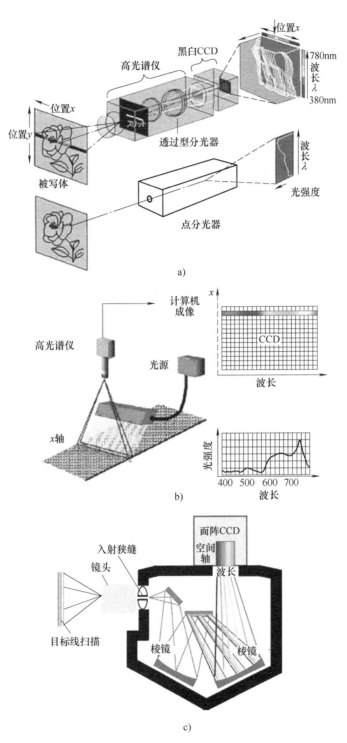

图 5-46　高光谱成像原理

a）高光谱成像与近红外光谱成像　b）高光谱数据采集　c）高光谱仪原理

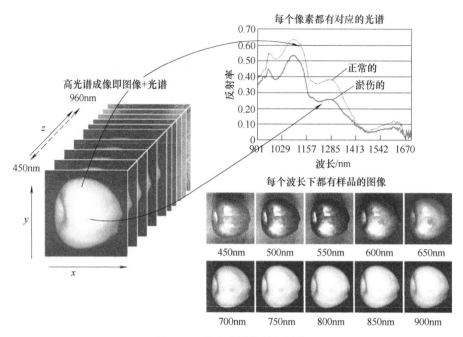

图 5-47　高光谱图像数据结构

构参数，也可以获得其内部品质信息，进一步结合图谱交互分析方法，还可以获得样品化学成分、质量品质参数等的空间分布。目前，其已被广泛应用于食品的内外部缺陷检测、质量分级判别和化学成分检测等。同时，相比于基于点光谱检测的近红外光谱技术，高光谱成像技术可以获得样品整体图像上单个像素点的光谱信息，对于食品中真菌代谢毒素和食品掺假等样本可能出现的局部成分密集的情况，可避免点光谱的平均效应，可以获得更好的检测效果，还可以获得该成分的空间分布，提供可视化结果图，增强人机信息交互，优化检测过程，同时，为后续识别剔除提供位置信息。成像光谱仪按其结构特点一般可划分为面阵检测器加推扫式扫描仪和线阵列检测器加光机扫描仪两种类型。根据成像原理可分为六种类型，主要包括色散型、干涉型、滤光片型、计算机层析型、二元光学元件型和三维成像型等。根据采集方式，高光谱数据的获取方法可分为四种，其扫描原理示意图如图 5-48 所示。

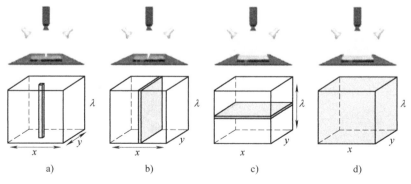

图 5-48　高光谱数据获取方式

a）点扫描　b）线扫描　c）面扫描　d）全扫描

图 5-48a 所示为点扫描方式，即每次只能获取样品一个像素点的光谱，在扫描过程中需要逐行逐列移动高光谱相机或者被测对象才能获取完整的高光谱信息，以这种形式获取的高光谱数据通常以 BIP（band interleaved by pixel）格式存储。这种方式不利于快速检测，因此，常用于对微观对象的检测。这种扫描方式对应成像光谱仪中线阵列检测器加光机扫描仪的成像光谱仪，利用点扫描镜在垂直于轨道方向的面内摆动以及沿轨道方向的运动来空间扫描，利用线检测器完成光谱扫描。

图 5-48b 所示为线扫描方式，即每次获取扫描线上所有像素点的光谱，在扫描过程中只需要将高光谱相机或被测对象沿一个方向推扫，即可获取完整的高光谱信息，以这种形式获取的高光谱数据通常以 BIL（band interleaved by line）格式存储。这种扫描方式常用在传送带系统上的食品加工过程。但这种扫描方式只能对所有的波长设置同一个曝光时间，为了避免任何波长的频谱饱和，必须要求曝光时间很短，这样就会导致一些波段的曝光率较低。这种扫描方式对应了面阵检测器加推扫式扫描仪的成像光谱仪，它利用色散元件和面阵检测器完成光谱扫描，利用线阵列检测器沿轨道方向的运动完成空间扫描。点扫描和线扫描两种方式都属于空间扫描方式。

图 5-48c 所示为面扫描方式可以依次获取样品在单个波长下的完整空间图像，这种方式下获取的数据以 BSQ（band sequential）格式存储，在扫描过程中不用移动相机或样品只需要切换获取的波段，也可以为每一个波段设置合适的曝光时间。但这种方式由于波长切换时间的需要，样品需要静置一段时间，因此，这种方式不太适合在线检测，而主要用于波长数目较少的光谱成像系统。

图 5-48d 所示为全扫描方式，这种方式利用一个大的区域检测器来同时获取空间和光谱信息，这种方式使高光谱信息获取更加快速，但是这种方式仍在初步发展阶段。

5.4.3　高光谱成像及其应用

遥感（remote sensing）是利用波谱和空间图像结合来探测地物特性的技术。与传统遥感数据相比，高光谱遥感技术有以下明显不同：①波段更多，进而分辨率有显著提高；②光谱范围宽且波段连续，可在可见及近红外光谱范围内（350~2500nm）提供几乎连续的光谱。但这些特点也给数据分析带来挑战，例如，数据量会呈指数增加，并且波段较多会导致冗余信息的增加等。因此，一些传统遥感数据处理方法（NDVI 算法和最大似然法等）不能简单套用于高光谱数据的分析。

高光谱遥感技术最早由美国研制，兴起于 20 世纪 80 年代，并成功应用于矿物填图、植被生化特征方面。随后在美国宇航局（National Aeronautics and Space Administration，NASA）支持下，相继推出了系列成像光谱仪产品。如机载航空成像光谱仪（AIS）系列、航空可见光/红外成像光谱仪（AVIRIS）和星载中分辨率成像光谱仪（MODIS）等。此后，德国的 ROSIS 和澳大利亚的 HyMap 等不同类型航空成像光谱仪相继推出。我国在高光谱遥感方面的发展也较快，例如，新型模块化航空成像光谱仪（MAIS）、推扫式成像光谱仪（PHI）和模块化成像光谱仪（OMIS）等，在我国西部各种矿物的识别、植被精细分类和建筑材料识别等方面已取得较好的研究成果。此外，在"嫦娥一号"探月卫星上也搭载了成像光谱仪，"风云三号"气象卫星中也设置了中分辨率光谱成像仪，可更好、更全面地观测和检测地球信息。

图 5-49a 所示为扫描美国某农场得到的高光谱遥感图像。在实际应用过程中，会通过一

系列波段运算来计算相关检测目标指数，如矿物光谱的吸收指数、植被指数等。图 5-49b 所示为提取的光谱曲线，利用三个波长基于式（5-30）计算得到吸收系数，并通过设定阈值来实现岩石种类的判别，如石灰岩（$CaCO_3$）系数范围为 $SAI_{2.315\mu m}<SAI_{2.330\mu m}$；白云岩（$MgCO_3$）系数范围为 $SAI_{2.315\mu m}>SAI_{2.330\mu m}$。进一步通过可视化展示不同矿石的分布（见图 5-49c、d）。

$$SAI = \rho/\rho_m = \frac{d\rho_{s2} + (1-d)\rho_{s1}}{\rho_m} \tag{5-30}$$

$$d = \frac{\lambda_{s1} - \lambda_m}{\lambda_{s1} - \lambda_{s2}} \tag{5-31}$$

式中，λ_{s1}、λ_m、λ_{s2} 是所选择的三个波长；ρ_{s1}、ρ_m、ρ_{s2} 是对应所选三个波长下的反射率。

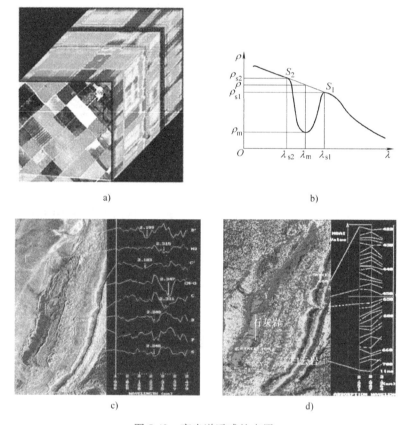

a）　　　　　　　　　　b）

c）　　　　　　　　　　d）

图 5-49　高光谱遥感的应用

a）美国某农场的高光谱遥感图像　b）提取的光谱曲线　c）新疆某地区高光谱图像　d）矿石的可视化分布

除对矿物的检测外，高光谱遥感技术在精细农业中也发挥了重要的作用（见图 5-50）。如种植农作的种类识别、病害胁迫的判断检测、作物长势评估与产量估计等都有所应用。

在利用高光谱成像技术检测农产品品质的应用中，其机理和遥感利用波谱与图像的检测机理类似，但更专注被测物反射或透射光谱与待测成分之间的关系分析。例如，美国禽类研究中心在对家禽屠宰线上，利用高光谱对禽肉表面的粪便或大肠菌的污染进行在线检测（见图 5-51），目前，这个检测技术已经可以应用到实际生产线的现场检测，中国农业大学搭建谷物检测高光谱成像平台，实现谷物中霉菌的检测和转基因谷物的判别等。

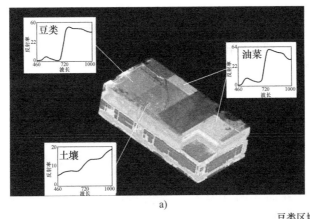

a)

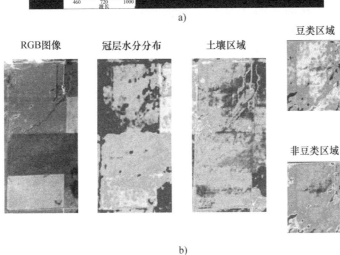

b)

图 5-50　高光谱遥感在农业中的应用

a）农场高光谱图像与特征作物光谱曲线　b）典型区域的可视化分布

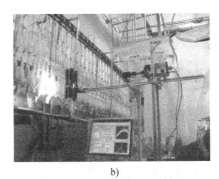

a)　　　　　　　　　　　　　　　　b)

图 5-51　美国鸡肉品质安全快速在线检测

a）鸡肉检测生产线局部图　b）鸡肉检测生产线检测部分示意图

5.4.4　高光谱遥感信息的分析和处理

高光谱遥感信息的分析和处理包含光谱图像立方体生成、成像光谱数据定标纠正、光谱编码、光谱匹配识别、混合光谱分解模型建立以及基于光谱模型的识别与反演等几个重要步骤。在进行高光谱数据分析前，首先要对数据进行预处理，这对于保证所得结果的准确性和可重复性是很重要的。遥感数据预处理方法主要包括：定标及水汽波段去除、DN 值转换绝对辐射值、坏线修复、垂直条纹的去除、FLAASH 大气校正、输入文件准备、模型参数设置和几何校正等几个方面。

在高光谱遥感分析中 ENVI（The Environment for Visualizing Images）软件发挥了重要作用。ENVI 是一款卓越的波谱分析工具，能够高效准确地识别和提取目标信息。其软件界面如图 5-52 所示，在软件中，显示了所采集的一个山脉的高光谱遥感数据，其包含 7 个波段，可在列表中选择相应波段，并将该波段下图像显示，也可选取合适波段进行分析。

基于软件可对这个高光谱图像进行进一步分析，如进行主成分分析（PCA）或最小噪声分离（MNF）变换等，以便去除噪声。MNF 本质上是两次层叠的主成分变换，第一次变换（基于估计的噪

图 5-52　ENVI 软件界面

声协方差矩阵）可用于分离和重新调节数据中的噪声，第二次是对噪声白化数据（noise-whitened）的标准主成分变换。图 5-53a～b 所示为原始二维散点图和通过 MNF 处理二维散点图，可以看出 MNF 可以降低波段间的相关性。进一步从图像角度进行对比，如图 5-53c～d 所示的 MNF 处理前后的二维图像，可以看出 MNF 可有效降低图像中辐射畸变、随机点噪声和条块状噪声。

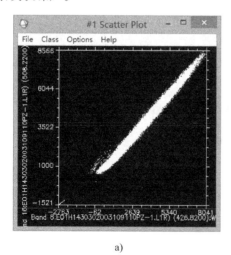

a)

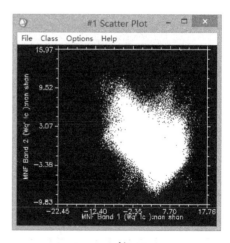

b)

图 5-53　MNF 变换前后对比

a）MNF 前两波段的二维散点图　b）MNF 后两波段的二维散点图

图 5-53　MNF 变换前后对比（续）

c）MNF 前单波段图像　d）MNF 后单波段图像

基于 PPI（纯净象元指数）可提取纯净的像元，减少噪声信息干扰。如图 5-54a 所示，

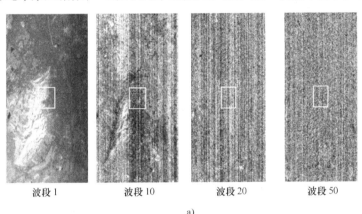

波段 1　　　　波段 10　　　　波段 20　　　　波段 50

a）

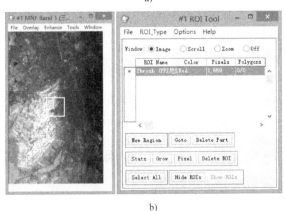

b）

图 5-54　基于 PPI 的纯净像元提取

a）不同波段下图像信息　b）纯净像元提取 PPI 结果

第一个波段下图像较为清晰，反映了对象主要差异信息，但随着波段序号增加，图像中噪声增加，清晰度降低。因此，需对高光谱数据进行纯净像元提取，图像中像素被标记的次数越多，该像素点就越亮，相应地该像素点也越纯。基于此可选择符合条件的纯净样本（见图 5-54b）。

此外，还可利用 n-D 散点法提取纯净像元，从多维角度实现不同对象纯净像元的分析，如图 5-55 所示，多维度中每一个维度代表每一个特征，不同的对象像素会出现不同的聚类，将散点图反演回原图，则可看出不同聚类代表的对象。

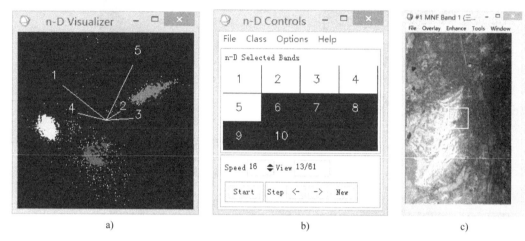

a) b) c)

图 5-55 利用 n-D 散点法提取纯净像元

a) 在多维空间不同对象的聚类 b) 维度选取 c) 不同聚类的图像标记

5.4.5 高光谱成像现状分析与展望

随着科技的不断发展，高光谱遥感作为前沿技术将会得到普遍的应用。但目前也存在一些不足：①存在"同物异谱"和"异物同谱"现象，例如，受环境影响同一物质也会出现不同光谱；或者光谱分辨率不足导致不同事物光谱却是相同的现象。这些都对遥感信息的准确性造成干扰。②高光谱遥感的操作与运算方面还不够完善。③目前常用误差矩阵来衡量遥感信息提取的精度，然而，其在不确定性空间的描述中存在不足。在克服技术难题之后，高光谱遥感将可以凭借其精度高和操作简便等优势得以广泛应用。

目前，常用成像光谱仪仍以航空机载为主，由航空遥感转向卫星遥感是其转向实用的必然路径。除硬件外，数据压缩、信息提取和光谱数据处理等也是限制高光谱发展的几大问题。高光谱遥感的发展趋势就是遥感信息定量、定性和定位一体化的快速遥感技术。

5.5 近红外光谱与高光谱成像综合应用案例——全麦粉中低含量水平掺杂花生粉的检测研究

随着食品供应链全球化的增强，加工厂食品中异物污染的风险也随之增加。近期，世界各地都报告了由于食用花生污染的小麦粉或小麦产品引发的几起严重过敏事件。另一方面，花生和其他坚果由于其丰富的营养，以及对人身健康的良好功效，被广泛用作商业食品中的添加成分以提高产品风味或改善营养价值，但在大多数情况下，它们并不会在产品标签中注明。在过去 10 年中，食物过敏的发生率迅速上升，随着受影响个体越来越多，坚果过敏日益成为全球关注的问题。

花生和其他坚果是常见的食物过敏源，是导致食物过敏反应致死的主要原因。尽管坚果会引发敏感人群的过敏反应，但其仍是大部分人们的主要消费食品。因此，需要研发对食品中坚果检测的有效技术与方法。日常生活中，花生除了以完整粒作为直接消费的产品外，还以花生粉和花生碎两种常见形式用作食品产品的加工原料。因此，本案例中首先以掺杂花生粉的全麦粉为对象进行掺杂含量的检测研究。

5.5.1　实验材料与方法

1. 样本制备

从当地大型超市购买了两种全麦面粉：春小麦全麦粉（whole wheat flour of spring wheat，WFS）和冬小麦全麦粉（whole wheat flour of winter wheat，WFW），购买时选取具有良好品牌信誉、专营面粉制厂生产的符合食品质量安全准入标准的全麦粉产品。熟花生粉从一家食品加工厂获得。花生粉和全麦粉粒径均小于 0.180mm。对每种全麦面粉，分别制备花生粉质量分数为 0.01%、0.03%、0.05%、0.10%、0.30%、0.50%、1.00%、3.00%、5.00%、10.00% 的混合样本，充分搅拌使混合物分布均匀。每种质量分数的样本放入三个塑料方形培养皿中（100mm×100mm×15mm，样本厚度与培养皿高度相同），作为三个平行样本。以同样的方法制备了纯花生粉和两种小麦粉的三个平行样本。

另购买不同批次的上述两种面粉（WFS 和 WFW）制备上述相同花生粉质量分数的混合物样本。每种类型样本放入一个塑料方形培养皿中，用作外部验证样本。

2. 高光谱数据采集与校正

使用 SisuCHEMA 高光谱成像系统获取样本的高光谱数据。获得的高光谱数据的波长范围为 936～1720nm，光谱分辨率为 3.45nm，图像分辨率为 0.32mm/pixel。每个高光谱数据被存储为三维立方体数据，尺寸大小为 640 个像素点×972 条扫描线×224 个波长点。在采集样本的高光谱数据之前，获取白参考和暗参考的高光谱数据用于黑白校正。

每个高光谱数据包含相同类型样本的三个培养皿。黑白校正后，为了去除背景和培养皿等无关像素点，手动裁剪出三个培养皿中粉末区域的子图像（子图像大小：284×284 pixels）用于之后的分析。在 936～1154nm 的光谱范围内，由于样本光滑表面的反射光和自身高反射率值的光谱特征，高光谱数据中一些像素点的反射率值接近 100% 饱和。此外，在大于 1700nm 光谱范围内的数据表现出较低的信噪比。因此，截取波长范围 1158～1700nm 的光谱数据用于之后的数据分析与建模。对于外部验证样本的高光谱数据，按照上述相同步骤进行处理。

5.5.2　高光谱图像亮度校正

如图 5-56a 所示，反射率校正后的高光谱图像中存在条状亮度噪声。这可能是由光源结构或传感器灵敏度差异引起的。这些亮度条噪声会对花生粉浓度信息的特征提取以及预测模型的准确性产生不利影响。参考前人的研究，利用校准图像每行像素点的光谱来校正光照不均匀性，并在此基础上提出了一个图像亮度校正方法。具体为在每个波长下的图像上，分别校正每行像素点和每列像素点的 DN 值。亮度校正后的图像如图 5-56b 所示。校正后图像中无条状亮度噪声且表面外观显示清晰，表明该方法有效改善了高光谱图像中亮度不均匀的问题。

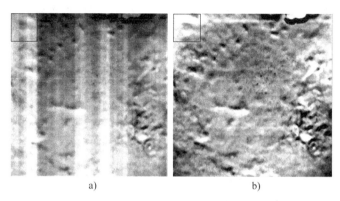

a)   b)

图 5-56　纯 WFS 样本在 1158nm 下的高光谱图像

a）亮度校正前　b）亮度校正后

5.5.3　基于 MNF 的图谱交互分析

图 5-57 所示为由纯 WFS 和含不同花生粉质量分数的 WFS 样本子图像组成的马赛克数据图像。对马赛克数据进行 MNF 变换，并结合二维散点图进行初步分析，结果如图 5-58 所示。图 5-58a 所示为 MNF 第 1 波段（方差百分比为 58.14%）与第 3 波段（方差百分比为2.88%）组成的二维密度散点图。图 5-58c 中颜色表示像素分布的密度，红、黄、绿和蓝色分别代表像素点分布由密集到稀疏。由图 5-58c 可得 MNF 变换后，马赛克图像上的像素点被分为六个簇。图 5-58b～c 显示了六簇像素点在马赛克图像上的相应分布位置。图 5-58c 中红色像素点簇对应花生粉质量分数为 10% 的样本，绿色像素点簇对应花生粉质量分数为 5%的样本，黄色像素点簇对应花生粉质量分数为 3%的样本，蓝色像素点簇对应花生粉质量分数为 1%的样本，青色像素点簇对应花生粉质量分数为 0.3%～0.5%的样本，品红色像素点簇对应纯 WFS 样本和花生粉质量分数小于 0.1%的样本。结果表明，MNF 变换后 WFS 中掺杂花生粉质量分数为 10%、5%、3%、1%、0.3%～0.5%和小于 0.1%的样本可以被分离开。

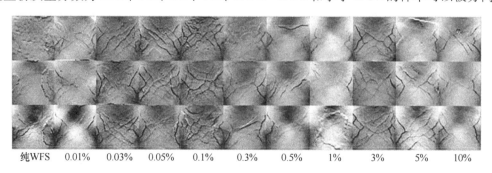

纯WFS　0.01%　0.03%　0.05%　0.1%　0.3%　0.5%　1%　3%　5%　10%

图 5-57　WFS 样本子图像组成的马赛克数据图像

相应的，由纯 WFW 和含不同花生粉质量分数的 WFW 样本的子图像组成的马赛克数据

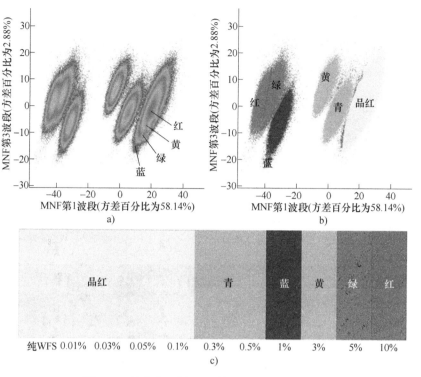

图 5-58　掺杂花生粉 WFS 样本的 MNF 分析结果

a）二维密度散点图　b）不同聚类的散点图　c）与聚类对应的马赛克图像

图像如图 5-59 所示。对马赛克图像进行 MNF 变换，并结合二维散点图分析，结果如图 5-60
所示。由图可得，对于 WFW 样本，MNF 变换后仅有花生粉质量分数为 10%、5%、3%、
1% 和 0.01%~0.5% 的样本的像素点被区分开来。纯 WFW 样本的像素点与 5% 质量分数样本
的像素点被聚集在一起。结果表明 MNF 方法对花生粉污染的 WFS 样本的区分优于 WFW 样
本。对于 WFS 和 WFW 样本，基于无监督的 MNF 方法，可以区分花生粉质量分数为 10%、
5%、3% 和 1% 的样本。但对于质量分数低于 0.5% 的样本，区分效果并不好。这可能是由于
低含量样本光谱中的花生粉信息与其他干扰信息如光散射和环境亮度等相比较少，难以被区
分分析造成的。选取 MNF 前 8 个波段数据进行 MNF 逆变换以去除噪声，并将 MNF 波段变

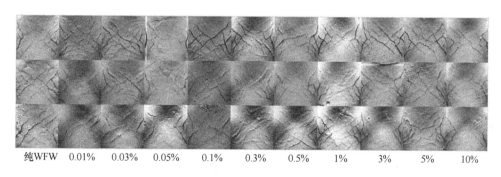

图 5-59　WFW 样本子图像组成的马赛克数据图像

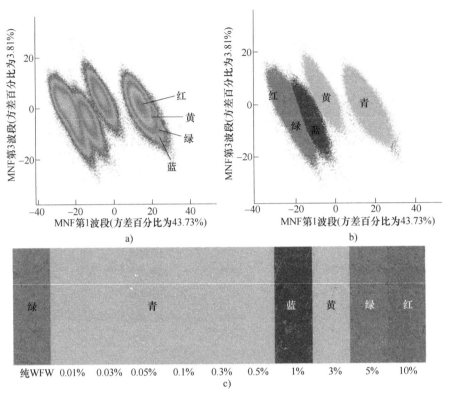

图 5-60　掺杂花生粉 WFW 样本的 MNF 分析结果

a）二维密度散点图　b）不同聚类的散点图　c）与聚类对应的马赛克图像

量转换回波长变量用于之后的平均光谱分析。MNF 逆变换波段数量的选择标准为两个相邻波段之间的方差百分比变化不小于 0.01%。

5.5.4　光谱预处理与全波长 PLSR 模型

从样本中选取 ROIs 并提取平均光谱数据。WFS 和 WFW 样本基于不同预处理方法的全波长 PLSR 模型的预测结果见表 5-6。对于掺杂花生粉的 WFS 样本，9 种预处理方法中，SNV、SNV+SGD1 和 SNV+SGD2 去噪效果最佳，最大程度地改进了模型的性能。同样，对于 WFW 样本，SNV、SNV+SGD1 和 SNV+SGD2 优于其他预处理方法。

纯全麦粉和纯花生粉样本不同预处理后的平均光谱如图 5-61 所示。与原始光谱相比，BLC、NOR 和 MSC 后全麦粉和花生粉的平均光谱之间的差异没有明显增大。SNV 处理后的光谱，尽管曲线轮廓与原始光谱相似，但其纵坐标跨度范围增大。SGD1 和 SGD2 处理后，全麦粉和花生粉的光谱曲线在某些部分的差异变大，但光谱的纵坐标值范围较窄。对于 SNV+SGD1 和 SNV+SGD2 预处理方法，全麦粉和花生粉的光谱曲线在某些部分差异变大，且纵坐标值的范围大于 SGD1 和 SGD2 预处理的结果。综上所述，纯全麦粉和纯花生粉的平均光谱在 SNV 和 SNV+SGD 预处理后差异增大。这可能是基于 SNV 和 SNV+SGD 方法的 PLSR 模型表现最佳的原因。

表 5-6　WFS 和 WFW 样本的全波长 PLSR 模型的预测结果

类型	方法	LV$_s$	校正集			交叉验证			验证集		
			R_c^2	RMSEC（%）	Bias$_c$（%）	R_{cv}^2	RMSECV（%）	Bias$_{cv}$（%）	R_p^2	RMSEP（%）	Bias$_p$（%）
WFS	NON	8	0.993	0.243	0.000	0.993	0.256	0.004	0.992	0.266	−0.027
	BLC	6	0.992	0.267	0.000	0.991	0.279	0.001	0.992	0.272	−0.023
	NOR	7	0.993	0.256	−0.000	0.992	0.265	0.001	0.992	0.273	0.030
	SNV	9	0.996	0.189	−0.000	0.996	0.201	0.004	0.995	0.218	−0.018
	MSC	7	0.995	0.223	−0.000	0.994	0.230	0.003	0.993	0.251	−0.010
	SGD1	8	0.993	0.249	0.000	0.993	0.258	−0.001	0.993	0.260	−0.023
	SGD2	8	0.993	0.246	−0.000	0.993	0.258	0.000	0.993	0.260	−0.010
	SNV+SGD1	9	0.996	0.189	0.000	0.996	0.201	0.003	0.995	0.218	−0.019
	SNV+SGD2	9	0.996	0.194	0.000	0.995	0.205	0.001	0.995	0.208	0.021
WFW	NON	8	0.991	0.293	0.000	0.990	0.298	0.000	0.990	0.308	−0.032
	BLC	8	0.990	0.298	0.000	0.990	0.302	0.001	0.990	0.298	0.001
	NOR	7	0.990	0.307	−0.000	0.989	0.311	−0.000	0.989	0.310	−0.002
	SNV	9	0.995	0.218	0.000	0.994	0.226	−0.001	0.994	0.242	−0.014
	MSC	7	0.992	0.277	−0.000	0.991	0.281	0.000	0.991	0.284	0.017
	SGD1	8	0.990	0.293	−0.000	0.990	0.299	0.000	0.990	0.307	−0.000
	SGD2	8	0.991	0.293	−0.000	0.990	0.299	−0.001	0.990	0.311	−0.028
	SNV+SGD1	9	0.995	0.221	0.000	0.994	0.229	0.000	0.994	0.235	0.024
	SNV+SGD2	9	0.995	0.217	−0.000	0.994	0.231	−0.002	0.994	0.242	−0.001

注：NON：无预处理；BLC：基线校正；NOR：归一化；SNV：标准正态变量；MSC：多元散射校正；SGD1：Savitzky-Golay 一阶导数（5 点窗口，二次多项式）；SGD2：Savitzky-Golay 二阶导数（5 点窗口，三次多项式）。

　　如表 5-6 所列，全波长 PLSR 模型预测掺杂花生粉 WFS 样本的效果优于 WFW 样本。基于 SNV 的 PLSR 模型对花生粉质量分数的预测结果良好，对于 WFS 和 WFW 样本，决定系数分别为 0.995 和 0.994，预测集的预测均方差分别为 0.218% 和 0.242%，偏移率分别为 −0.018% 和 −0.014%。预测结果如图 5-62 所示，掺入花生粉质量分数大于或等于 0.3% 的全麦粉可以被正确地识别为掺杂全麦粉。结果表明基于全波长模型，两种类型全麦粉样本的检测限为 0.3%。

5.5.5　最优波长选取与多光谱 PLSR 模型

　　对 SNV、SNV+SGD1 和 SNV+SGD2 预处理后的光谱应用 CARS 算法选择最优波长，具体结果如表 5-7 所列。尽管三种不同的预处理方法的全光谱 PLSR 模型表现出相似的性能（见表 5-6），其通过 CARS 所选的最优波长数量是不同的。对于 WFS 和 WFW 样本，SNV+SGD1 预处理方法对应挑选的最优波长数量最少。结果表明 SGD1 方法适当地增强了光谱特征，减少了建模波长的数量。因此，在开发多光谱 PLSR 模型之前应用 SNV+SGD1 方法对光谱数据进行预处理。

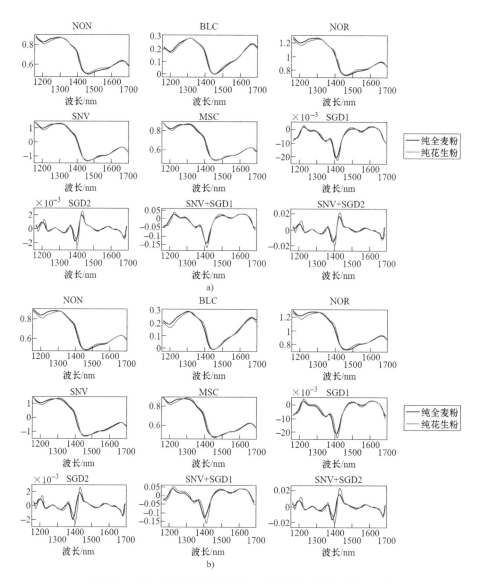

图 5-61 纯全麦粉和纯花生粉样本不同预处理后的平均光谱

a) WFS 样本　b) WFW 样本

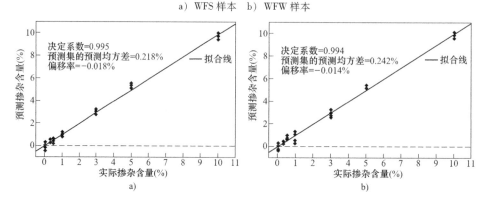

图 5-62 全波长 PLSR 模型对掺杂花生粉全麦粉样本验证集的预测结果

a) 掺杂花生粉 WFS 样本　b) 掺杂花生粉 WFW 样本

表 5-7　基于不同预处理方法的 CARS 最优波长挑选结果

面粉类型	预处理方法	RMSECV（%）	最优波长数量
WFS	SNV	0.239	9
	SNV+SGD1	0.238	7
	SNV+SGD2	0.250	15
WFW	SNV	0.281	11
	SNV+SGD1	0.281	5
	SNV+SGD2	0.286	16

　　针对 WFS 样本挑选了七个最优波长，分别为 1196nm、1354nm、1411nm、1478nm、1482nm、1492nm 和 1545nm。针对 WFW 样本挑选了五个最优波长，分别为 1200nm、1203nm、1242nm、1245nm 和 1249nm。对应最优波长在光谱曲线上的分布如图 5-63 所示（实线表示纯花生粉的平均光谱，虚线表示纯 WFS 的平均光谱，点画线表示纯 WFW 的平均光谱。加粗标记的波长为掺杂 WFS 样本对应的最优波长，斜体标记的波长为掺杂 WFW 样本对应的最优波长）。WFS 样本对应的七个最佳波长以较分散的方式分布于全波长范围内。WFW 样本对应的五个最优波长分布集中在 1190～1250nm 区间范围内。所有挑选的最优波长均位于花生粉和全麦粉光谱曲线之间差异较大的区域。文献表明，波长 1195nm 对应 CH_3 基团中 C—H 键的第二泛音，波长 1360nm 对应 CH_3 基团中的 C—H 键。波长 1410nm 对应油脂中 R—OH 基团中 O—H 键的第一泛音。波长 1483nm 和波长 1490nm 对应 $CONH_2$ 和 CONHR 基团中 N—H 键伸缩振动的第一泛音。波长 1540nm 与淀粉中 O—H 键伸缩振动第一泛音有关。前人的研究指出了波长 1200nm 对于区分花生与其他食物（如小麦、牛奶和可可）具有重要作用。波长 1250nm 与蛋白质和淀粉的吸收有关。以上结果表明，所选的最优波长包含丰富信息，与花生粉和全麦粉中化合物成分分子基团的光谱吸收具有较高的相关性。两种全麦粉所选最优波长的分布差异可能是由两种全麦粉样本内部成分含量的不同引起的。

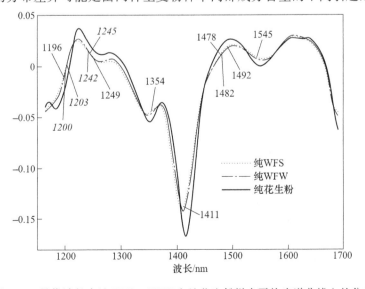

图 5-63　最优波长在纯 WFS、WFW 和纯花生粉样本平均光谱曲线上的分布

WFS 和 WFW 样本基于相应的最优波长建立的多光谱 PLSR 模型的预测结果见表 5-8，两个多光谱 PLSR 模型均表现出良好的定量预测能力，$R_\mathrm{p}^2 \geq 0.991$，RMSEP $\leq 0.285\%$，$\mathrm{Bias_p}$ 的绝对值 $\leq 0.018\%$。WFS 样本和 WFW 样本的验证集预测结果如图 5-64 所示。结果表明，多光谱预测模型对于 WFS 和 WFW 样本的检测限分别为 0.3% 和 0.5%。WFS 样本的检测效果优于 WFW 样本。WFS 样本的最佳多光谱 PLSR 模型的回归方程为

$$Y_\mathrm{WFS} = 27.17 - 4946.06\, X_\mathrm{1196nm} - 1911.96\, X_\mathrm{1354nm} + 1792.03\, X_\mathrm{1411nm} +$$
$$1666.18\, X_\mathrm{1478nm} + 1987.73\, X_\mathrm{1482nm} + 2099.52\, X_\mathrm{1492nm} - 1039.63\, X_\mathrm{1545nm} \quad (5\text{-}32)$$

WFW 样本的最佳多光谱 PLSR 模型的回归方程为

$$Y_\mathrm{WFW} = 5.38 - 9914.46\, X_\mathrm{1200nm} + 7209.40\, X_\mathrm{1203nm} - 47508.18\, X_\mathrm{1242nm} +$$
$$47408.25\, X_\mathrm{1245nm} + 6524.36\, X_\mathrm{1249nm} \quad (5\text{-}33)$$

表 5-8　WFS 和 WFW 样本基于最优波长的多光谱 PLSR 模型的预测结果

类型	$\mathrm{LV_s}$	校正集			交叉验证			预测集		
		R_c^2	RMSEC (%)	$\mathrm{Bias_c}$ (%)	R_cv^2	RMSECV′ (%)	$\mathrm{Bias_{cv}}$ (%)	R_p^2	RMSEP (%)	$\mathrm{Bias_p}$ (%)
WFS	4	0.994	0.234	0.000	0.994	0.239	0.001	0.993	0.251	−0.018
WFW	5	0.992	0.276	−0.000	0.991	0.278	−0.000	0.991	0.285	0.010

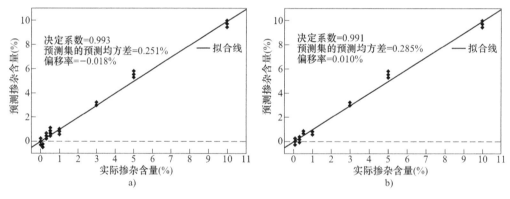

图 5-64　多光谱 PLSR 模型对掺杂花生粉全麦粉样本验证集的预测结果

a）掺杂花生粉 WFS 样本　b）掺杂花生粉 WFW 样本

5.5.6　预测结果可视化

为了减少计算量，从马赛克数据中每个花生粉质量分数的样本中随机选取 140×140 像素大小的 ROI 区域用于计算其可视化预测结果。将最优多光谱 PLSR 模型应用于 ROIs 中的每个像素点，可以得到掺杂花生粉的 WFS 和 WFW 样本的可视化预测图。图 5-65 为纯全麦粉和花生粉质量分数为 0.5%、1%、3%、5% 和 10% 样本的可视化预测图，图 5-65 中使用从变化的线性色标表示花生粉质量分数从低到高。在图 5-65a、b 中，两种类型全麦粉中花生粉质量分数高于 3% 的样本的可视化预测图与纯全麦粉的预测图具有明显差异。由于模型的预测误差和每个像素点光谱中的噪声，质量分数小于 3% 样本的可视化图结果一般。本试验中花生粉和全麦粉样本的粒径均较小（<0.180mm），高光谱图像的分辨率为 0.32mm/pixel，

纯花生粉和全麦粉的光谱曲线具有相似轮廓。因此，不能识别出花生粉的像素点。以上结果表明高光谱技术可以在空间维度上可视化被测物中化学成分的浓度变化，这是使用人眼或普通工业相机无法实现的。

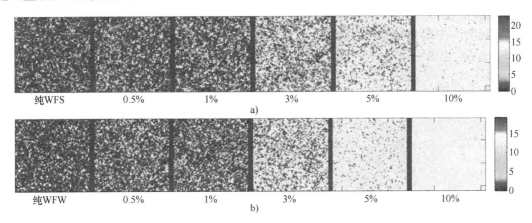

图 5-65　多光谱 PLSR 模型对掺杂花生粉全麦粉样本的可视化预测图
a）掺杂花生粉 WFS 样本　b）掺杂花生粉 WFW 样本

为了进一步验证模型，采用上述相同方法对外部验证样本的高光谱数据进行处理。将预处理后的新数据输入最优多光谱 PLSR 模型中。模型对外部验证集 WFS 和 WFW 样本的预测结果分别为：R^2 为 0.961 和 0.935，RMSEP 为 3.540% 和 2.313%，Bias 分别为 3.405% 和 1.868%，可视化预测图如图 5-66 所示。

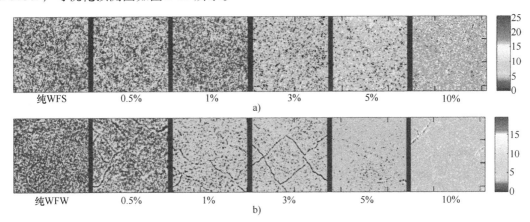

图 5-66　多光谱 PLSR 模型对掺杂全麦粉样本外部验证集的可视化预测图
a）掺杂全麦粉 WFS 样本　b）掺杂全麦粉 WFW 样本

与验证集预测结果（WFS 和 WFW 样本的 R_p^2 分别为 0.993 和 0.991，RMSEP 分别为 0.251% 和 0.285%，$Bias_p$ 分别为 -0.018% 和 0.010%）相比，外部验证集的 R^2 有较小的降低，RMSEP 和 Bias 的值明显增大。这表明在预测外部验证数据时，模型显示出较大的预测误差。这可能是由于校正集和外部验证集的全麦粉样本批次不同造成的。由于小麦生产中的可变因素，如小麦栽培技术、生长环境和地理条件，在任何给定的小麦生产季节生产的面粉都具有一定的差异，不同生产批次全麦粉的较大差异会导致新样本预测结果的较大偏差。两种全麦粉外部验证集的R_p^2均大于 0.930，表明所提出的方法具有可行性。此外，外部验证数据中当花生粉质量分数高于 5%的全麦粉样本的可视化预测结果表现良好。结果表明所开发方法对于由于通用加工设备引起的无意花生粉掺杂情况的检测效果较差，但对于为了提高风味而作为食品成分之一添加的情况，具有一定的实际应用潜力。另外，结果表明，建模样本的代表性对于提高模型的预测精度至关重要。为了提高对低浓度污染物的预测精度（<5%），更具代表性的样本应包含在校正集中。

第**6**章

气敏传感器与电子鼻技术

本章以电阻型半导体气敏传感器为例对当前先进的气敏传感技术进行阐述，着重讲解半导体气敏传感器所依托的物理基础，结构组成、分类与典型应用，并进一步讲解电子鼻技术的仿生机理、组成和检测原理、应用及其发展趋势。

6.1 气敏传感器

6.1.1 气敏传感器简介

在大气环境里，不仅存在人类生命活动赖以生存的氧气，也存在威胁人体健康的二氧化硫、二氧化碳和氮氧化物等，另外也包含易携带重金属、微生物等有毒有害物质的颗粒物。例如，大气中的污染物会悄然无声地侵入人体，威胁机体健康，甚至引起癌症等一系列恶性疾病。又如，装修建材和汽车内饰挥发的苯和甲醛等挥发性有机化合物（VOC）等是室内污染和车内空气污染的罪魁祸首，严重情况下会导致青少年记忆力下降、视线模糊以及白血病等。车间内有害气体、颗粒物浓度监控及管线泄漏探测等对于保障安全生产至关重要。此外，在研究应用方面，医学研究者需要测量培养基增养的细菌样本的代谢呼吸情况来确定气体成分，为病菌繁殖情况与病情诊断提供有效的数据基础。在这些场景下，仅仅依靠人的鼻子是无法精确识别出气体的各个成分组成及其含量的，而气敏传感器则表现出超越人类的卓越嗅觉识别能力。据报道，一些新兴的气体应用已集成到智能手机、可穿戴设备和智能家居

图 6-1 Honeywell 的微型真空泵利用像涡轮的叶片实现手持式气味分析

等便携移动设备上，如霍尼韦尔（Honeywell）将研发的微型真空泵（见图 6-1）内置在智能手机等各种移动设备上，实现"嗅觉"功能，闻出花粉、有毒化学品等物质的气味。

气敏传感器是将被测气体的成分和浓度转换为电信号的传感器。气敏传感器类似于人的鼻子，能"嗅"出某种气体，例如，酒精、一氧化碳、煤气、瓦斯（甲烷）和氟利昂等并测出气体浓度，实现特定气体成分监测，以实时了解气体环境中易燃、易爆及有害气体泄漏散发情况，切实保障人们生命安全与健康。图 6-2 所示为几种常见的气敏传感器。

气敏传感器使用时直接暴露于空气中，通常情况下检测现场温度、湿度等环境条件变化大，且易存在大量粉尘油雾等，工作条件较恶劣。此外，气体与传感元件材料反应产生的化学物质会附着在元件表面，阻挡气体与元件材料的接触与反应，降低探测性能。因此，合格的气敏元件需要符合下列要求：①对被测气体具有较高的灵敏度，且对被测气体外的共存气体或物质不敏感；②对检测信号响应迅速，动态特性好；③性能稳定，重复性好；④使用寿

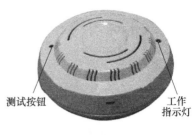

测试按钮　　工作指示灯

a)　　　　　　　　　　　　b)　　　　　　　　　　c)

图 6-2　几种常见的气敏传感器

a）二氧化碳传感器　b）酒精传感器　c）烟雾报警器

命长；⑤制造成本低，使用与维护方便。

　　气敏传感器应用范围广泛，不同的检测应用有不同的技术要求，一般有被测气体种类、灵敏度、选择性、响应时间、寿命和功耗等指标参数。实际生活生产中需要检测的气体种类多，且性质各不相同，难以用同一种气敏传感器测量所有气体，因此，检测不同气体需选用不同型号的气敏传感器。如图 6-3 所示，气敏传感器可分为三大类：接触燃烧式气敏传感器、电化学式气敏传感器和半导体式气敏传感器。其中，后两类较为新颖并处于不断发展进步中，使用最多的是半导体式气敏传感器，因此，本章主要讲解半导体式气敏传感器，而电化学式气敏传感器也将在第 7 章讲述。

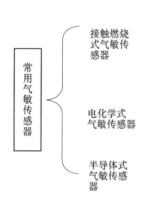

常用气敏传感器

接触燃烧式气敏传感器 —— 检测元件一般为铂金属丝(也可表面涂铂、钯等稀有金属催化层)，使用时对铂丝通以电流，保持300～400℃的高温，此时若与可燃性气体接触，可燃性气体就会在稀有金属催化层上燃烧，因此，铂丝的温度会上升，铂丝的电阻值也上升；通过测量铂丝的电阻值变化的大小，就知道可燃性气体的浓度

电化学式气敏传感器 —— 一般利用液体(或固体、有机凝胶等)电解质，其输出形式可以是气体直接氧化或还原产生的电流，也可以是离子作用于离子电极产生的电动势

半导体式气敏传感器 —— 半导体式气敏传感器具有灵敏度高、响应快、稳定性好、使用简单的特点，应用极其广泛；半导体气敏元件有N型和P型之分

图 6-3　常用气敏传感器分类

6.1.2　电阻型半导体式气敏传感器

　　半导体式气敏传感器最早于 1962 年以半导体金属氧化物陶瓷气敏传感器问世，是目前使用最广泛的一类气敏传感器。半导体式气敏传感器检测气体的工作原理是当待测气体与半导体表面接触时电导率等物理性质也随之发生变化。

　　1. 半导体式气敏传感器的分类

　　根据半导体变化的物理特性和气敏机制，气敏传感器可分为电阻型和非电阻型两种。表 6-1所列为两种半导体气敏传感器的主要参数信息。电阻型气敏传感器是利用气体接触敏感材料时，材料阻值发生变化来检测气体的成分或浓度。非电阻型是利用其他参数，如二极管伏安特性和场效应晶体管的阈值电压变化来检测被测气体。本书以电阻型半导体式气敏传感器为例进行讲解，关于非电阻性半导体传感器请查阅相关资料。

表 6-1　两种半导体气敏传感器的主要参数信息

	主要物理特性	类型	检测气体	气敏元件
电阻型	电阻	表面控制型	可燃性气体	ZnO、SnO$_2$ 等的烧结体、厚膜、薄膜
		体控制型	酒精	SnO$_2$、氧化镁
			氧气体	T-Fe$_2$O$_3$
			可燃性气	氧化钛（烧结体）
非电阻型	二极管整流特性	表面控制型	酒精	铂-氧化钛
			一氧化碳	铂-硫化镉
			氢气	（金属-半导体结型二极管）
	晶体管特性		硫化氢、氢气	铂栅、钯栅 MOS 场效应管

电阻型半导体式气敏传感器按照工作方式，进一步又可分为：

1）表面控制型。半导体与其表面接触的气体间发生电子接收，使半导体电导率等物理性质发生变化，但内部化学组成不变。

2）体控制型。气体与半导体的反应使半导体内部组成发生变化，从而使电导率变化。

2. 电阻型半导体式气敏传感器的工作原理

电阻型半导体式气敏传感器利用气敏半导体材料（如氧化锰、氧化锡），在吸收乙醇、一氧化碳等气体或烟雾时电阻发生变化，图 6-4 所示为气敏元件电阻值随着被测气体的浓度改变而变化。

在阐述半导体电阻型气敏传感器的工作原理前，先简单回顾一下几个基本概念：N 型半导体和 P 型半导体、氧化性气体和还原性气体。

（1）N 型半导体和 P 型半导体　如第 3 章所述，纯半导体（本征半导体）在室温下不导电，需掺一些杂质才能导电，所谓杂质指半导体内除其本身原子外的其他原子。因原子核最外层电子数目为

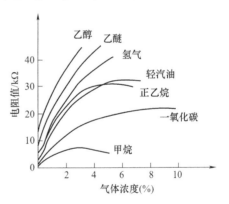

图 6-4　气敏元件的电阻值-气体浓度
变化曲线

4 时最稳定，如半导体 Si。半导体内所掺杂质原子核最外层电子数若少于 4 个（如硼、铟和镓等原子，称为受主掺杂或 P 型掺杂），则它容易吸引本征半导体，例如，Si 的一个自由电子进入其最外层绕核旋转形成饱和状态，使掺杂后的本征半导体的多数载流子（多子）为空穴，相应地掺杂后的半导体称为 P 型半导体。相反，若掺杂原子的最外层电子数目大于 4 个（例如，磷、砷或锑，称为施主掺杂或 N 型掺杂），则易失去电子，这样半导体中多子为电子，相应地掺杂后的半导体称为 N 型半导体。

1）N 型半导体。在本征半导体中掺入如磷的五价杂质元素，可形成 N 型半导体，也称作电子型半导体。

因五价杂质原子中只有四个价电子能与周围四个半导体原子中的价电子形成共价键，多余的一个价电子因无共价键束缚而很容易形成自由电子。在 N 型半导体中自由电子是多数

载流子，它主要由杂质原子提供，空穴是少数载流子，由热激发形成。

提供自由电子的五价杂质原子因带正电荷而成为正离子，因此五价杂质原子也称为施主杂质。N型半导体的结构示意图如图6-5所示。

2）P型半导体。在本征半导体中掺入如硼、镓和铟等三价杂质元素，形成P型半导体，也称为空穴型半导体。

因三价杂质原子在与硅原子形成共价键时，缺少一个价电子而在共价键中留下一空穴。P型半导体中空穴是多数载流子，主要由掺杂形成，电子是少数载流子，由热激发形成。

空穴很容易俘获电子，使杂质原子成为负离子，三价杂质因而也称为受主杂质。P型半导体的结构示意图如图6-6所示。

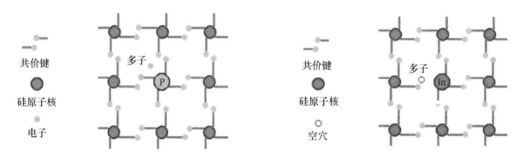

图6-5　N型半导体的结构示意图　　　　图6-6　P型半导体的结构示意图

（2）氧化性气体与还原性气体　依据气体在化学反应中电子的转移，易得电子导致化合价降低的气体具有氧化性，如氧气、氯气、氟气、二氧化氮、臭氧、三氧化硫等；易失电子导致化合价升高的气体具有还原性，例如硫化氢、氢气、一氧化碳等。氧气是易吸附负离子的典型氧化型气体——电子接收性气体。氢、碳氧化合物、醇类等是易吸附正离子的典型还原型气体——电子供给性气体。

（3）电阻型半导体式气敏传感器的工作原理（见图6-7）　半导体式气敏传感器利用气体在半导体表面发生的氧化和还原反应，使敏感元件阻值变化的特性而制成的。当

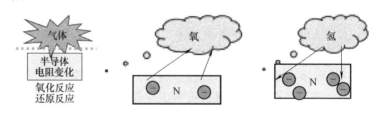

图6-7　电阻型半导体式气敏传感器的工作原理

气体接触并吸附到被加热到稳定状态的半导体器件时，被吸附的分子首先在物体表面自由扩散，失去运动能量，一部分分子被蒸发掉，另一部分残留分子因产生热分解而被化学吸附。以N型SnO_2金属氧化物半导体为例：

通常气敏器件在200~300℃温度下吸附空气中的氧，形成氧的负离子吸附，使半导体中的电子密度减少，电阻值增加。

$$O_2(g) + e^- = O_2^-(ad)$$

当遇到能供给电子的可燃气体（如CO等）时，一方面原来吸附的氧脱附放出电子，另一方面可燃气体以正离子状态吸附在金属氧化物半导体表面，放出电子，使氧化物半导体导带电子密度增加，阻值下降。可燃性气体消失后，金属氧化物半导体又自动恢复氧的负离子

吸附，使电阻值升高到初始状态。由于空气中含氧量基本恒定，因此氧化的吸附量也是固定的，器件阻值也相对保持不变。

$$CO + O^-(ads) \rightarrow CO_2 + e^-$$

进一步从原理上阐述吸附的气体分子与半导体器件之间的电子转移原理，这里涉及功函数概念。功函数的定义为使一粒电子立即从固体表面中逸出所必须提供的最小能量（通常以电子伏特为单位）。

当吸附分子的亲和力（气体的吸附和渗透特性）大于半导体的功函数时，吸附分子将从器件夺得电子而变成负离子吸附，使半导体表面出现电荷层。例如，氧气等具有负离子吸附倾向的气体称为氧化型气体或电子接收性气体。如果吸附分子的离解能小于半导体的功函数，吸附分子将向器件释放出电子，从而形成正离子吸附。具有正离子吸附倾向的气体有一氧化碳、氢气、醇类和碳氢化合物，称为还原型气体或电子供给性气体。

结合上文分析，当氧化型气体（夺电子）吸附到 N 型半导体（多子为电子）表面，使半导体中的电子减少，或还原型气体（释放电子）吸附到 P 型半导体（多子为空穴）上时，使电子填充空穴，以上两种情况均会导致半导体载流子减少，而使电阻值增大。

反之，当还原型气体（释放电子）吸附到 N 型半导体（多子为电子）表面，使得电子增多，或氧化型气体（夺电子）吸附到 P 型半导体（多子为空穴）上时，使空穴增多，均会导致半导体电阻值下降。规则总结如下：

N 型半导体+氧化型气体：载流子数下降，电阻值增大。

N 型半导体+还原型气体：载流子数增加，电阻值减小。

P 型半导体+氧化型气体：载流子数增加，电阻值减小。

P 型半导体+还原型气体：载流子数下降，电阻值增大。

综上，气体浓度变化会导致传感器电阻值变化。因此可从电阻值变化，确定吸附气体种类和浓度。图 6-8 所示为 N、P 型半导体吸附气体时器件电阻值变化情况，其气敏时间（响应时间）通常小于 1min。

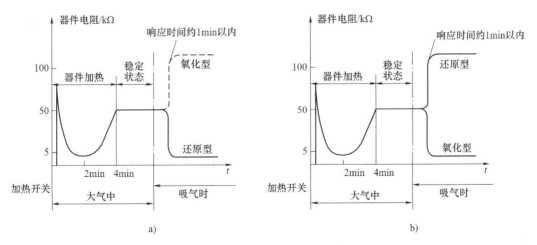

图 6-8 半导体吸附气体时器件电阻值变化图

a）N 型半导体　b）P 型半导体

6.1.3　电阻型半导体式气敏传感器的结构与分类

1. 电阻型半导体式气敏传感器的结构

电阻型半导体式气敏传感器的结构如图6-9所示，主要由敏感元件、加热器和外壳三部分组成；其可以等效为电阻，电路符号如图6-10所示。

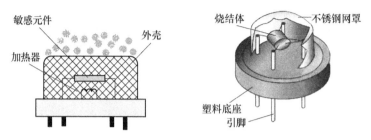

图6-9　电阻型半导体式气敏传感器结构

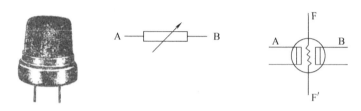

图6-10　电阻型气敏元件及其电路符号

2. 电阻型半导体式气敏传感器根据制作工艺不同的分类

气敏电阻的材料是一种合成时将敏感材料和催化剂烧结的金属氧化物，N型半导体常用金属氧化物有 SnO_2、Fe_2O_3、ZnO、TiO；P型半导体的有 CoO_2、PbO、MnO_2、CrO_3。

按制造工艺可分为烧结型、厚膜型和薄膜型。烧结型最为成熟，厚膜型及薄膜型一致性较差。

1）烧结型 SnO_2 气敏传感器：将一定比例的粒度<1μm 的敏感材料（如 SnO_2、ZnO 等）和一些掺杂剂（如 Pt、Pb 等）用水或黏合剂调合，研磨后成为均匀混合的膏状物，并滴入模具内，再埋入加热丝和电极，经数小时 600~800℃ 烧结，得到多孔状的气敏元件芯体后，将其引线焊接在管座上并罩上不锈钢网制成，结构符号如图6-11所示。

烧结型器件的优点是制作方法

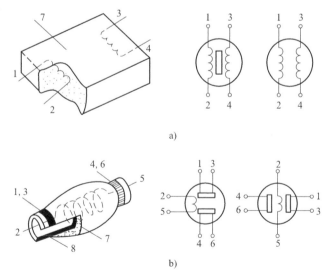

图6-11　烧结型气敏传感器的结构与符号
a）直热式　b）间热式

简单、器件寿命长；缺点是由于烧结不充分，器件机械强度不高，电极材料较贵，电性能一致性较差，因此应用受到一定限制。

2）薄膜型气敏器件：采用蒸发或溅射方法，在处理好的石英基片上形成一薄层金属氧化物薄膜（如 SnO_2 和 ZnO 等），再引出电极。其优点是响应迅速、高互换性好、机械强度高、灵敏度、成本低和产量高等，薄膜型气敏器件的结构如图 6-12 所示。

3）厚膜型气敏器件：将 ZnO 和 SnO_2 等材料与 3%~15% 重量的硅凝胶混合制成能印刷的厚膜胶，把厚膜胶用丝网印制到装有铂电极的氧化铝绝缘基片上，在 400~800℃ 高温下烧结 1~2h 制成。其优点是机械强度高、一致性好和适于批量生产，厚膜型气敏器件的结构如图 6-13 所示。

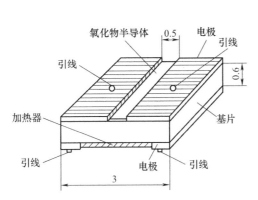

图 6-12　薄膜型气敏器件的结构（单位：mm）

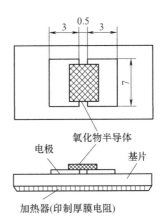

图 6-13　厚膜型气敏器件的结构（单位：mm）

3. 电阻型半导体式气敏传感器依据加热方式的分类

在常温下，传感器电导率变化并不大，不能达到检测目的，因此，电阻型结构的气敏元件都带有电阻丝加热器。加热时间一般为 2~3min，加热电源为 5V，加热温度为 200~450℃。

对气敏元件加热一是可以加速气体吸附和氧化还原反应，提高传感器的灵敏度和响应速度；二是烧掉附着在壳面上的尘埃和油雾。根据加热方式其又可分为直热式气敏元件和旁热式气敏元件。

1）直热式气敏元件的结构及符号如图 6-14 所示。直热式器件是将加热丝、测量丝直接埋入 ZnO 或 SnO_2 等粉末中烧结而成的。工作时加热丝通电，测量丝用于测量器件阻值。其

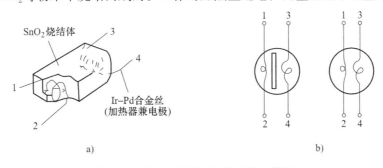

图 6-14　直热式气敏元件的结构及符号

a）结构　b）符号

优点是制造工艺简单、功耗小、成本低，可以在高电压回路下使用；缺点是热容量小、易受环境气流的影响、测量回路和加热回路间没有隔离而相互影响。国产 QN 型和日本费加罗 TGS#109 型等气敏传感器均采用此类结构。

　　2）旁热式气敏元件的结构及符号如图 6-15 所示。将加热丝放置在一个绝缘陶瓷管内，管外涂梳状金电极作为测量极，并在金电极外涂上 SnO_2 等材料。旁热式结构的气敏传感器克服了直热式结构的缺点，使测量极和加热极分离，而且加热丝不与气敏材料接触，避免了测量回路和加热回路相互影响，器件热容量大，降低了环境温度对器件加热温度的影响，所以这类结构器件的可靠性、稳定性都比直热式器件好。国产 QM-N5 型和日本费加罗 TGS#812、813 型等气敏传感器都属这种结构。

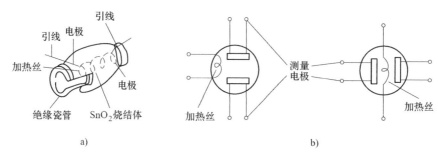

图 6-15　旁热式气敏元件的结构及符号
a）旁热式结构　b）符号

4. 电阻型半导体式气敏传感器按检测对象的分类

　　电阻型半导体式气敏传感器可按检测对象分为不同的类型，其具体分类见表 6-2，不同检测对象的气敏传感器的应用场所有所不同。

表 6-2　气敏传感器按检测对象分类

分类	检测对象气体	应用场所
有毒气体	硫化氢、含硫的有机化合物	煤气灶
	一氧化碳（不完全燃烧的煤气）	（特殊场所）
	卤素、卤化物、氨气等	（特殊场所）
爆炸性气体	甲烷	家庭
	液化石油气、城市用煤气	煤矿
	可燃性煤气	办事处
工业气体	一氧化碳（防止不完全燃烧）	发电机、锅炉
	氧气（控制燃烧、调节空气燃烧比）	发电机、锅炉
	水蒸气（食品加工）	电炊灶
环境气体	二氧化碳（防止缺氧）	家庭、办公室
	氧气（防止缺氧）	家庭、办公室
	大气污染（SO_x，NO_x 等）	电子设备、汽车
	水蒸气（调节温度、防止结露）	温室
其他	呼出气体中的烟、酒精等	

伊拉克战争中美国士兵就配备了一个可探测有毒气体的传感器（测量时间仅需 20 多秒）——甲醛传感器 CH2O/S-10，其测量范围为 0 ~ 10ppm（1ppm = 10^{-6}），最大负荷为 50ppm，工作寿命在空气中为 3 年。

6.1.4　电阻型半导体式气敏传感器的特性参数

1. 固有电阻 R_a

固有电阻 R_a 为气敏元件在洁净空气中的电阻值。固有电阻值一般在几十 $k\Omega$ 到几百 $k\Omega$ 范围内。

2. 分辨率

气敏传感器的分辨率反映气体元件对被测气体的识别和对干扰气体的抑制能力，计算公式为

$$s = \frac{U_g - U_a}{U_{gi} - U_a} \tag{6-1}$$

式中，U_a 是气敏元件在固有电阻值时的输出电压；U_g 是在规定浓度下负载电阻的两端电压；U_{gi} 是在规定浓度下，元件在第 i 种气体中负载电阻上的电压。

分辨率为器件对干扰气体的灵敏度，且待测气体与干扰气体均以同一浓度来比较。某种气体的选择性好，就表示气敏元件对它有较其他气体高得多的灵敏度，选择性是气敏元件的重要参数，但也是目前较难解决的问题之一。

3. 灵敏度

气敏元件的灵敏度通常有下列几个参数：

（1）电阻灵敏度　气敏元件的固有电阻 R_a 与在规定气体浓度下气敏元件的电阻 R_g 之比为电阻灵敏度，公式为

$$k = R_a / R_g \tag{6-2}$$

（2）气体分离度　气体浓度分别为 g1、g2 时，气体元件的电阻 R_{g1}、R_{g2} 之比为气体分离度，公式为

$$\alpha = R_{g1} / R_{g2} \tag{6-3}$$

（3）电压灵敏度　气敏元件在固有电阻值时的输出电压 U_a 与在规定浓度下负载电阻的两端电压 U_g 之比为电压灵敏度，公式为

$$K_\mu = U_a / U_g \tag{6-4}$$

图 6-16 所示为 GS-130 传感器对异丁烷、酒精和氢气等几种气体的相对灵敏度曲线。

4. 时间常数 T

从气敏元件与某一特定浓度的气体接触开始，到元件的电阻值达到此浓度下稳定电阻值的 63.2% 为止所需要的时间称为元件在该浓度下的时间常数。按照控制理论即经过时间 $t = T$ 后的阶跃响应程度。电阻值随时间变化规律见式（6-5），变化曲线如图 6-17 所示。

$$c(t) = 1 - e^{-t/T} \tag{6-5}$$

5. 恢复时间 t_r

由气敏元件脱离某一浓度的气体开始，到气敏元件的电阻值恢复到固有电阻 R_a 的 36.8% 为止所需要的时间称为元件的恢复时间 t_r。

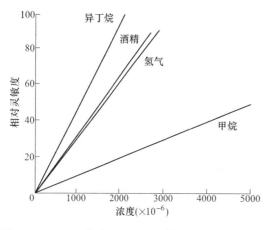

图 6-16　GS-130 传感器对几种气体的相对灵敏度曲线

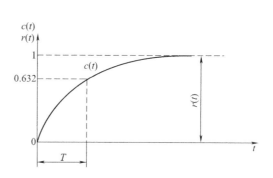

图 6-17　电阻值随时间变化曲线

6.1.5　电阻型半导体式气敏传感器基本测量电路特性

测量电路是将元件电阻的变化转化成电压、电流的变化。测量电路（见图 6-18）包括加热回路和测试回路两部分：A、B 端为传感器测量电极回路，F、F′引脚为加热回路。

加热电极 F、F′电压 $U_H = 5V$，A-B 之间电极端等效为电阻 R_S，负载电阻 R_L 兼做取样电阻，负载电阻上输出电压为

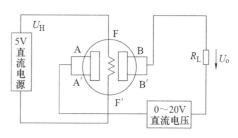

图 6-18　气敏传感器测量电路

$$U_o = \frac{R_L}{R_S + R_L} U \qquad (6-6)$$

可见输出电压与气敏电阻有对应关系。

除如图 6-18 所示测量电路外，还有其他几种测量电路如图 6-19 所示。

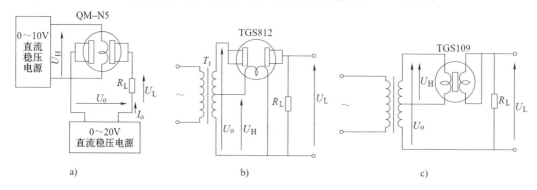

图 6-19　其他类型测量电路

a）QM-N5 测量电路　b）TGS812 测量电路　c）TGS109 测量电路

上述测量电路在加热丝和电极供电电路的主要区别：①同上文所述，加热丝和电极分别由独立的直流电源供电；②由变压器二次侧及其一部分分别给电极和加热丝供电；③为直热

式结构，由变压器二次侧的部分电压作为电极兼加热丝的供电电压。表 6-3 列举了部分型号半导体式气敏传感器的适用气体类型和性能参数。

表 6-3　几种半导体式气敏传感器的适用气体类型和性能参数

参数及应用	型号			
	UL-281	UL-282	UL-206	QM-N10
检测气体	一氧化碳	酒精	烟雾	可燃气体
灵敏度 R_0/R_x（R_0 为在空气中的电阻值，R_x 为在某一浓度待测气体中的电阻值）	一氧化碳为 50×10^{-4} 时的灵敏度大于 1000×10^{-4} 酒精灵敏度，1000×10^{-4} 氢气灵敏度	$\dfrac{R_0}{R_x} > 5$ R_x 为在 200×10^{-6} 酒精气体中的电阻值	$\dfrac{R_0}{R_x} > 3$ R_x 为在 700×10^{-6} 烟雾中的电阻值	$\dfrac{R_0}{R_x} > 8$ R_x 为在丁烷浓度为 0.3% 时的电阻值
工作电压/V（AC 或 DC）	10 ± 1	15 ± 1.5	15 ± 1.5	
加热电压/V	清洗：5.5 ± 0.55 工作：0.8 ± 0.08	5 ± 0.5	5 ± 0.5	5 ± 0.5
加热电流/mA	清洗：$170 \sim 190$ 工作：$25 \sim 35$	$160 \sim 180$	$160 \sim 180$	
工作环境温度/℃	$-10 \sim 50$	$-10 \sim 50$	$-10 \sim 50$	$-20 \sim 50$
工作环境湿度（%RH）	<95	<95	<95	<95

6.1.6　电阻型半导体式气敏传感器的应用

气敏传感器最为广泛的应用是防灾报警，例如，液化石油气、城市煤气、煤矿瓦斯、天然气以及一些有毒气体等的报警器。也可用于大气污染监测，O_2、CO_2 等气体的医疗测量。日常生活中的应用包括烹调装置、空调机以及酒精浓度探测等。

1. 燃气报警器

1）电源电路：一般气敏元件的工作电压不高（通常为 $3 \sim 10V$），其工作电压，尤其供给加热的电压须保持稳定。否则，加热器的温度变化幅度过大，会导致气敏元件的工作点漂移，影响最终的检测结果。

2）辅助电路：用于补偿和抑制由于气敏元件自身特性引起的误差。如常设计温度补偿电路，以减少气敏元件温度系数导致的误差。采用延时电路，防止气敏元件在通电初期阻值大幅变化引起的误报。

3）检测工作电路：这是气敏元件应用电路的主体部分。图 6-20 所示为一种可燃气体泄漏报警器及其工作电路，其应用电路中串联了蜂鸣器。气敏元件的电阻值随着环境中可燃性气体浓度的增加而下降，当蜂鸣器电路电流增加到额定阈值后，发出报警信号。

图 6-21 所示为采用载体催化型 MQ 系列气敏传感器作为检测探头的可燃气体泄漏报警器。当空气中可燃气体浓度达到 0.2% 时，报警器发出声光报警信号提醒用户及时处理，同时，可通过继电器控制排风扇向外抽排有害气体。

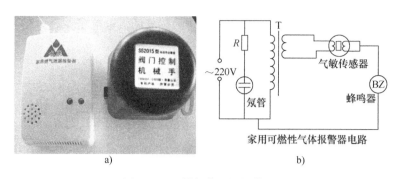

图 6-20　可燃气体泄漏报警器

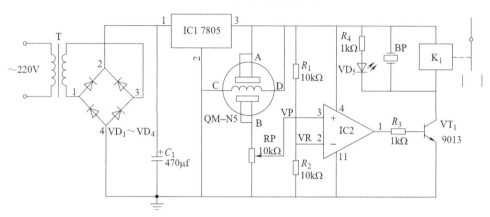

图 6-21　采用载体催化型 MQ 系列气敏传感器的可燃气体泄漏报警器

　　图 6-22 所示为基于热敏电阻的油烟蒸汽检测实现方法：选用 NTC 负温度系数热敏电阻 NTCMF5A，并将其作为电桥电路的一个桥臂，当其电阻值随着检测气体浓度变化时，其输出即会产生相应的变化。

2. 酒精测试传感器

　　图 6-23 所示为一款采用 TGS812 型气敏传感器的简易酒精测试器。该测试器的内部工作电路如图 6-24 所示，传感器的负载电阻为 R_1 及 R_2，其输出直接接 LED 显示驱动器 LM3914。LM3914 是 10 位发光二极管驱动器，把模拟输入量转换为数字输出量，并驱动 10 位发光二极管实现点显示或柱显示。当测试者吹出气体中无酒精蒸气时，R_1 及 R_2 上的

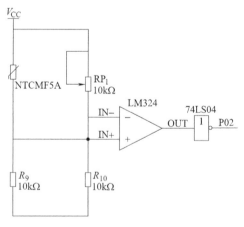

图 6-22　基于热敏电阻 NTCMF5A 的
油烟蒸汽检测电路

输出电压很低，当气体中的酒精浓度增加时，输出电压随之升高，则 LM3914 的 LED（共 10 个）点亮的数目也增加。因此可根据 LED 点亮的数目大致了解测试者是否喝酒及饮酒多少。

　　LM3914-10 位发光二极管驱动器工作电路如图 6-25 所示，采用并联比较型模式，将气敏传感器输出电压与并联比较电路的各级阈值电压进行比较，从而采取逐级控制方式使相应个数的 LED 点亮，实现酒精浓度的指示。

图 6-23　简易酒精测试器

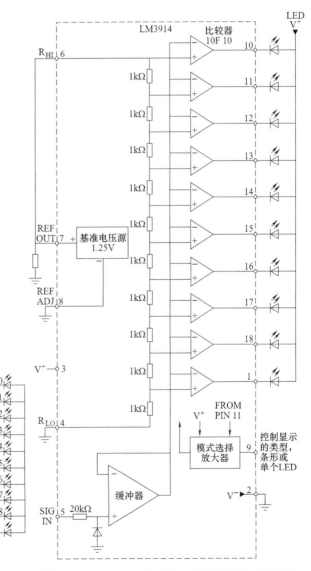

图 6-24　简易酒精测试器内部工作电路　　　　图 6-25　LM3914-10 位发光二极管驱动器工作电路

3. 防止酒后开车控制器

图 6-26 所示为一种防止酒后开车控制器的工作电路，QM-J$_1$ 为酒敏元件。常闭触点 K$_{1-2}$ 的作用是长期加热气敏器件，使控制器保持在工作状态。其中 5G1555 为集成定时器。在驾驶室内合上开关 S，若司机没喝酒，气敏器件的电阻值很高，U$_a$ 值大，U$_1$ 值小，U$_3$ 值大，继电器 K$_2$ 线圈失电，常闭触点 K$_{2-2}$ 闭合，发光二极管 VD$_1$ 导通，绿灯亮。继电器 K$_1$ 线圈通电，其常开触点 K$_{1-1}$ 导通，此时发动机点火装置可正常工作。

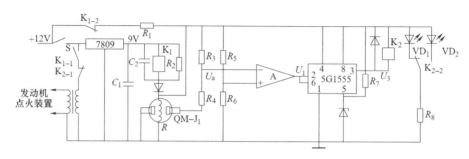

图 6-26　防止酒后开车控制器工作电路

若司机酗酒，气敏器件的电阻值急剧下降，使 U$_a$ 值变小，U$_1$ 值变大，U$_3$ 值变小，继电器 K$_2$ 线圈通电，K$_{2-2}$ 常开触头改为闭合，发光二极管 VD$_2$ 导通，发警告红光；同时常闭触点 K$_{2-1}$ 改为断开，发动机无法点火起动。

若司机拔下气敏器件，继电器 K$_1$ 线圈失电，其常开触点 K$_{1-1}$ 保持断开，仍然无法起动发动机。

4. 矿灯瓦斯报警器与告警监控

矿灯瓦斯报警器装配在酸性矿工灯上，为普通照明用矿灯增加瓦斯报警功能。该报警器由提供电路稳定电压的电源变换器、气敏元件、报警点控制电路和报警信号电路构成。报警电路如图 6-27 所示，QM-N5 为旁热式气敏传感器，QM-N5、R$_1$、RP 组成瓦斯气体检测电路。晶闸管 VS 为无触点电子开关。LC179、R$_2$ 和扬声器构成警

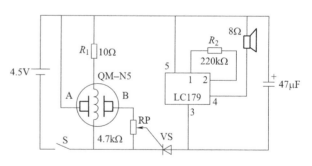

图 6-27　矿灯瓦斯超限报警电路

笛报警电路。LC179 是采用 CMOS 制作工艺、标准 DIP-8 封装的语音合成报警集成电路。当环境无瓦斯或瓦斯浓度小于阈值时，QM-N5 的 A-B 极间电阻 R$_{AB}$ 较大，晶闸管 VS 不导通。当瓦斯浓度超过安全标准阈值时，A-B 极间电导率迅速增大，R$_{AB}$ 电阻快速减少，当 R$_{RP}$ 滑动触点电压大于 0.7V 时，晶闸管 VS 被导通触发，LC179 的引脚 3 接通负电源，引脚 4 输出信号驱动扬声器，发出警示电笛声，实现瓦斯超限报警。

5. 矿井安全远程监测无线网络系统

矿井安全远程监测无线网络系统是一个集合了数据采集、信号处理、信息管理以及软件工程等多任务、多层次于一体的综合系统，包含传感器技术、电子技术及网络通信等多种技术。图 6-28 所示为一个矿井安全告警 GPRS 无线远程监控系统的构成示意图。该系统依托 GPRS 网

络，采用先进成熟的 GPRS 无线数据终端为远程传输设备，基于标准的 TCP/IP，实现监控系统无线数据采集功能。该系统为不具备有线传输条件的煤矿提供了高效率和成本低的数据传输平台。该系统能够监测一氧化碳、温度、负压、风速、瓦斯、馈电及风门开关等工作环境参数，水仓的水位、煤仓煤位和主要机电设备开停状态等生产参数，还可监测电压、电流和功率等机电设备运行维护的电力参数，为保障煤炭企业安全生产提供了强有力的监察手段。

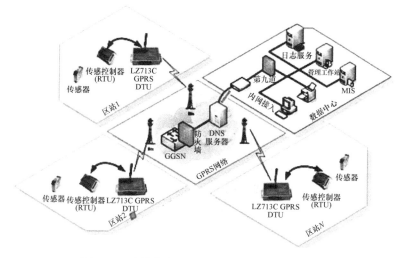

图 6-28　矿井安全告警 GPRS 无线远程监控系统

6.2　电子鼻技术

6.2.1　嗅觉仿生与电子鼻技术简介

传感器技术本质上是对人类自身感官功能的模仿和拓展。单一气敏传感器一般存在着交叉敏感特性，而实际测试环境通常包含多种气体，因此，单一气敏传感器性能往往不能满足实际需求。采用气敏传感器阵列和模式识别技术相结合的智能检测系统，不仅能解决单个传感器的选择性问题，而且灵敏度和稳定性也优于单一传感器。这种智能检测系统由于能在一定程度上实现人类嗅觉器官功能，因而被称为电子鼻。

几乎所有动物都具有嗅觉系统，用以感知获取周围环境中的化学刺激气味，并据此做出适当反应。仿生电子鼻技术是探索如何模仿生物嗅觉机能的一门学问。电子鼻于 20 世纪 90 年代发展起来，由一定选择性的传感器阵列和适当的图像识别装置组成，能实现类人的嗅觉功能，可对大多数挥发性成份进行分析、识别和检测。仿生电子鼻技术的研究涉及材料、微机械加工技术（MEMS）、纳米技术、多传感器融合、计算机和应用数学等多领域，是典型的多学科交叉研究领域，具有重要的理论意义。

以人的嗅觉过程为例，人类大约有 400 种嗅觉受体，以色列魏兹曼科学研究所神经生物学部的研究者将电极插入志愿者的鼻腔，测量不同部位神经对各种气味的反应。每次测量实际上测得了密集排布在鼻黏膜上的数千嗅觉受体的反应。研究发现，黏膜不同位置上的神经反应强度大不相同。嗅觉受体不是均匀分布的，而是分组排布在不同位置，每组都对某类特定气味反应最强烈。

嗅觉受体是一种重要的细胞表面受体，属于 G 蛋白偶联受体（G protein-coupled receptors，GPCR）。人类嗅觉发生过程如图 6-29 所示。当嗅觉受体与特定气味分子结合后，其构型发生变化，进而引起 G 蛋白（G protein）变化。G 蛋白转而刺激形成环磷酸腺苷（cyclic AMP，cAMP）。cAMP 可激活开通离子通道（ion channels），使细胞被激活。最终引发一次神经冲动，即有一个脉冲电信号被送到嗅球（olfactory bulb）。

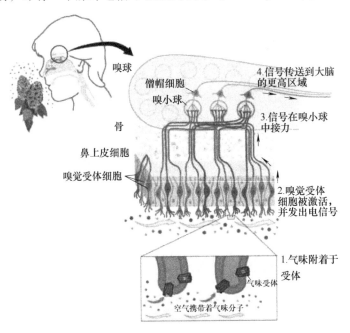

图 6-29　人类嗅觉发生过程

6.2.2　电子鼻的识别机理

将图 6-29 中人类嗅觉的过程简单归纳为采样、敏感、信号传输与处理、识别等，如图 6-30a、c 所示，而仿生电子鼻技术的原理和组成如图 6-30b、d 所示。电子鼻可概述为利用气敏传感器阵列的响应曲线识别气味的电子系统，能够实时、连续监测目标位置的气味状况。主要由气味取样操作器、气敏传感器阵列和信号处理系统三大功能结构组成。

电子鼻基本工作原理如图 6-31 所示，主要由传感器阵列（人工嗅觉感受器）、信号预处理、神经网络等各种算法和模式识别（气体定性和定量分析）等部分构成。多个气敏传感器与气味反应，将气体的化学信号转换成电信号，在经过一系列去噪、滤波等信号调理与基线校准等预处理后，获取并放大待测样品的综合"指纹"信息，再提取关键特征变量带入模式识别模型中，最终实现待测样品气味的定性或定量识别检测。

电子鼻实现不同气体辨识的基本原理如图 6-32 所示。阵列中的不同传感器对被测气体具有不同的灵敏度，同种气体在不同传感器上产生的响应强度也不同。对同一传感器，不同传感器的相应强度不同，最终导致整个传感器阵列对不同气体反映出不同的响应曲线。系统可利用模式识别的分类器或非线性映射器对响应数据矩阵进行分析，实现气体的种类识别和气味强度检测。

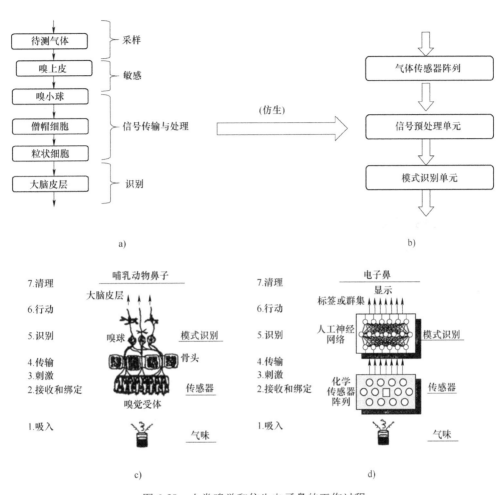

图 6-30　人类嗅觉和仿生电子鼻的工作过程

a）嗅觉产生过程　b）气敏传感器工作过程　c）哺乳动物嗅觉产生过程　d）电子鼻工作过程

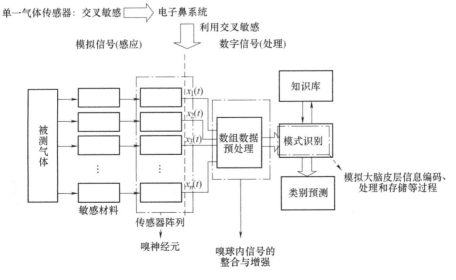

图 6-31　电子鼻系统的工作原理

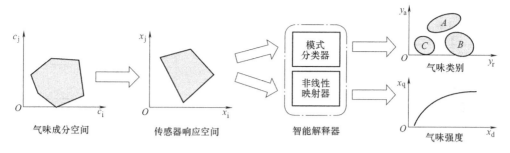

图 6-32　电子鼻辨识不同气体的基本原理

6.2.3　电子鼻的组成

1. 电子鼻传感器的材料

作为电子鼻传感器的材料必须具备两个基本条件：

1）对多种气味表现出灵敏度，具有一定的通用性，可对多种不同的嗅味能在分子水平上做出鉴别。

2）与嗅味分子的相互作用必须是快速可递的，不存在"记忆效应"。

金属氧化物型传感器已被普遍应用在电子鼻中。其常见材料是向铱、钨、钛、锌和锡的氧化物中掺入钯和铂等贵金属催化剂。另一类常用材料为有机半导体敏感材料，其典型代表为酞菁类聚合物，该类材料的环状结构使得吸附气体分子与有机半导体之间产生电子授受关系。可利用自组织膜技术、旋涂技术、LB 膜技术和真空升华技术等制膜技术在检测器件上制得薄膜型气敏元件及传感器阵列。聚吡咯、β-胡萝卜素、二萘嵌苯和蒽等是近年来备受关注的有机半导体气敏材料。

2. 传感器阵列

电子鼻系统的关键是利用传感器及其阵列把气味分子在接触表面的化学作用转化为可测的电信号。气敏传感器阵列既可以通过数个单独的气敏传感器组合，又可以采用集成工艺制作而成，后者具有功耗低、体积小、便于信号的集中采集与处理的优点。气敏传感器阵列中的传感器单元包含以下几种方法制备方法：①采用不同工作机理的传感器；②选用基于不同气敏材料的传感器；③通过控制材料微细结构，如选择新添加剂，改变器件结构、几何尺寸来获得具有不同性能的传感器单元。

图 6-33 所示为采用微电子及微机械加工（MEMS）技术研制的微型金属氧化物气敏元件及其阵列。MEMS技术的基础是由微电子加工技术发展起来的微结构加工技术，包括表面微加工技术和体微加工技术。图 6-34 所示为基于体微加工技术和表面微加工技术的新型聚合物

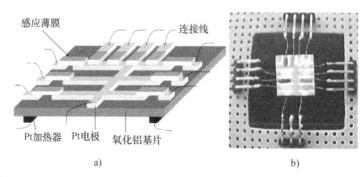

a)　　　　　　　　　　　b)

图 6-33　微型金属氧化物气敏元件及其阵列
a）图纸　b）照片

气敏材料传感器的制造流程。金属氧化物半导体（MOS）、聚合物和有机半导体等几种不同类型气敏传感器阵列的主要技术参数见表 6-4。

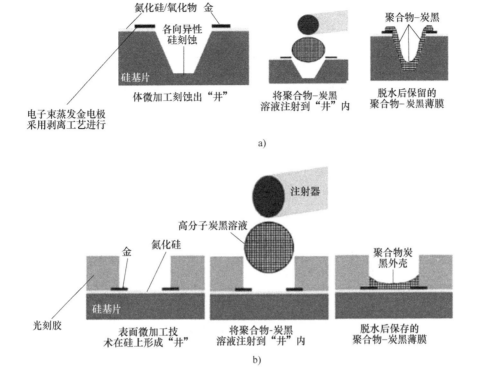

图 6-34　基于 MEMS 技术的聚合物气敏材料传感器制造流程

a）体微加工传感器制造流程　b）表面微加工传感器制造流程

表 6-4　不同类型气敏传感器阵列主要参数

传感器类型	传感器个数	检测气体	模式识别方法
MOS（TGS）	5~8	C_2H_6O、$C_4H_{10}O$、CO、CH_4、H_2	KNN、MLP
MOS	10	CO、CH_4、C_3H_8、C_4H_{10}	PCA、ANN
MOS（TGS）	6	国产酒	PCA
Polymer 聚合物	6	VOCs	PLS
Polymer 聚合物	8	辛烷、甲苯	PCA, PLS, ANN
Polymer 聚合物	5	化学战剂	PCA
CPs	8	BTEX	PCA
CPs	8	废水	PCA
Polymer-Carbon black 高分子碳黑	3	VOCs	PCA
CPC	4	细菌培养	PCA
Phthalocyanine 酞菁	8	乙醇、丙酮、三氯乙烯	BPNN

（续）

传感器类型	传感器个数	检测气体	模式识别方法
SWNTs 碳纳米管	32	NO_2、HCN、HCl	PCA
		Cl_2、丙酮、苯	
Nafion Ⓡ/ Pt/ceramic	8	NO_2、NO、SO_2、CO、O_2	BPNN

注：KNN（k-nearest neighbor）：K 最近邻；MLP（multilayer perceptron）：多层感知机；PCA（principal component analysis）：主成分分析；ANN（artificial neuro network）：人工神经网络；BPNN（back propagation neural network）：BP 神经网络。

3. 传感器阵列数据采集系统

传感器阵列的数据采集系统如图 6-35 所示。传感器阵列的模拟输出经 A/D 转换为数字信号输入计算机中进行数据处理和模式识别，被测嗅觉的强度可用每个传感器的输出的电压、电阻或电导绝对值，以及相对信号值（如归一化的电阻值或电导值，即其变化率）来表示。

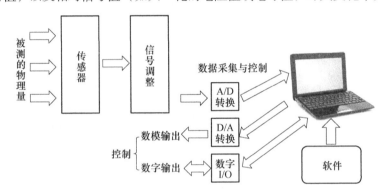

图 6-35　传感器阵列的数据采集系统

4. 传感器阵列信号预处理

在模式识别之前，需要对传感信号进行适当的预处理。设电子鼻内某一传感器 i 对气味 j 的响应为时变信号 $V_{ij}(t)$，由 n 个气敏传感器组成的阵列对气味 j 的响应是 n 维状态空间的一个矢量 $\boldsymbol{V}_j$，其分量形式为：$\boldsymbol{V}_j = \{V_{1,j}、V_{2,j}、\cdots、V_{n,j}\}$。去除响应中的时间变量，即取传感器的稳态响应作为输入数据进行分析。电子鼻信号的几种常用预处理方法见表 6-5。

表 6-5　电子鼻信号预处理方法

算法	公式	适用传感器类型
差分	$x_i = V_i^{\max} - V_i^{\min}$	金属氧化物型、化学电阻型、声表面波型
相对差分	$x_i = V_i^{\max}/V_i^{\min}$	金属氧化物型、化学电阻型、声表面波型
分式差动	$x_i = (V_i^{\max} - V_i^{\min})/V_i^{\min}$	金属氧化物型、化学电阻型、导电聚合物型
对数	$x_i = \lg(V_i^{\max} - V_i^{\min})$	金属氧化物型
传感器归一化	$x_i = (X_i - V_i^{\min})/(V_i^{\max} - V_i^{\min})$	金属氧化物型、化学电阻型、压电晶体型
阵列归一化	$x_i = X_i/\sqrt{\sum X_i^2}$	金属氧化物型、化学电阻型、压电晶体型

5. 模式识别处理

对传感器阵列输出的信号进行采集、加工和处理后，利用多元数据统计分析方法、神经网络方法和模糊方法建立多维响应信号与目标感官评定指标值或组分浓度值的数学关系，构建被测气味定性分析的模式识别智能解释器。早期电子鼻系统模式识别处理的常用方法包括主成分分析、多元线性拟合、模板匹配和聚类分析等。

研究发现气敏传感器响应与被测气体体积分数通常表现为非线性相关关系，因此，现在的电子鼻系统多采用偏最小二乘（PLS）和人工神经网络（artificial neural network，ANN）算法。近些年发展起来的 ANN 对非线性模式识别问题具有杰出的处理能力。其通过自学习训练可自动掌握隐藏在传感器响应和气味类型与强度之间难以用明确的数学公式表示的复杂对应关系。

在实际分析中，主成分分析、局部最小二乘法、辨别分析法、辨别因子分析法和聚类分析法等许多统计技术通常与 ANN 联合使用，实现功能或方法互补，以获得比用单个技术更加全面、精确的定性、定量分析。

目前、电子鼻技术研究主要集中在以下几个方面：

1）高效、低功耗和高集成度气敏传感器阵列研发，特别是有机材料与复合材料等新型敏感材料的探索研究。

2）模式识别系统的研究，具体包括传感器响应的漂移补偿、特征提取和模式识别等新算法的研发。

3）应用研究。

4）基于新生物学的人工鼻模型研究。

6.2.4　电子鼻技术的发展历史

Seiyama 于 1962 年发现了二氧化锡的气敏特性，意味着气敏传感器的诞生。Persaud 等人于 1982 年在 Nature 杂志上首次提出采用阵列思想识别不同气体，标志了电子鼻的诞生。其使用了 3 个商品化 SnO_2 气敏传感器（TGS 813、812、711，日本费加罗系列）组成的阵列模拟了嗅觉系统中嗅感受器细胞，实现了对异茉莉酮、柠檬油、戊酸、乙醚、乙醇和戊基醋酸酯等有机挥发气体的类别分析。

1989 年在北大西洋公约组织的会议上对电子鼻定义如下：电子鼻是由多个性能彼此重叠的气敏传感器和适当的模式分类方法组成的具有识别单一和复杂气味能力的装置。随后，为了促进电子鼻技术的交流和发展，继 1990 年举行的第一届电子鼻国际学术会议后，每年都会举办一次国际会议。目前一些典型的商品化电子鼻系统见表 6-6。

表 6-6　一些典型的商品化电子鼻系统

名称	传感器阵列类型	传感器个数	主要应用对象	生产厂商与国别
便携式气味监测仪	金属氧化物半导体	6~8	一般可燃性气体	美国
智能鼻 Fox2000	金属氧化物半导体	12	一般可燃性气体	Alpha 公司，法国
模块式传感器系统 MOSES Ⅱ	导电聚合物、金属氧化物半导体、石英晶振	24	橄榄油、有机气体、塑料、咖啡	Tubingen 大学，德国
气味警犬 BH114	导电聚合物、金属氧化物半导体	16	一般可燃性气体	Leeds 大学，英国
香味扫描仪 Aromascan	导电聚合物	32	食品、化妆品、包装材料，环保	路易发展公司，英国

6.2.5　电子鼻应用举例

目前，电子鼻系统已广泛应用于各种食品的品质检测研究中，具体包括酒类的区分与辨识（见图6-36）、肉品新鲜度分析、饮料中香精和香料分析、谷物生长分析、水果中芳香类物质分析、食品腐败变质过程分析、龙井茶品质等级区分及质量研究（见图6-37）和牛奶新鲜度分析等。

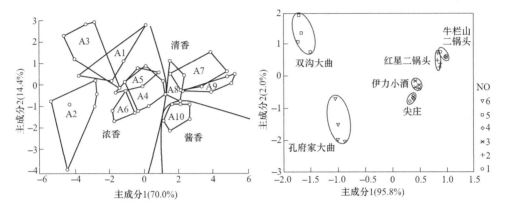

图6-36　不同风味（左）及品牌（右）白酒的识别区分

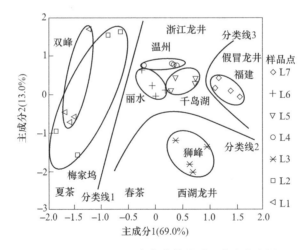

图6-37　Smartongue 在龙井茶品质区分中的应用

除食品领域外，科学家们也在积极探索该技术在其他领域的应用研究。美国奋进号航天飞机为国际空间站送去一个电子鼻。它可以帮助实时监测空间站内的危险化学物质，为宇航员的健康和安全保驾护航。

目前，国外已有多家公司对电子鼻技术进行了较成熟的商业化开发，例如，AIRSENSE Analytics 公司的 PEN 系列、Electronic Sensor Technology 公司的 zNose、Technobiochip 公司的 LibraNose 和 Alpha MOS 公司的 FOX 系列等。国内有一些电子鼻产品的代理公司，主要为大学、研究机构提供用于应用型研究或对模式识别算法进行二次开发的电子鼻产品。目前，电子鼻技术还未实现在生产检测等实际场合的真正应用。

第 **7** 章

电化学与生物传感器技术

作为代替五官中舌头的先进味觉技术，本章以电化学传感器为例，讲解电化学技术基础，电化学传感器的概念、原理、组成、分类与应用实例；在此基础上，进一步讲解生物传感器尤其电化学生物传感器的概念、工作原理、组成分类与应用及其发展趋势。

7.1 电化学传感器

电化学是以电化学反应为基础的分支学科，研究物质化学性质或化学反应与电信号关系的科学。即电化学主要分析的是化学现象与电现象的相关性，研究电极与电解质界面相互作用产生的现象、过程和反应。因此，电化学主要研究的是化学能与电能之间相互转换的原理与技术。通过上文分析，可知电化学传感器是由一个或多个能产生与被测组分某种化学性质相关电信号的敏感元件所构成的传感器。

7.1.1 电化学传感器的概念与分类

在讲解电化学传感器之前，回顾传感器的基本概念及分类。根据国家标准（GB/T 7665—2005），传感器是能够感受规定的被测量，并按照一定规则将其转化为可用输出信号的器件或装置。通常传感器可分为物理和化学传感器两类，物理传感器感受并转换的是光、声、温度和压力等物理信息，而化学传感器则主要针对化学组分含量等化学信息。

电化学传感器是化学传感器近年来的最新发展，结合传感器定义，电化学传感器可以感知待测物质与敏感材料相互作用后产生的化学信息，并将其转化为可测量的电信号。其主要工作方式是将待测物质以适当形式置于电化学反应池中，并测量其电化学性质（如电位、电流和电导等）的变化从而实现待测物质组成及含量的测定。电化学传感器按照检测对象可以划分为三种类型：离子传感器、气体传感器和生物传感器；而按照工作方式也可划分为电势型传感器、电流型传感器和电导型传感器三种类型。

进一步分析不同工作方式的电化学传感器工作原理。电势型传感器是将电解质溶液中被测物质与电极的相互作用转换为电动势，并通过测量此电动势的变化实现被测物质的定性或定量检测。与之类似的，电流型传感器是在电极和电解质溶液间的电压保持恒定的条件下，氧化或还原被测物质，并将反应转换为外电路中的电流，进而通过测量电流实现被测物质的检测。电导型传感器同样使被测物发生氧化或还原反应，但其测量的是反应造成的电解质溶液的电导变化，进而实现对被测物质的检测。

7.1.2 电势型电化学传感器

由上文可知，电势型传感器是电化学传感器的一种，其通过测量电解质溶液和传感器的电极间的电压来测量化学量。在讲述电势型电化学传感器工作原理之前，先简单回顾一下电势型电化学传感器所依托的理论基础，即原电池体系的工作原理。

1. 原电池体系的工作原理

图 7-1 所示为原电池体系工作原理。

在硫酸铜（$CuSO_4$）溶液中放入一片锌（Zn）片，由于金属 Zn 的活泼性高于 Cu，因此，将发生氧化还原反应，正极为还原反应，负极为氧化反应。

负极发生氧化反应方程式为

$$Zn - 2e^- = Zn^{2+}$$

正极发生还原反应为

$$2H^+ + 2e^- = H_2\uparrow$$

总反应中离子方程式为

$$Zn + 2H^+ = Zn^{2+} + H_2\uparrow$$

总反应中化学方程式为

$$Zn + 2H_2SO_4 = ZnSO_4 + H_2\uparrow$$

实际上电势型电化学传感器是一个原电池体系，包括电极和电解质溶液等部分，其示意图如图 7-2 所示。

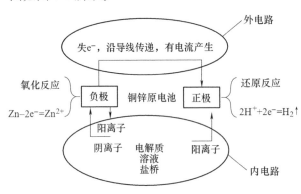
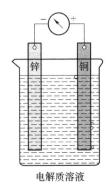

图 7-1　原电池体系工作原理　　　　图 7-2　电势型电化学传感器示意图

在本例中的负极是 Zn，发生氧化反应，电极失电子，化合价升高；正极是 Cu，发生还原反应，电极得电子，化合价降低。在原电池中，氧化与还原反应同时发生，氧化物发生还原反应氧化了其他物质，产生氧化产物。因此，在原电池电流回路中，通过离子迁移完成电流通路。Zn 失去电子变为 Zn^{2+}，生成 $ZnSO_4$ 溶液，在溶液中 Zn^{2+} 增多而带正电荷，与此同时 $CuSO_4$ 溶液中 Cu^{2+} 得到电子变为 Cu，同时也造成 SO_4^{2-} 相对增多而带负电荷，在这种情况下，离子浓度梯度不同，进而发生离子迁移完成电流通路。

2. 电势型电化学传感器和离子选择性电极

电势型电化学传感器通常包含两个电极，分别是测量电极和参比电极。其中，测量电极通常用来指示被测离子活度的电极电位，而同时溶液不会对参比电极的电极造成影响。为测量离子活度，需将测量电极和参比电极共同浸入待测溶液，而后测量原电池电动势即可。在测量电动势时，通常测量的是作用在离子电极上的溶解与电解质溶液中的离子，物质的浓度通常是通过平衡电位来确定的。电势型电化学传感器中的研究热点是离子传感器，其中 pH

传感器是离子传感器中的热点。

离子选择性电极（ion-selective electrode，ISE）是一种具有敏感膜并能产生膜电位、基于离子交换或扩散的电极，其关键部件是敏感膜。ISE 的敏感膜有三个共同特点：

1）在被测溶液（一般指水溶液）中不可溶解。

2）具有一定的导电性，但不同于金属导电，指带电荷离子在膜内迁移。

3）对被测离子具有选择性响应，具体指敏感膜或膜内组分与被测离子以离子交换、结晶化或络合等方式选择性结合。

最早使用的膜电极是玻璃电极，主要包括 pH、pK 和 pNa 等玻璃电极，分别与 H^+、K^+、Na^+ 等离子响应。

3. pH 玻璃电极的结构及膜电位的概念

pH 玻璃电极的结构如图 7-3 所示，敏感玻璃膜是 pH 玻璃电极的关键部分，为制作这种敏感玻璃膜，首先在 SiO_2 中加入 Na_2O 和少量 CaO，而后烧制这种特殊组成的玻璃，最后将其吹制成厚度约为 0.5mm 的玻璃球泡。例如，常用的康宁 015 玻璃（Corning015）做成的 pH 玻璃电极，其配方为：Na_2O 21.4%，CaO 6.4%，SiO_2 72.2%（摩尔百分比），这种 pH 玻璃电极的测量范围为 1~10，为适当扩大测量范围，可加入一定比例 Li_2O。pH 玻璃电极制作关键参数见表 7-1。

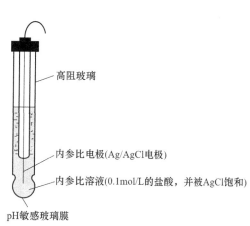

高阻玻璃

内参比电极(Ag/AgCl电极)

内参比溶液(0.1mol/L的盐酸，并被AgCl饱和)

pH敏感玻璃膜

图 7-3 pH 玻璃电极的结构

表 7-1 pH 玻璃电极制作关键参数

响应离子	玻璃膜组成（摩尔分数）（%）			选择性系数
	Na_2O	Al_2O_3	SiO_2	
Na^+	11	18	71	K^+ 2800(pH = 11)
K^+	27	5	68	Na^+ 20
Ag^+	11	18	71	Na^+ 1×10^{-3}
	28.8	19.1	52.1	H^+ 1×10^{-5}
Li^+	15	25	60	Na^+ 3 K^+ 10000

在传感器工作过程中，离子选择性膜中的离子将会和溶液中的离子发生交换反应，进而在两个界面形成两个液接电位。而膜电位则是由于膜两侧接触的电解质溶液浓度不同造成的电位差（见图 7-4），电位差与溶液中待测离子活度（或浓度）的对数值呈线性关系，公式为

$$\phi_M = \phi_{D1} + \phi_{D2} + \phi_d \tag{7-1}$$

式中，ϕ_{D1}、ϕ_{D2} 是液体接界电势；ϕ_d 是膜相内扩散电势。

4. pH 玻璃电极的前处理

干玻璃不具有响应 H^+ 的功能，如图 7-5 所示的硅酸盐玻璃结构，玻璃中含有三种元素，分别为金属离子、氧、硅，其中氧和硅可构成 O—Si—O 键，此化学键可在空间构成固定的带负电荷的三维网络骨架，另外，金属离子与氧原子结合为离子键形式，存在并活动于网络之中承担着电荷传导的作用。

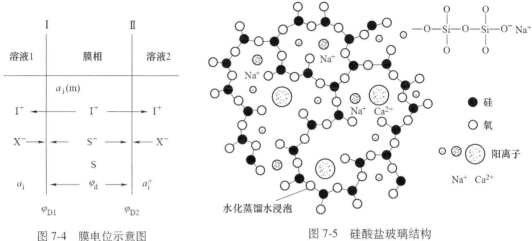

图 7-4   膜电位示意图   图 7-5   硅酸盐玻璃结构

因玻璃中无可供 H^+ 交换的点位，所以对 H^+ 没有响应。因此，对 pH 玻璃电极必须进行前处理，使内外玻璃膜与水溶液接触，这样才可使 Na_2SiO_3 晶体骨架中的 Na^+ 与水中的 H^+ 发生交换，方程式为

$$H^+ + Na^+GI^- \rightleftharpoons Na^+ + H^+GI^-$$
$$溶液 \quad 玻璃膜 \quad 溶液 \quad 玻璃膜$$

因平衡常数很大（约 10^{14}），另外从键合强度分析，硅氧结构与 H^+ 远大于与 Na^+，因此，反应按照方程式向右进行的趋势很大，玻璃膜内外表面层几乎全部的 Na^+ 的位置会被 H^+ 占据，这样便会形成水化胶层（见图 7-6a），这样玻璃中就有了可供 H^+ 交换的点位，进而可对 H^+ 产生响应。因此，通过前处理，即被水浸泡后的玻璃膜包含内外两表面的两个水化胶层及膜中间的干玻璃层三部分。经过前处理的玻璃膜中离子的分布如图 7-6b 所示。由于玻璃膜包含三层部分，因此，电极的相等于试液相、外水化胶层、干玻璃相、内水化胶层与内参比液相的总和。

5. pH 玻璃电极的离子响应机理

进一步分析经过前处理后玻璃膜的响应机理，当水化（处理好）的 pH 玻璃电极与被测试液接触时，由于它们的 H^+ 活（浓）度不同，因此会发生扩散，方程式为

$$H^+_{水化胶层} \rightleftharpoons H^+_{溶液}$$

H^+ 从高浓度向低浓度扩散，当被测溶液中的 H^+ 活（浓）度大时，H^+ 进入水化胶层；反之，则 H^+ 由水化胶层进入溶液。H^+ 的扩散膜外表面与试液间两相界面的电荷分布造成影响，形成电位差。并且内外界面形成双电层结构，都产生电位差。内外界面 pH 玻璃电极的响应机理如图 7-6a 所示。

进一步将干玻璃层及其内、外水化层展开后，则 pH 玻璃电极膜电位与 pH 的关系，可以表示为

膜电位 $E_M = E_外$（外部试液与外水化层之间）$+ E_{d外}$（外水化层与干玻璃之间）$+ E_{d内}'$（干玻璃

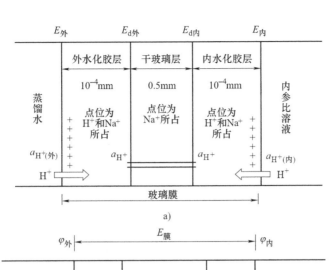

图 7-6 pH 玻璃电极的前处理示意图

a) 玻璃膜内外表面形成了水化胶层 b) 处理好的玻璃膜中离子的分布

与内水化层之间) $-E_\text{内}$（内水化层与内部试液之间）

设膜内外表面结构相同，得

$$E_{\text{d外}}（外水化层与干玻璃之间） = -E_{\text{d内}}（干玻璃与内水化层之间）$$

进一步令：

$$E_\text{外} = E_\text{外}（外部试液与外水化层之间）+E_{\text{d外}}（外水化层与干玻璃之间）$$

$E_\text{内} = E_{\text{d内}}（干玻璃与内水化层之间）-E_\text{内}（内水化层与内部试液之间） = -E_{\text{d外}}（外水化层与干玻璃之间）-E_\text{内}（内水化层与内部试液之间）$

则膜电位可表示为

$$E_\text{M} = E_\text{外}-E_\text{内} = E_\text{外}（外部试液与外水化层之间）-E_\text{内}（内水化层与内部试液之间）$$

以上即为 pH 玻璃电极的膜电位与 pH 值之间的关系式。离子传感器也可称为离子选择性电极，它包含三个部分，分别是敏感膜、内导体系和电极控件等，并且能选择性的和溶液中某种特定的离子产生响应。这里的响应具体是指电极在溶液中与特定离子接触后产生的膜电位使溶液中该离子的浓度发生变化。另外，膜电位与特定离子活度的关系符合能斯特（Nernst）方程。因此，通过热力学理论的推导，可以找到膜电位值与离子浓度比的定量关系。

进一步对能斯特方程进行介绍。在电化学中，通常利用能斯特方程来计算电极上相对于标准电势（E^0）的指定氧化还原对的平衡电压。要注意的是，能斯特方程只能在氧化还对中两种物质同时存在时才有意义。

在常温（25℃=298.15K）下，其关系为

$$E = E^0 - \frac{RT}{nF}\ln\frac{a_{red}}{a_{ox}} \qquad (7\text{-}2)$$

因此，能斯特方程可以被简化为

$$E = E^0 + \left(\frac{RT}{nF}\right)\ln\frac{a_{ox}}{a_{red}} \qquad (7\text{-}3)$$

能斯特方程在25℃可计算为

$$\frac{RT}{F}\ln 10 \approx 0.06$$

$$E = E^0 - \frac{0.06}{n}\lg\frac{[red]}{[ox]}$$

$$\Leftrightarrow E = E^0 - \frac{0.06}{n}\lg\frac{[red]}{[ox]}$$

式中，R 是理想气体常数，其取值为 8.314570J/（K·mol）；T 是温度（K）；a 是氧化型和还原型化学物质的活度，这里活度可通过浓度与活度系数计算（活度=浓度×活度系数），其中 [ox] 代表氧化型，[red] 代表还原型；F 是法拉第常数，$F = 96485C/mol$；n 是半反应式的电子转移数（mol）。

膜电位与特定离子的活度的关系符合能斯特方程，公式为

$$E_M = \frac{RT}{zF}\ln\frac{a_1}{a_2} = \frac{0.059}{z}\lg\frac{a_1}{a_2}$$

$$E_M = E_外 - E_内$$

$$= \left(K_1 + 0.059\lg\frac{a_{H^+_外}}{a_{H^+}}\right) - \left(K_2 + 0.059\lg\frac{a_{H^+_内}}{a_{H^+}}\right)$$

$$= K_1 - K_2 - 0.059\lg a_{H^+_内} + 0.059\lg a_{H^+_外}$$

令 $K = K_1 - K_2 - 0.059\lg a_{H^+_内}$，则

$$E_M = K + 0.059\lg a_{H^+_外} = K - 0.059pH$$

即 pH 玻璃电极的膜电位与 pH 值之间的关系式为

$$E_M = K - 0.059pH$$

结合 pH 测量装置（见图 7-7），介绍 pH 的测定。

装置中，pH 与电动势的关系为

（左）饱和甘汞电极 ‖ （右）pH 玻璃电极

$$E_{电池} = E_右 - E_左 = E_玻璃 - E_{SCE}$$

$$E_{电池} = (K - 0.059pH) - E_{SCE} = K - E_{SCE} - 0.059pH$$

$$E_{电池} = K - 0.059pH$$

新的 K 包括内参比电极电位与外参比电极电位。

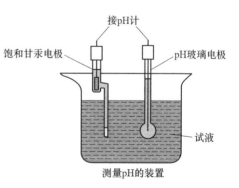

图 7-7　pH 测量装置

6. pH 的实际测量

由于 K 无法测量，在实际测量中，通常首先测定已知 pH_s 的标准溶液的电动势（E_s），再测量未知 pH_x 溶液的电动势（E_x），然后将二者组成方程进行计算，公式为

$$E_s = K - 0.059 pH_s$$

$$E_x = K - 0.059 pH_x$$

$$pH_x = pH_s + \frac{E_s - E_x}{0.059}$$

具体操作过程通常是，首先，将一系列浓度不同的 F 标准溶液分别与氟离子选择性电极和饱和甘汞电极组成化学电池，测量标准溶液电动势，绘制 $E \sim lga$ 曲线；然后，将待测试样溶液和电极组成化学电池，而后，在相同条件下测量其电动势 E_x，并从标准曲线上查出对应的 pH_x，进而求出待测离子浓度。

7.1.3　恒电位电解式电化学传感器

以电解氯化铜的基本原理（见图 7-8），引出电位电解式电化学传感器内容。控制电位电解型（恒电位电解式）传感器又称电流型传感器，是把化学量转换为电流或电量的电化学传感器，通过测量电流或电量就可以测定化学量。

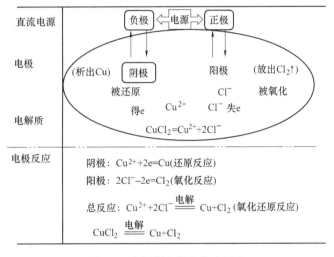

图 7-8　电解氯化铜的基本原理

1. 恒电位电解式气体传感器结构

以 CO 气体检测为例，制备一个密闭容器，并充满电解质溶液，同时在容器相对两侧安置工作电极和对比电极。在安置的两电极间加恒定电位差构成恒压电路（见图 7-9）。

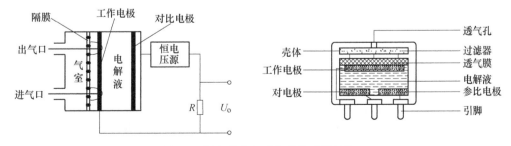

图 7-9　恒电位电解式气体传感器结构

CO 气体传感器与报警器配套使用，当气体传感器探测到气体浓度发生变化时，其输出电流也随之发生变化，并且两者间成正比。输出电流在经过报警器的电路转换放大，以驱动

不同的执行机构的报警功能。综上所述，两者配合共同构成了环境检测或监测报警系统。

2. 恒电位电解式气体传感器测量原理

恒电位电解式气体传感器是一种通过测定气体在某确定电位电解时所产生的电流而实现气体浓度测量的湿式气体传感器。当某确定电位电解时，电解质内气体将工作电极氧化或还原，同时对比电极上对应发生还原或氧化反应，这会造成电极设定电位发生变化，传感器通过测量这种变化实现气体浓度的检测。传感器的输出是一个正比于气体浓度的线性电位差，电位差与电流的关系即电解电流和气体浓度间关系，可用科特雷尔（Cottrell）方程描述。在电化学中，Cottrell 方程反映的是施加恒电势过程中（从无电化学反应到发生反应的过程中）电流与时间的变化关系，例如，计时电流法。施加恒电势过程中具体指从无电化学反应的电势阶跃到发生电化学反应的电势的过程。具体来说，它描述当电位是阶梯函数时的电流响应。它由 1903 年的弗雷德里克·加德纳·科特雷尔（Frederick Gardner Cottrell）提出。对于简单的氧化还原事件，如二茂铁/二茂铁盐的组合，测得的电流取决于分析物扩散到电极的速率。也就是说，电流被称为扩散控制。Cottrell 方程描述了平面的电极的情况，公式为

$$i = \frac{nFAc_j^0 \sqrt{D_j}}{\sqrt{\pi t}} \tag{7-4}$$

式中，i 是电流（A）；n 是电子数（例如，为了减少/氧化一分子的分析物 j）；F 是法拉第常数，$F = 96485C/mol$；A 是（平面）电极的面积（cm^2）；c_j^0 是可还原分析物 j 的初始浓度（mol/cm^3）；D_j 是物种 j 的扩散系数（cm^2/s）；t 是时间（s）。

当 CO 通过外壳的气孔经透气膜（多孔聚四氟乙烯膜）扩散到工作电极表面上时，在工作电极上 CO 气体被氧化成为 CO_2；对比电极上 O_2 气体被还原。即 CO 分子被电解，通过测量作用电极与对比电极间流过的电流，即测量流过电阻 R 两端的电压 U_o，即可得到 CO 的浓度。

工作电极上 CO 气体被氧化（阳极失电子），氧化反应方程式为

$$CO + H_2O \rightarrow CO_2 + 2H^+ + 2e^-$$

从方程式可以看出，工作电极上的氧化反应将产生 H^+ 离子和 e^-，它们会通过电解液转移到对比电极上，对比电极与工作电极保持一定间隔。同时水中的 O_2 气体被还原（阴极得电子），还原反应方程式为

$$\frac{1}{2}O_2 + 2H^+ + 2e^- \rightarrow H_2O$$

综上所述，传感器内部发生的氧化-还原的可逆反应为

$$2CO + O_2 \rightarrow 2CO_2$$

在检测过程中，氧化-还原可逆反应一直发生在工作电极与对比电极之间，因此，两电极间总会产生电位差。但由于在两电极上分别发生的反应都会造成电极极化，这会造成导致极间电位不恒定，这也进一步限制了传感器检测 CO 浓度的范围。

为维持极间电位恒定，除工作电极与对比电极外，又添加了一个参比电极。加入新电极后，传感器输出的是参比电极和工作电极之间的电位变化，参比电极不参与氧化或还原反应，因此，这个电极的添加能够保持极间电位的恒定（即恒电位），此时电位变化就同待检

测的 CO 浓度变化有直接关系。当传感器产生输出电流时，此电流大小与待测气体的浓度成正比。通常用外部电路连接电极引出线来测量传感器输出电流的大小，实现 CO 气体浓度检测，并且其线性测量范围较宽。

3. 恒电位电解式气体传感器工作过程

CO 气体传感器在多孔电极上的反应原理如图 7-10 所示，主要包含八个步骤，以 CO 传感器为例进一步说明恒电位电解式气体传感器的工作过程。

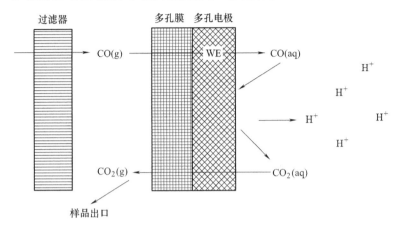

图 7-10　CO 气体传感器在多孔电极上的反应原理

1）被测气体以自由扩散或机械泵入的方式进入传感器的气室。但在进入气室之前，气体需先经过滤器，它能够滤掉被测气体中的颗粒，保护传感器，并滤掉电活性干扰物，进而提高选择性。

2）被测气体进入气室。待气体进入气室后，继续扩散到达多孔膜，并通过多孔膜向电极-电解液界面扩散。多孔膜可防止传感器出现漏液现象，进一步提高选择性。

3）电活性物质在电解液中的溶解。这一步骤中，物质穿过气液界面的速度和气体在电解液中的溶解速度对传感器的响应灵敏度和响应时间起决定性作用。

4）电活性物质在电极表面吸附。这一步骤中，待检测气体扩散到催化剂电极表面并发生氧化或还原反应，气体在电极表面的吸附决定了氧化或还原反应速率的大小。

5）扩散控制下的电化学反应。当被测气体为 CO，对电极为空气电极时，工作电极反应式为

$$CO + H_2O \rightarrow CO_2 + 2H^+ + 2e^-$$

对电极反应式为

$$\frac{1}{2}O_2 + 2H^+ + 2e^- \rightarrow H_2O$$

总反应式为

$$2CO + O_2 \rightarrow 2CO_2$$

当满足扩散步骤为速率控制步骤时，整个反应可以由 Cottrell 方程描述，公式为

$$i_t = \frac{nFAD^{1/2}c}{\pi^{1/2}t^{1/2}} \tag{7-5}$$

式中，A 是电极面积；D 是氧化态物种的扩散系数；t 是反应时间；n 是电极反应电子的计量系数。从式（7-5）中可以看出，i_t 和 c 成正比。

6）产物的脱附。当产物解吸的速度较慢时，会存在电极被反应产物污染的风险，此时电流信号会逐步下降，造成电极中毒。

7）产物离开电极表面的扩散。净化电极，使电极回到初始的清洁状态。

8）产物的排除。产物溶于电解液将导致传感器内部成分改变，而造成传感器信号响应发生变化，因此需排除产物，净化传感器内部空间。检测 CO 气体的传感器通常使用酸性电解液。

恒电位电解式气体传感器优点显著，例如，可检测种类多、测量范围宽、精度高、便携和可现场直接监测等。但其也存在几方面不足，如：电解液本身的变化可能导致传感器信号衰减或失效，如电解液发生蒸发、干涸或被污染；催化剂失效，如其长期与电解液直接接触造成的活性降低；电子电路被腐蚀，如发生漏液现象后造成的电子电路损伤；传感器微型化困难。

7.1.4 电导型传感器

电导型传感器是把待测化学量转换为电导的电化学传感器。电导型传感器中电解质溶液能导电，且其电导会随溶液中离子浓度的变化而发生变化，因此，测量电解质溶液电导的变化即可实现待测化学量的测定，测量电路如图 7-11 所示，其中 R_x 为惠斯顿电桥平衡法计算，公式为

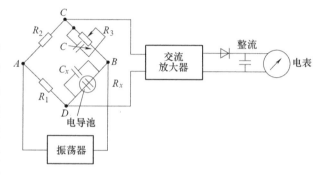

图 7-11　电导型传感器测量电路

$$R_x = \frac{R_1}{R_2}R_3 \tag{7-6}$$

电导型传感器有极高的灵敏度，但几乎没有选择性，因此应用较少。

7.2　电化学生物传感器

7.2.1　生物传感器的概念、组成与分类

根据 2000 年国际纯粹与应用化学联合会（IUPAC）的定义，生物传感器是一个独立、完整的装置，主要基于生物识别元件（生物化学受体），来提供特殊的定量和半定量分析信息，并且这个生物识别元件与物理换能器保持直接的空间接触，其工作流程如图 7-12 所示。

图 7-12　生物传感器工作原理

生物传感器会固定化处理生物功能材料（如酶、微生物组织、动物细胞、底物、抗原和抗体等），当待测物质与生物识别元件发生相互作用时，会同时发生一系列物理或化学变化，此时便有相应信号转换器将将捕捉它们之间发生的反应，进而产生离散或连续的信号用来表达反应的程度。生物传感器就是基于以上原理实现被测物浓度、成分等信息检测的。从以上的生物传感器工作流程可看出，其基本组成部分包括四部分，分别是生物识别元件、物理换能器、电子放大器和数字处理。敏感材料或生物识别元件的特殊性是生物传感器在载体上固定化有生物体的成分（如酶、抗原、抗体和 DNA 等）或细胞、组织等，并以此作为敏感元件。生物识别元件（感受器）一般指的是具有分子识别能力的生物活性物质（如组织、细胞、细胞器、细胞膜、酶、抗体和核酸等）。生物传感器常用的生物识别元件见表 7-2。

表 7-2　生物传感器常用的生物识别元件

生物识别元件	生物活性材料
酶膜	各类酶类
全细胞膜	细菌、真菌、动植物细胞
组织膜	动植物组织切片
细胞器膜	线粒体、叶绿体
免疫功能膜	抗体、抗原、酶标抗原等

生物传感器研究开发中一项十分重要的环节便是生物功能物质的固定化。固定化技术，指的是把生物活性材料与载体固定化成为生物敏感膜。固定化技术的发展对研发优质的生物传感器有重要的推进作用，如使其价格更低廉、灵敏度更高、选择性更好和寿命更长。因此，各国科学家将生物传感器研究的热点集中于此项技术。固定化技术主要包括两种方法，分别是物理方法和化学方法。近年来，随着半导体生物传感器的迅速发展，除以上两种方法外又出现了集成电路工艺制膜技术。下文主要针对固定化技术中的物理方法和化学方法进行详细说明。

（1）物理方法　物理方法主要包含三种方法（见图 7-13），分别是吸附法、夹心法和包埋法。

1）吸附法指的是利用非水溶性固相载体通过物理吸附或离子结合等方式将蛋白质分子固定化。这里所提到的非水溶性固相载体所包含的种类较多，如活性炭、高岭土、硅胶、玻璃、纤维素和离子交换体等都属于这种载体。

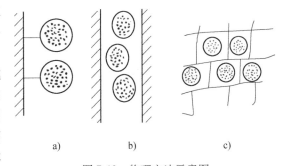

图 7-13　物理方法示意图
a）吸附法　b）夹心法　c）包埋法

2）夹心法是在双层滤膜之间封闭生物活性材料，从而形成滤膜-生物活性材料-滤膜的夹心结构。这种方法不需要任何化学处理，具有操作简单、固定生物量大、响应速度快和重复性好等优点。

3）包埋法指的是选择高分子聚合物三维空间网状结构为基质，并利用包埋的方法将生物活性材料固定在基质的网状结构中。此方法一般不产生化学修饰，因此通常不会对生物分子活性产生影响，但其缺点是所用的凝胶网格不利于分子量大的底物的扩散。

（2）化学方法　化学方法即化学修饰（chemical modification），指的是在电极表面通过吸附、涂敷、聚合和化学反应等方法使活性基团或催化物质等附着在其表面的工艺，进而达到电极保护或电极特征功能改进的目的。例如，硅电极可将阳光转换为电流，但同时硅会在水溶液中溶解，反应过程中生成的二氧化硅也会附着在电极表面使电极绝缘，进而造成电极失效。化学方法包括共价连接法和交联法。

1）共价连接法是指通过共价键使生物活性分子与固相载体结合固定的方法（见图7-14）。这种结合方法牢固，生物活性分子不易脱落，载体也不易被生物降解，使用寿命长；但也具有明显缺点，如实现固定化较麻烦，酶活性可能会因受到化学修饰的影响而降低等。

2）交联法将蛋白质通过双功能团试剂结合到惰性载体或蛋白质分子上，并彼此交联成网状结构（见图7-15）。这种方法操作简单在酶膜和免疫分子膜制备中广泛应用，其中双功能团试剂，指的是当其与酸作用时是碱，而与碱作用时是酸，如偏铝酸钠（$NaAlO_2$）。

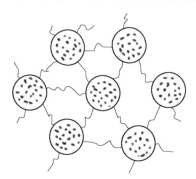

图7-14　生物活性分子通过共价键与固
相载体结合固定

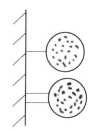

图7-15　双功能团试剂结合
蛋白质与载体

图7-16所示为生物传感器工作流程，其核心是生物识别元件。流程图中第一个步骤涉及的生物识别元件，生物识别元件是一种具有分子识别能力的生物活性物质（如组织、细胞、细胞器、细胞膜、酶、抗体和核酸等），由于各种生物组分不同，因此在选择生物识别元件时需结合具体应用需要。物理换能器是提供生物识别元件发生反应证据的元件，物理换能器选择的依据是反应的类型和底液中物质的释放或消耗。

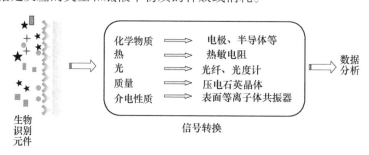

图7-16　生物传感器工作流程

从信号转换或物理换能器的角度，生物传感器的信号转换器可以根据信号转换类型要求选择，主要有电化学传感器、光学检测元件、热敏电阻、场效应晶体管、压电石英晶体及表面等离子共振器件等，如图 7-17 所示。

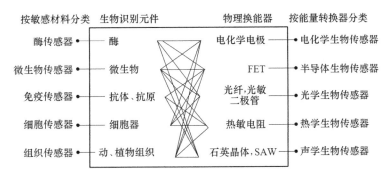

图 7-17　生物传感器的信号转换器类型

7.2.2　电化学生物传感器

电化学生物传感器也是一类生物传感器，其主要是将电化学感应器作为信号转换器。它包含两个主要部分，分别是生物敏感元件和电化学传感器。生物传感器中出现最早的是电化学生物传感器，其工作原理如图 7-18 所示，其基础电极主要采用固体电极，在电极表面固定有分子识别物（主要为生物活性），

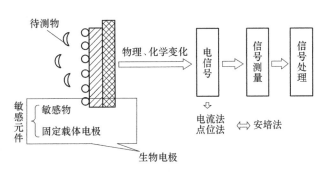

图 7-18　电化学生物传感器工作原理

然后基于生物分子间的特异性识别作用，在电极表面捕获目标分子，进而电极将浓度的变换转换成其他可测量的电响应信号（主要包括电势、电流、电阻或电容等），以此定量或者定性分析目标分析物。电化学生物传感器具有灵敏度高、选择性好、性能稳定、范围广和易微型化等优点。

根据电化学信号转换器电极（或输出信号）形式可以将电化学生物传感器分为三种类型，分别是电位型电极、电流型电极和氧电极。

（1）电位型电极（离子选择电极）　离子选择电极是能够对选择性响应特定的阳离子或阴离子的一种电极，具有快速、灵敏、可靠和价廉等优点。在生物医学领域中常直接用它测定体液中的一些成分（例如，H^+、K^+、Na^+、Ca^{2+} 等）。

（2）电流型电极　将电流型电极作为电化学生物传感器中信号转换器的做法有增长趋势，这是因为这类电极和电位型电极相比有以下优点：

1）与电位型电极相比电流型电极的输出直接和被测物浓度呈线性关系，而非对数呈线性关系。

2）电极输出值的读数误差所对应的待测物浓度的相对误差比电位型电极的小。

3）电极的灵敏度比电位型电极的高。

（3）氧电极　溶解氧在很多酶，特别是各种氧化酶和加氧酶在催化底物反应时都扮演了辅助试剂这一重要角色，而氧电极恰可以用来测定反应中所消耗的氧量。此外，微生物电

极、免疫电极等生物传感器中也选择氧电极作为信号转换器。这些都导致了氧电极在生物传感器中有着很广的应用。目前，用得最多的氧电极是电解式的 Clark 氧电极，Clark 氧电极是由铂阴极、Ag/AgCl 阳极、KCl 电解质和透气膜构成的。

7.2.3 电化学生物传感器应用举例

根据选用的生物敏感元件不同，电化学生物传感器可以分为六种类型，分别是电化学免疫传感器、电化学酶传感器、电化学 DNA 传感器、电化学微生物传感器、电化学组织传感器和细胞传感器等。以下章节将结合具体例子说明电化学生物传感器的工作原理。

1. 电化学免疫传感器

电化学免疫传感器也是一种生物传感器，是基于电化学分析方法与免疫学技术的结合发展而来，具有快速、灵敏、选择性高和操作简便等特点。基于 2001 年 IUPAC 的对生物传感器分类标准可知，电化学免疫传感器是一种基于抗原-抗体反应的，可进行特异性的定量或半定量分析的自给式的集成器件。这里的抗原/抗体指的是生物识别元件，它们直接接触于电化学传感元件，而传感元件可把接触到的待测物体中某种或者某类化学物质浓度信号转变为相应的可测量的电信号。根据检测信号的不同，电化学免疫传感器可分为四种类型，分别是电位型、电流型、电导型和电容型。

免疫是机体的一种特殊保护性生理功能。人体依靠这种功能识别"自己"成分，排除"非己"成分，达到维持内环境的平衡和稳定的目的。免疫传感器则同样利用了免疫这一功能。其基于抗体与相应抗原能够识别和结合的双重功能特性，传感器将抗体或抗原的固化膜与信号转换器组合，来实现抗原（或抗体）的测定。由于感受器单元中的抗体与被分析物的亲和性结合具有高度的特异性，感受器将接收抗体与抗原选择性结合产生的信号通过电子放大器进行放大处理，进而实现对被分析物的检测。因此，抗体与待测物结合的选择性和亲和力决定了免疫传感器的性能优劣。结合实例针对不同类型传感器逐一说明其工作原理。

（1）电位型免疫传感器　电位型免疫传感器测量的是免疫分析所造成的电位变化。其原理如图 7-19 所示，其电极表面或膜上固定有抗原或抗体，当膜上和待测样品中的抗原与抗体结合形成抗原抗体复合物时，由于其两性解离本身带电，原有的膜电荷密度将发生改变，进而膜的 Donnan 电位和离子迁移发生变化，最终使膜电位发生变化。例如，抗体先基于聚氯乙烯膜固定在金属电极上，然后在检测时抗体会特异性结合与

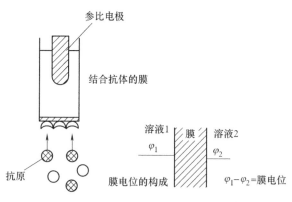

图 7-19　电位型免疫传感器工作原理

之相应的抗原，这时抗体膜中的离子迁移率也会随着结合而发生变化，进而导致了电极上的膜电位也发生相应改变。膜电位变化与待测物浓度之间存在对数关系，公式为

$$E_{\mathrm{M}} = \frac{RT}{zF}\ln\frac{a_1}{a_2} = \frac{0.059}{z}\lg\frac{a_1}{a_2} \tag{7-7}$$

以测定人绒毛膜促性腺激素（HCG）为例，进一步介绍其工作情况。HCG 是由胎盘的

滋养层细胞分泌的一种糖蛋白，可作为妊娠的早期诊断标准。在电极上固定 HCG 抗体，即制备成 HCG 电极。当待测溶液中滴入 HCG 抗原溶液时，由于抗原与抗体结合，电位逐渐下降，根据下降的电位，可以计算出 HCG 的浓度。

电位型免疫传感器将酶联免疫分析的高灵敏度和离子选择电极、气敏电极的高选择性集为一体，可实现各种抗原、抗体的直接或者间接检测，具有可实时监测和响应时间较短等特点。根据不同的传感器原理发展了两种电化学免疫传感器，分别是基于膜电位测量电化学免疫传感器和基于离子电极电位测量电化学免疫传感器。其中，前一种基于膜电位的测量没有得到实际应用，是因为其免疫电极灵敏度低导致的。后一种基于离子选择性的电极免疫传感器，是先通过共价结合的方式将抗体与离子载体结合，并固定在电极表面膜内，然后在测量时，样品中的抗原与固定抗体发生选择性地结合，导致膜内离子载体性质发生改变，同时也会改变电极上电位，最后通过测量电位变化实现抗原浓度检测。

（2）电流型免疫传感器　电流型免疫传感器是将酶底物浓度的变化或其催化产物浓度的变化转变成电流信号的传感器。这种传感器种类多样，但结构最简单的一种基于的是 Clark 氧电极。该类型电极的构建原理主要有两种，分别是竞争法和夹心法。

竞争法是将酶标抗原和样品中的抗原通过竞争结合的方法与氧电极上的抗体结合，来达到在检测时催化氧化-还原反应的目的，反应过程中产生的电活性物质会引起电流变化，从而通过测量电流的变化可实现样品中的抗原浓度的检测（见图 7-20a）。

夹心法是先使样品中的抗原与氧电极上的抗体结合后，再加入酶标抗体与待测抗原结合，从而形成电极抗体、待测抗原与酶标抗体的夹心结构，同样在检测时催化氧化-还原反应使电流值发生变化，以此实现抗原浓度检测。另外，在溶液中加入足量过氧化氢，附着在电极上抗体的过氧化物酶就会和这些过氧化氢发生氧化反应，并产生阴极电流与氧化的过氧化氢的数量成正比（见图 7-20b）。

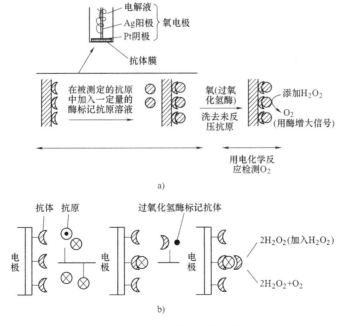

图 7-20　电流型免疫传感器工作原理

a）竞争法　b）夹心法

以利用过氧化氢酶作为酶标记的传感器为例说明工作原理：首先需将标记的过氧化氢酶抗原加入待测定溶液中，而后再将抗体膜免疫传感器插入处理后的待测溶液，此时未标记抗原（被测物）和标记抗原会通过竞争结合的方式与膜上的抗体结合；然后再将没有反应的抗原洗去；并将传感器插入测定酶活性的溶液中，这时测定液中氧的量便决定了传感器的电流值；最后向溶液中加入一定量的 H_2O_2，在膜上的过氧化氢酶将分解 H_2O_2 并产生 O_2，这时传感器的电流值将随之发生变化。检测食品中毒素的种类及电化学免疫传感器类型见表7-3。

表 7-3　检测食品中毒素的种类及电化学免疫传感器类型

毒素	免疫传感器类型	标记酶	检出限
SEB	阻抗型	—	10pg/mL
AFB1	电导型	辣根过氧化酶	0.1ng/mL
AFB1	阻抗型		0.1μg/L
AFB1	电流型	碱性磷酸酶	20pg/mL
AFB1	电流型	辣根过氧化酶	0.07ng/mL
AFM1	阻抗型	—	15ng/L
AFM1	电流型	辣根过氧化酶	39ng/L
河豚毒素（TTX）	电流型	碱性磷酸酶	0.016ng/mL
赫曲霉毒素 A（OTA）	电流型	碱性磷酸酶	0.2ng/mL
伏马毒素（FB）	电流型	辣根过氧化酶	5μg/L

（3）电容型免疫传感器　电容型免疫传感器是一种高灵敏非标记型免疫传感技术。当金属电极与电解质溶液接触时，会在电极/溶液的界面形成双电层，这个双电层类似一个电容器，电容器的方程为

$$C = \frac{A\varepsilon_0 \varepsilon}{d\varepsilon} \tag{7-8}$$

式中，C 是界面电容；ε_0 是真空介电常数；ε 是电极/溶液界面物质介电常数；A 是电极与溶液的接触面积；d 是界面层厚度。

在界面发生物理、化学性质变化可通过电极/溶液的界面电容灵敏地反映出来，当极性低的物质吸附到电极表面上时，界面层厚度 d 就会增大，介电常数 ε 就会减少，根据式（7-8）可知界面电容则会降低。电容型免疫传感器就是基于类似原理，抗体固定在电极表面，在检测过程中，抗原、抗体会在电极表面结合，降低界面电容，据此实现抗原浓度的检测。

（4）电导型免疫传感器　在化学反应中会产生或消耗多种离子体，造成溶液的总电导率发生改变，因此电导率测量法可大量用于化学系统中。电导型免疫传感器通常将一种酶固定在某种金属电极上（如金、银、铜、镍和铬等），在电场作用下测量待测物溶液的电导率会发生变化。虽然溶液的导电能力可通过化学反应产生或消耗离子的形式发生改变，但在实际中溶液的导电能力也易受被测样品离子强度和缓冲液容积的影响，并且难以克服非特异吸附。

2. 电化学酶传感器

酶（enzyme）是细胞产生以蛋白质为主要成分的、能加快反应速率并具有催化专一性的生物催化剂。酶能够识别底物分子，并可扮演催化剂的角色，使反应进程加速。通常将有

酶参与催化的这一类反应称为酶促反应。酶可以使反应加速 100 万倍以上。酶与底物结合形成复合物对反应的活化自由能有降低的作用，过渡态能量所需能量远远低于与无酶条件下所需的能量。酶作为催化剂的特性主要包含在五个方面：①酶与底物的关系类似锁和钥匙的关系，酶具有高度专一性（specification）或称为特异性，可选择性地结合底物，有效地防止了其他物质干扰；②酶的催化效率高，催化效率能够达到其他催化剂的 $10^7 \sim 10^{13}$ 倍；③酶的催化对环境有要求，通常需在温和条件下进行，因为酶也是一种蛋白质，一些极端的环境条件（如高温和酸碱）会造成酶失活；④有些酶（如脱气酶等）需要辅酶或辅基；⑤酶在体内的活力会常受多种方式调控。酶电极工作原理示意图如图 7-21 所示。

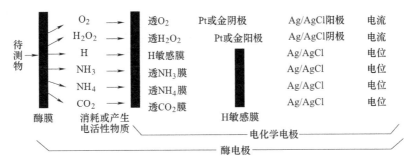

图 7-21　酶电极工作原理示意图

酶电极是首先在电极上固定酶，然后在酶的催化作用下，生物分子发生化学变化，而这些变化会通过信号转换器记录下来，实现待测物的浓度的间接测量。

以葡萄糖传感器为例，其包含由酶膜和 Clark 氧电极或过氧化氢电极几个部分。如图 7-22 所示，在葡萄糖氧化酶（GOD）的催化作用下，氧气（O_2）将氧化葡萄糖（$C_6H_{12}O_6$）。同时该反应的产物为葡萄糖酸内酯（$C_6H_{10}O_6$）和过氧化氢（H_2O_2），具体反应式为

$$C_6H_{12}O_6 + O_2 \xrightarrow{GOD} C_6H_{10}O_6 + H_2O_2$$

半透膜利用物理吸附的方法将 GOD 固定在靠近铂电极的表面，并且周围的氧浓度决定了 GOD 的活性。葡萄糖与 GOD 产生化学反应时，会生成两个电子和两个质子，同时氧以及反应产生的这

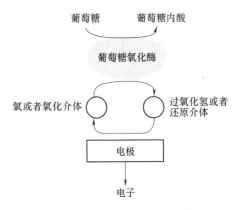

图 7-22　酶电极传感器测量葡萄糖

些电子、质子会将还原态 GOD 包围，发生进一步反应，在这一反应阶段便会产生过氧化氢及氧化态 GOD；GOD 回到最初的状态并可与更多的葡萄糖反应。在整个反应过程中，消耗氧气的量、生产过氧化氢的量均与葡萄糖浓度成正比。由于传感器中铂电极可检测氧的消耗及过氧化氢的生成，因此，这种方法可以实现葡萄糖浓度的测定。

（1）酶电极传感器　图 7-23 所示为基于氧测量的生物电极及其工作示意图。电流型酶电极传感器将酶促反应产生的物质量被氧化或还原等的变化转换成电流信号输出，并且在一定条件下，这些反应在电极上所产生的电流信号与被测物浓度呈线性关系。基本传感器有氧和过氧化氢等传感器。电势型酶电极传感器则是将酶促反应所引起的物质量的变化转变成电

势信号输出，并且电势信号大小与底物浓度的对数值呈线性关系，基本传感器有 pH 电极和气敏电极（如 CO_2 和 NH_3）等。

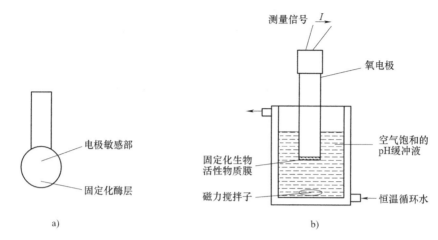

图 7-23 基于氧测量的生物电极及其工作示意图

a）基于氧测量的生物电极 b）基于氧测量的生物电极工作图

基于氧测量的葡萄糖电极，根据反应式可知，测量时该反应会消耗溶液中的氧。因此在氧电极头部组装一层固定化葡萄糖氧化酶膜，可以用氧电极测量葡萄糖的浓度（见图 7-24），反应式为

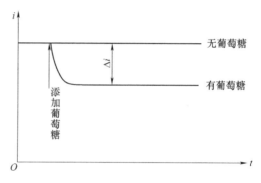

图 7-24 基于氧测量的葡萄糖电极测量原理

$$C_6H_{12}O_6 + O_2 + H_2O \xrightarrow{\text{GOD}} C_6H_{12}O_6 + H_2O_2$$

β-D- 葡萄糖   葡萄糖酸

利用固定氧化酶膜与溶解氧电极，还可以组装成很多类型的酶电极，如半乳糖电极、草酸电极、氨基酸电极、乙醇电极、尿酸电极、胆碱电极、总糖电极、麦芽糖电极、多巴胺电极和 BOD 电极等。植物组织电极中，如利用香蕉切片与氧电极组装成的多巴胺电极，香蕉组织内含的酶会催化多巴胺与氧反应，造成氧的消耗，从而引起溶解氧下降。

另外，BOD 电极是将微生物膜片固定化在氧电极透氧膜外夹上，并在电极透氧膜内加入酵母细胞、假单菌细胞等混合微生物细胞。利用常规方法测定水样的 BOD 值要 5 天时间，而利用这种方法制作的 BOD 电极测定只要数分钟，大大提升了检测效率。

基于氧传感器测量的生物电极主要包含两个特点：①此类型的生物传感器种类多，这是由于涉氧反应的氧化酶或微生物种类多；②所制成的酶电极工作寿命长，其寿命可达数月，可重复测量数百至数千次，这是因为氧化酶稳定性好，反应无须辅酶。

（2）基于 H_2O_2 传感器测量的生物电极 基于氧传感器所测量的生物电极响应曲线易受背景液及试样溶解氧水平影响，为了克服这些因素的影响，基于 H_2O_2 测量的生物电极应运而生。在利用这种电极的检测中，底物除了生成主产物外，还生成 H_2O_2 这一副产物，因此酶电极采用过氧化氢电极作基础电极，可以降低背景液及试样溶解氧水平的影响。

　　酶电极中只要是利用氧化酶和氧电极进行组装的，都可以选择 H_2O_2 电极作基础电极来构成基于 H_2O_2 测量的酶电极。基于 H_2O_2 测量的生物电极结构和工作原理如图 7-25 所示。

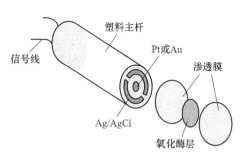

图 7-25　基于 H_2O_2 测量的生物电极结构和工作原理示意图

　　H_2O_2 兼具氧化性和还原性，但在酶电极中通常利用了 H_2O_2 的还原性，因为当利用它的氧化性时，无法较好排除溶氧的干扰。

$$O_2 + 2H^+ + 4e^- \longleftrightarrow H_2O_2 + 2e^- \longleftrightarrow 2OH^-$$

　　在利用过氧化氢电极检测过程中，阴阳两个电极间施加的电压大约在 $0.8 \sim 1.2V$。其中，阳极为中心 Pt 或 Au 极，施加正电压；Ag/AgCl 极为阴极，施加负电压。电极工作时渗透膜外侧的 H_2O_2 会通过膜内微孔内电解液传质到阳极表面，并在电压的作用下发生电化学反应，反应式为

$$H_2O_2 \longrightarrow O_2 + 2H^+ + 2e^-$$

　　与此同时，阴极的反应为

$$2AgCl(s) + 2e^- \longrightarrow 2Ag(s) + 2Cl^-$$

　　综上所述，总的电极反应为

$$H_2O_2 + 2AgCl(s) \longrightarrow 2Ag(s) + O_2 + 2H^+ + 2Cl^-$$

　　目前，基于此原理，已有多种型号分析仪商品制出并销售，例如，葡萄糖、乳酸和氨基酸等自动分析仪。同样基于此原理，市场上还有一种便携式血糖测定仪，可以实现糖尿病人对血糖的自我检测。通常这种仪器中包含一次性（丢弃型）使用的测试片，其上通过印刷方式制备了 H_2O_2 基础电极和酶膜，测试片大小类似 pH 试纸条。使用时从手指尖取血，并刮在测试片上，将测试片插入测定仪，几十秒后即得到测定结果，测量示意图如图 7-26 所示。

　　此外。还有氨基酸电极、醇电极、尿酸电极、乳酸电极、青霉素电极和亚硝酸离子电极。

7.2.4　生物传感器的发展趋势

1. 生物传感器的发展阶段

生物传感器的发展分为三个阶段，如图 7-27 所示，逐一对每个阶段进行分析。

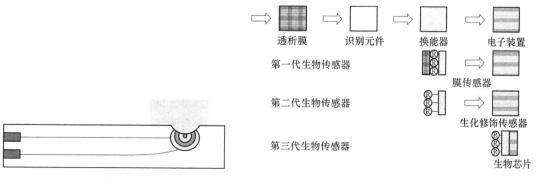

图 7-26　血糖测试卡示意图　　　　　　　　图 7-27　生物传感器的三个发展阶段

第一代生物传感（如葡萄糖传感器）包含非活性基质膜（透析膜或反应膜）和电化学电极，且在基质膜上固定了生物成分。

第二代生物传感器（如 SPR 传感器）不再需要非活性的基质膜，而是将抗体或受体蛋白作为生物识别元件，并且这些生物成分是利用直接吸附或共价结合的方式固定在转换器表面的，这类传感器在测试时也不再需要向待测样品中加入其他试剂。

表面等离子共振（surface plasmon resonance，SPR）生物传感器是一种光学检测仪器，其基于的是生物分子在识别并形成复合物的过程中，引起界面折射率的变化与特定波长入射光在界面形成的反射光衰减程度存在直接相关的原理。SPR 生物传感器可实现生物分子的实时、原位和动态观测，包括 DNA、RNA、多肽、蛋白质、寡聚糖、脂质/囊、病毒、细菌、噬菌体和细胞等之间的相互作用，已广泛应用于药物筛选、临床诊断、食物检测及环境监控和膜生物学等领域。

第三代生物传感器（如硅片与生命材料相结合制成的生物芯片）是通过直接固定的方式将生物成分固定在电子元件上，这样便实现了生物识别和信号转换处理的结合，它们可以在感知界面物质变化的同时对信号进行放大，因此这类传感器的结构相对前几代传感器更为紧凑。

2. 生物传感器的发展现状及趋势

生物传感器具有选择性好、快速和灵敏等优点，既可满足日常食品购买中的简单检测应用，又满足生产者、检测部门大规模食品检测的需求。图 7-28 所示为两个广泛应用的典型的生物传感器。近年来，随着生物科学、信息科学和材料科学的迅猛发展，多学科一系列研究成果的推动，生物传感器技术也得到了飞速发展。可以预见，未来的生物传感器发展趋势包含以下几个特点：

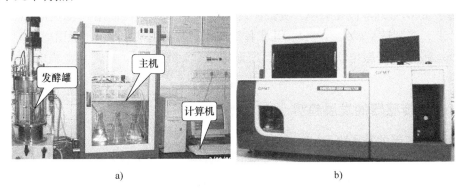

图 7-28 两个广泛应用的典型的生物传感器

a）SBA-60 型生物传感器乳酸在线分析系统 b）SPR 生物传感器

1）微型化。生物传感器逐渐向着微型化方向发展，这与微加工技术和纳米技术的不断成熟密不可分。目前，已涌现了不同类型的便携式生物传感器，满足了人们在不同场合使用的需求，例如，居家疾病诊断和食品品质安全的实地实时的检测等。

2）智能化与集成化。传感器与计算机的紧密结合已是未来生物传感器发展的必然趋势，两者结合形成检测的自动化系统，实现自动采集数据、进样、处理数据、得出更科学和更准确的结果的一条龙检测流程。同时，传感器领域中芯片技术逐渐占据重要位置，将推动实现检测系统的集成化和一体化。

3）低成本、高灵敏度、高稳定性和高寿命。这些特性是生物传感器技术发展必然要求，也会加速推进生物传感器市场化和商品化进程。

在今后的生物传感器的发展中，将以微型化、多功能化、芯片化和智能化为前提，开发出新一代低成本、高灵敏度、高可靠性、高寿命和具有仿生功能的生物传感器。

第 **8** 章
多传感器信息融合与大数据云计算技术简介

8.1 多传感器信息融合技术

8.1.1 多传感器信息融合的基本概念

现代智能装备的典型代表之一是机器人技术，机器人技术向智能化发展是必然的趋势，而传感器技术是智能化进程中必不可少的基础。由于单一传感器能够获得的信息非常有限，各分散的传感器获得的数据不可避免受到一定的制约，但是为了使机器人能够具备探测和数据采集等基本功能，通常又需要为机器人配备多种不同类型的传感器。独立的传感器采集的信息是孤立的，并没有考虑到与其协同作业的其他传感器采集到的数据，每个传感器各自完成自己的判断，但各传感器之间的内在联系并没有考虑进去，而且所有传感器累加起来的冗余信息也较多，增加了处理数据的工作量。同样的，若各传感器之间的综合信息没有很好的使用，在造成了信息资源浪费的同时，也降低了决策判断的准确性。

为了解决上述问题人们提出了多传感器融合（multi-sensor fusion）技术，多传感器融合又称为多传感器数据融合（multi-sensor data fusion）或称作多传感器信息融合（multi-sensor information fusion）。美国国防部支持并开发的声呐信号处理系统打开了多传感器信息融合的大门，其能够对多种信息获取、表示及对多传感器的内在联系进行分析，是一种多信息融合的综合处理技术应用。融合各个信息并做出综合处理，删除无用的错误信息与重复信息，保留其中正确的成分，优化各个数据之间的内部结构，寻找其内在联系，充分利用融合后的信息，可为信息处理的智能化奠定基础。

在采用了多传感器信息融合技术的机器感知系统中，多传感器信息如同人体的多感受器信息，计算机等数据处理装置相当于人类的大脑，各种信息融合模型和算法则可以类比为人脑进行信息融合所依据的经验、知识和思路。可以看出，机器系统的多传感器信息融合与人脑对多感受器信息的综合处理十分相似，实际上是对人脑处理综合性、复杂性问题功能的一种模拟。

多传感器信息融合相对于单传感器的优势在于能够综合利用多种信息源的不同特点，多方位地获得相关事物的信息，各信息之间进行相互校正可增强数据的可信度，提高整个系统的可靠性和精度，以实现对该事物更全面和更深入的理解，避免由于盲人摸象式的片面认知而做出错误的决策。

自然界中多传感信息融合的典型案例有很多。例如，双目视觉传感器的左目与右目分别获取二维图像信息，经大脑处理并融合后产生立体图像信息；在声音信号的处理中，左右耳同时获取来自物体的一维声音信号，将传入到双耳的时间差与声强传入大脑，大脑经信息融合后产生立体的声音信息，如图 8-1 所示。

自然界中异类多传感信息融合的典型案例也有很多，例如，在图 8-2 中，人类将通过五官获取的信息进行综合，结合自身记忆等先验知识，经过相应推理，做出相应判断和决策。而盲人摸象的寓言故事则可以更好地从反面说明多传感器信息融合的重要性和必要性。

运用多传感器信息融合技术能够大大提高人类对复杂事物的认知能力，因而在军事、智能制造、工业机器人、医疗、交通、目标识别与跟踪和故障诊断等众多领域均获得广泛应用。以自动驾驶汽车的智能驾驶系统（见图 8-3）为例，为确保自动驾驶汽车的安全驾驶，需要对复杂的行驶路况环境进行

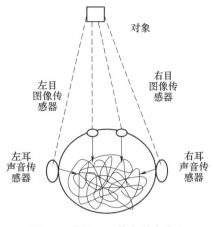

图 8-1　大脑——信息融合中心

实时探测和快速准确识别，进而利用有效的多传感器信息融合技术，通过整合激光雷达、毫米波雷达和视觉等多传感器信息，实现对环境信息的可靠感知，提升自动驾驶汽车在复杂环境下对环境探测与识别的准确性。

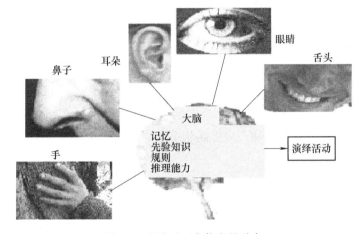

图 8-2　人脑对五官信息的融合

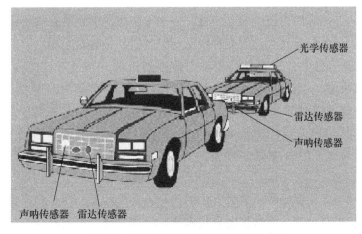

图 8-3　智能交通系统中的多传感应用

8.1.2 多传感器信息融合系统简介

1. 背景

现代战争随着科学技术的飞速发展已能够在海、陆、天、空、电磁五维结构中单独或多维度展开。在现代作战系统中，单传感器提供的作战信息较为孤立单一，已无法满足战斗需要，为了能够对观测的数据进行实时综合处理，必须运用多传感器融合技术提供观测数据，以便对战场情况能够更好地判断，从而达到更好的作战效果，在目前战争中已有的实践包含获取目标属性、判断行为意图、进行态势估计和威胁分析等。20世纪70年代起，多传感器信息融合这个新兴学科便迅速地发展起来，并在各武器平台、现代作战体系甚至民用领域上都得到了广泛的应用。

多传感器信息融合技术的研发在国外很早就开始了。美国的声呐信号理解系统是早期关于该技术的一项典型应用，该应用为信息融合技术的迅速发展提供了基础。

国内在此方面的研究起步较晚，基础比较薄弱。在20世纪80年代初我国科学家才开始多目标跟踪技术的研究，直到20世纪80年代末，国内对多传感器信息融合技术有了初步突破，之后逐步开始出现有关该技术研究的报道。随着我国对此研究的不断深入，在20世纪90年代初，在国内该领域逐渐形成高潮，并一直持续至今。在政府各部门的资助下，国内一批研究机构开展了广泛研究，经过不断努力取得了一大批理论研究成果，为我国智能化研究奠定基础。

2. 多传感器信息融合的定义

定义1：信息融合是一种多方面、多层次的信息处理过程，包括对多源数据进行自动检测、互联、关联、估计和组合处理，以提高状态和身份估计的准确性，同样对战场态势和威胁程度的有效评估具有重要意义。

定义2：在一定准则下，利用计算机技术自动分析按时间与空间序列获得的多个传感器的观测信息，通过优化综合信息的处理过程以完成所需的决策和估计任务。

定义3：信息融合是综合多源数据或信息并对实体状态进行估计和预报的过程。

……

目前，由于研究内容的广泛性和多样性，要对多传感器信息融合进行统一全面的定义是困难的，事实上，虽然信息融合已有多种定义，但其实质内容是基本一致的。

所谓多传感器信息融合是充分利用多个传感器资源，通过对这些传感器及其观测信息的合理支配和使用，把多个传感器在空间或时间上的冗余或互补信息依据某种准则来进行组合，以获得被测对象的一致性解释或描述，使该信息系统获得比它的各组成部分（或子集）所构成的系统更优越的性能。按照这一定义，融合各传感器的信息为该技术的基础，其加工的对象是多源信息，综合处理各融合信息并优化其内部结构是该技术的核心。

经典信号处理与多传感器数据融合方法的区别：经典信号处理是将模拟信号转化为数字信号并利用计算机进行处理，而数据融合技术所能处理的信息更加复杂，其处理信息的过程可以发生在不同的信息层之间，包含数据层、特征层与决策层。

8.1.3　多传感器信息融合的分类

军用系统与民用系统在信息融合方面存在着明显的差异，民用系统是在人为假定的环境下进行的研究，军用系统是根据未知的环境进行设计的，根据这些问题的性质不同，可将信息融合问题分为三类：设计世界、温和的现实世界和敌对的现实世界。

1）设计世界具备以下特点：首先设计条件是在已知的正常条件下进行，拥有可靠的、准确的信息源与固定的数据库资源，具备互相协作的系统要素等条件，如机器人视觉、工业过程监视与故障诊断和空中交通管制等。

2）温和的现实世界具备以下特点：设计条件中部分情况为已知状态，其数据源较为可靠但覆盖的范围较差，数据库中的资源内容是可变的，如病人监护、天气预报与金融系统等。

3）敌对的现实世界的特点是：在易受外界情况干扰、情况不易确定的条件下进行的，数据库高度可变，没有完整、精确和可靠的信息源，对系统有着较大的影响，且系统内部的各个系统要素之间不能实现协同作业，如各种军用、目标跟踪、陆海空警戒和导航系统等。例如，美国人开发的指挥自动化系统 C4ISR，C4 表示计算机（computer）、控制（control）、通信（communication）与指挥（command），I 表示情报（intelligence），S 表示监视（surveillance），R 表示侦察（reconnaissance）。

与人脑进行综合信息处理的过程较为类似，多传感器信息融合的基本原理是充分地支配和利用各个传感器的数据信息，使各种传感器在空间和时间上得到应用，将上述互补信息和冗余信息根据一定的优化准则结合起来，对外部观测环境做出一致的解释和描述。信息融合的目标是将单传感器的信息进行组合，形成更加有效的信息，使整个传感器系统的有效性得到提高，达到最佳协同。

8.1.4　多传感器信息融合模型

信息融合模型可以从功能模型、结构模型和数学模型等几个方面来研究和表示。

功能模型从融合过程开始，描述信息融合包括的主要功能、数据库，以及系统各组成部分相互作用所产生的信息融合。

结构模型从信息融合的组成入手，说明了信息融合系统的软硬件组成、相关数据流、系统与外部环境的人机交互界面。

数学模型是对信息融合算法和集成逻辑的综合。

本节主要讨论信息融合系统的功能和结构模型，进而简要描述常用的多传感器信息融合算法。

1. 信息融合系统的功能模型

信息融合系统的功能模型如图 8-4 所示。

（1）第一级——检测级信息融合　利用多传感器分布式检测系统在检测决策层或信号层进行的融合，检测级信息融合实现的功能可以概括为判断目标的存在与否。在多传感器分布式检测系统中，单个传感器获取的数据在处理前首先进行一定的预处理，预处理之后的信息经压缩再分配给其他传感器，在某一节点，将各自传感器分析处理得到的数据信息融合，并产生全局检测判决。按照融合判决方式不同，大体可分为硬判决融合和软判决融合两种处

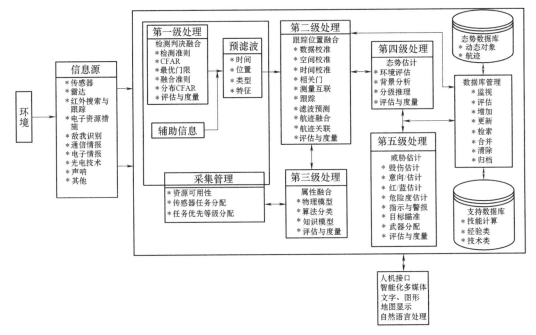

图 8-4　信息融合系统的功能模型

理形式，硬判决融合是指融合中心处理 0、1 形式的局部判决；软判决融合是指融合中心处理来自局部节点的统计量与置信度。对信息的压缩性预处理降低了对通信带宽的要求。而分布式多传感器的结构本身决定了可以对单一传感器的性能要求降低，节约成本。分散的信号处理方式特点是具备较高的计算能力，在高速通信网络条件下，可以完成非常复杂的算法。

（2）第二级——位置级信息融合　位置级信息融合的功能可概括为对目标状态（位置、速度和加速度等）的估计，是包含空间和时间信息的跟踪级信息融合，它是直接在传感器的状态估计和测量点迹或观测报告上进行的中间层次融合，也是最重要的融合。它通过综合来自多传感器的位置信息建立目标的航迹和数据库，包括数据校准、测量互联、跟踪、滤波预测、航迹关联及航迹融合等。

（3）第三级——属性级信息融合　目标识别（属性）层信息融合所实现的功能可概括为确定目标的身份，通常有三种实现方法：数据级信息融合、特征级信息融合和决策级信息融合。

1）数据级信息融合——对来自同等量级的传感器原始数据直接进行融合，然后对融合后的传感器数据进行特征提取和身份估计。

2）特征级信息融合——每个传感器观测一个目标并完成特征提取，以获得来自每个传感器的特征向量并对其进行融合，然后基于获得的联合特征向量来生成身份估计。

3）决策级信息融合——每个传感器都完成交换以便获得独立的身份估计，然后再对来自每个传感器的属性分类进行融合。

（4）第四级——态势估计　态势估计（situation assessment，SA）是对战场上战斗力量分布情况的评估过程。通过综合敌我双方的地理和气象环境等因素，将所观测到的战斗力量分布与活动和战场周围环境、敌人作战意图及敌机动性能有机地联系起来，分析确定事件发生的深层原因，得到关于敌方兵力结构、使用特点的估计，最终形成战场综合态势图。

（5）第五级——威胁估计 威胁估计（threat assessment，TA）的任务是，在态势估计的基础上，综合敌方破坏能力、机动能力、运动模式及行为企图的先验知识，得到敌方兵力的战术含义，估计出作战事件出现的程度或严重性，并对作战意图做出指示与警告。通常，威胁判定是通过将敌方的威胁能力，以及敌人的企图进行量化来实现的。态势与威胁评估（situation and threat assessment，STA）作为战场中的高层次信息处理过程，具体不作阐述，请参阅相关书籍。

（6）辅助功能 辅助功能是融合系统的重要组成部分之一，包括预滤波、采集管理、人机接口与评估计算等。

从功能层次上分析，第一级融合是一种低级融合，是在经典的信号检测理论上直接发展形成的；第二级融合和第三级融合属于中间层次，是进行态势评估和威胁估计的前提和基础，也是最重要的两级；第四级融合和第五级融合是决策层次上的融合，是系统指挥和辅助决策过程中的核心内容，它们包括对全局态势发展和某些局部形势的估计。实际的融合主要发生在前三级融合上。前三级的信息融合适合于任意的多传感器信息融合系统，而后两级的信息融合主要适用于军事应用系统。

2. 信息融合系统的结构模型

由于融合本身主要发生在检测、位置和属性层次，因此，在讨论信息融合系统的结构模型时，只考虑前三级融合结构。

（1）检测级融合结构 从分布检测的角度可将检测级融合的结构模型分为五种，即分散式结构、并行结构、串行结构、树状结构和带反馈并行结构。

1）分散式结构（见图 8-5）的每一个局部决策又都是最终决策，在一定的规则下，将这些子系统按照某种规则进行融合并被看作是一个大系统，然后按照某种最优化准则来确定出每个子系统的工作点。

2）并行结构（见图 8-6）是每一个局部节点接收未处理的原始数据并输出处理后的判断，所有的局部节点处理后的信号在检测中心进行融合并做出全局判断。这种结构通常在分布检测系统中具有普遍的应用。

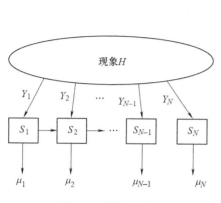

图 8-5 分散式结构

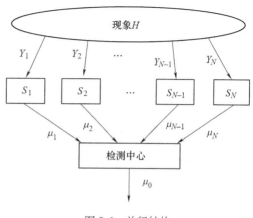

图 8-6 并行结构

3）串行结构（见图 8-7）中每个局部节点分别接收到各自的检测信号，局部节点 1 接收原始信号，并将自己的判决传递给节点 2，局部节点 2 融合自己的原始信号与节点 1 处理后的信号并将融合后的判决传递给节点 3，不断重复先前的过程，并将最后一个节点的判决作为全局判决。

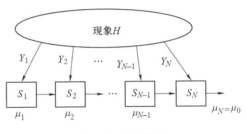

图 8-7 串行结构

4）树状结构（见图 8-8）中，信息在每一个子节点做出判断，并将信息处理结果向根节点方向进行传送，最后，将所有的信息于树根（融合节点）处进行融合，在树根节点融合传来的局部判决和自己的检测，最终做出全局判决。

5）带反馈并行结构（见图 8-9）中，在接收到观测数据之后，每个局部检测器经过处理并将其判决信息发送到融合中心，在一定的准则下，融合中心将所有决策进行融合，并将融合后的判决分别反馈给每一个局部检测点，使其作为该局部检测点的下一次输入。这种系统可以显著提高各局部节点的判决质量。

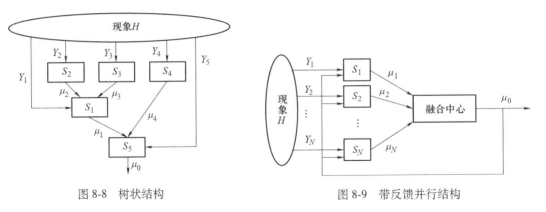

图 8-8 树状结构　　　　图 8-9 带反馈并行结构

（2）位置级融合结构　从多传感器系统的信息流通形式和综合处理层次来看，位置级融合结构模型主要可分为：集中式结构、分布式结构、混合式结构和多级式结构。

1）集中式结构：如图 8-10 所示，将传感器录取的检测报告集中传递到融合中心，然后进行数据对准、点迹相关、数据互联、航迹滤波、预测与综合跟踪。该结构的最大优点是可使信息损失达到最小，但数据关联较为困难，而且还要求系统具备大容量处理能力，因此计算负担重，系统生存能力也相对较差。

2）分布式结构：如图 8-11 所示，为实现检测与估计，首先每个传感器感知相应的信号信息，然后进行预处理以去除大部分误差，进而生成局部多目标跟踪航迹，随后将局部信息与检测报告送往融合中心进行融合。融合中心根据每个节点的航迹数据进行航迹关联与航迹融合，形成全局估计。因此，该系统既具备局部独立跟踪能力，又具有全局监视和评估能力。

3）混合式结构：如图 8-12 所示，混合式结构能同时传输经过局部节点处理过的航迹信息和传输探测报告信息，与上文两系统相比，该结构保留了二者的优点，但在计算和通信方面需要付出昂贵的代价。

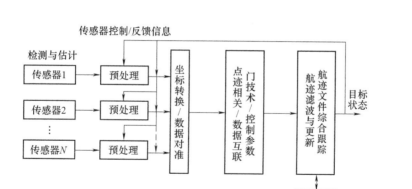

图 8-10　集中式结构

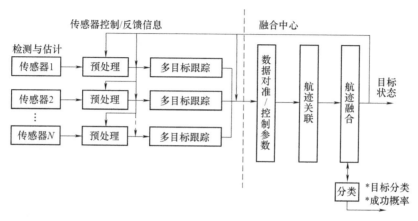

图 8-11　分布式结构

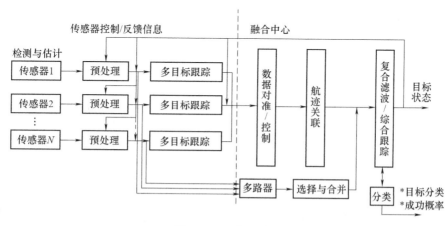

图 8-12　混合式结构

4）多级式结构：如图 8-13 所示，各局部节点可同时或分别是集中式结构、分布式结构或混合式结构的融合中心，可接收和处理来自多个传感器的数据或来自多个跟踪器的航迹，而系统的融合节点需要再次对各局部节点传来的航迹数据进行关联和融合,即目标的检测报告需要经两级以上的位置融合处理,因而该结构被称为多级式结构。

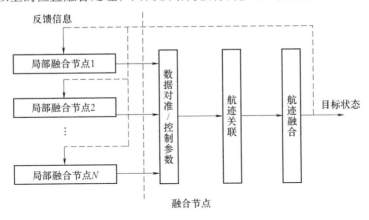

图 8-13　多级式结构

(3)属性级融合结构　普遍被学者所接受的多传感器数据融合层次,即属性级(目标识别)数据融合的三层融合结构:数据层属性融合结构、特征层属性融合结构和决策层属性融合结构。

1)数据层属性融合结构(见图 8-14):也称像素级融合结构,首先直接将来自同类传感器的观测数据进行融合,然后进行特征提取和属性判决。然后从融合的数据中提取特征向量,进而进行判断识别。数据层融合需要传感器是同质的(传感器观测的是同一物理量),若多个传感器是异质的(观测的不是同一个物理量),那么数据只能在特征层或决策层进行融合。数据层属性融合结构具有如下特点:

① 要求传感器为相同或同类的,即保证被融合的数据来自相同的目标或对象。

② 必须基于原始数据来完成上述的关联操作,以确保被融合的数据对应于相同的目标或客体。

此过程中不存在丢失数据的情况,得到的融合结果相对于其他手段较为准确,但计算量较为巨大,并且要求系统具有较强的通信带宽。

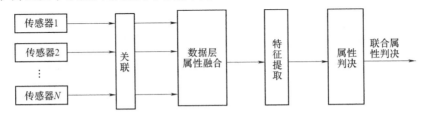

图 8-14　数据层属性融合结构

2)特征层属性融合结构:特征层融合属于中间层次融合,先从每种传感器提供的观测数据中提取有代表性的特征,这些特征融合成单一的特征向量,为了将特征向量划分为有意义的群组,必须应用关联过程。最后基于联合特征向量做出特征层属性融合判决,如图 8-15所示。该方法的计算量和对通信带宽的要求相对较低,但由于舍弃了部分数据,使其准确性有所下降。

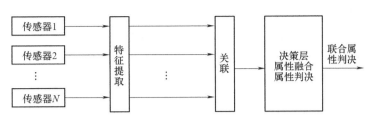

图 8-15　特征层属性融合结构

3）决策层属性融合结构：如图 8-16 所示，在决策层属性融合结构中，每个传感器为了获得一个独立的属性判决要完成一个变换，然后顺序融合来自每个传感器的属性判决。D_i 即第 i 个传感器的属性判决结果。决策层融合属于高层次的融合，由于对传感器的数据进行了浓缩，该方法产生的结果相对最不准确，但其计算量以及对通信带宽的要求却最低。

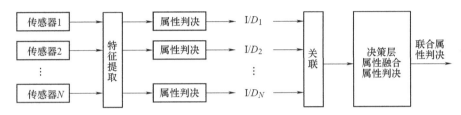

图 8-16　决策层属性融合结构

在一个系统的不同层次中都有可能发生融合。另外，对于特定的多传感器融合系统工程应用，为确定出在哪些层面上发生融合是最优的，应综合考虑传感器的性能、通信带宽、系统计算能力、期望准确率以及资金能力等因素。

8.1.5　多传感器信息融合算法

融合算法是融合处理的基础，是将多源输入数据根据信息融合的功能要求，在不同融合层次上采用不同的数学方法，对数据进行综合处理，最终实现融合。目前，已有大量的融合算法，例如，加权平均、卡尔曼滤波、贝叶斯估计、统计决策理论、Dempster-Shafer 证据推理法、模糊逻辑法、产生式规则法和神经网络方法等。总体上这些融合算法可被划归为三大类型：嵌入约束法、证据组合法和人工神经网络法。

1. 嵌入约束法

由多传感器所获得的客观环境（即被测对象）的多组数据就是客观环境按照某种映射关系形成的像，信息融合就是通过像来求解原像，从而实现对客观环境的了解。用数学语言描述，即所有传感器的信息也只能描述环境的某方面特征，而具有这些特征的环境却有很多，要使一组数据对应唯一的环境（即一一映射），就必须对映射的原像和映射本身加约束条件，使问题有唯一解。嵌入约束法最基本的方法是贝叶斯估计和卡尔曼滤波。

（1）贝叶斯估计　贝叶斯估计（Bayesian estimation）是一种常用于融合静态环境中多传感器低层数据的方法，适用于具有可加高斯噪声的不确定性信息，其信息描述为概率分布。假定完成任务所需环境的特征物用向量 f 表示，通过传感器获得的数据信息用向量 d 来表示，d 和 f 都可看作是随机向量。信息融合的任务就是由数据 d 推导和估计环境 f。假设

$p(f, d)$ 为随机向量 f 和 d 的联合概率分布密度函数，公式为

$$p(f, d) = p(f \mid d)p(d) = p(d \mid f)p(f) \tag{8-1}$$

式中，$p(f \mid d)$ 是在已知 d 的条件下，f 关于 d 的条件概率密度函数；$p(d \mid f)$ 是在已知 f 的条件下，d 关于 f 的条件概率密度函数；$p(d)$ 和 $p(f)$ 分别是 d 和 f 的边缘分布密度函数。在已知 d 时，要推断 f，只需掌握 $p(f \mid d)$ 即可，其公式为

$$p(f \mid d) = p(d \mid f)p(f) / p(d) \tag{8-2}$$

式 (8-2) 为概率论中的贝叶斯公式，是嵌入约束法的核心。由贝叶斯公式可知，只需知道 $p(d \mid f)$ 和 $p(f)$ 即可。因为 $p(d)$ 可看作是使 $p(f \mid d)p(f)$ 成为概率密度函数的归一化常数，$p(d \mid f)$ 是在已知客观环境变量 f 的情况下，传感器得到的 d 关于 f 的条件密度。当环境情况和传感器性能已知时，$p(f \mid d)$ 由决定环境和传感器原理的物理规律来确定。而 $p(f)$ 可通过先验知识的获取和积累，逐步渐近准确地得到，因此，一般总能对 $p(f)$ 有较好的近似描述。

在嵌入约束法中，在各种约束条件下，$p(f \mid d)$ 主要反映客观环境和传感器性能与原理，而反映主观经验知识的各种约束条件主要体现在 $p(f)$ 中。在传感器信息融合的实际应用过程中，通常是在某一时刻从多种传感器得到一组数据信息 d，并给出当前环境的一个估计 f。因此，实际中应用较多的方法是寻找最大后验估计 g，公式为

$$p(g \mid d) = \underset{f}{\text{Max}} p(f \mid d) \tag{8-3}$$

即最大后验估计是在已知数据为 d 的条件下，使后验概率密度 $p(f)$ 取得最大值的点 g，根据概率论，最大后验估计 g 满足：

$$p(g \mid d)p(g) = \underset{f}{\text{Max}} p(d \mid f)p(f) \tag{8-4}$$

当 $p(f)$ 为均匀分布时，最大后验估计 g 满足：

$$p(g \mid f) = \underset{f}{\text{Max}} p(d \mid f) \tag{8-5}$$

此时，最大后验概率也称为极大似然估计。

当传感器组的观测坐标一致时，可以采用直接法对传感器测量数据进行融合。在大多数情况下，多传感器可以从不同的坐标系描述环境中同一物体，这时传感器测量数据要以间接的方式采用贝叶斯估计进行数据融合。间接法要解决的问题是求出与多个传感器读数相一致的旋转矩阵 R 和平移矢量 H。

在融合传感器数据之前，必须确保测量数据代表同一对象，即要对传感器测量进行一致性检验。常用来判断传感器测量信息一致的距离公式为

$$T = \frac{1}{2} (x_1 - x_2)^{\mathrm{T}} C^{-1} (x_1 - x_2) \tag{8-6}$$

式中，x_1 和 x_2 为两个传感器测量信号，C 为与两个传感器相关联的方差阵，当距离 T 小于某个阈值时，两个传感器测量值是一致性的。这种方法的实质是剔除处于误差状态的传感器信息，而保留一致传感器数据来计算融合值。

（2）卡尔曼滤波（Kalman filter，KF）　卡尔曼滤波是在 20 世纪 60 年代初期由卡尔曼与布塞联合发表的论文中首次提出的线性滤波和预测理论，被称为卡尔曼滤波。其不需要信号与噪声都是平稳的过程，对于系统扰动和噪声做一些统计假设，在平均意义上能够求得真实值的估计值。卡尔曼滤波问世后在各行各业都得到了应用。在信息融合方面，其利用测量模型的统计特性对动态的低层次冗余传感器数据进行实时融合，递推决定统计意义下最优

融合数据合计。如果系统具有线性动力学模型,且系统噪声和传感器噪声可用高斯分布的白噪声模型来表示,KF 为融合数据提供唯一的统计最优估计,则其递推特性使系统数据处理不需大量的数据存储和计算。KF 分为扩展卡尔曼滤波(extended Kalman filtering,EKF)和分散卡尔曼滤波(decentralized Kalman filtering,DKF)。EKF 能够有效克服数据处理不稳定性或系统模型线性程度的误差对融合过程产生的影响,而 DKF 可完全分散融合的多传感器数据,使单个传感器节点破坏不会导致整个系统受到影响。

卡尔曼滤波是嵌入约束法传感器信息融合的最基本方法之一,如果准确地获得 $p(d \mid f)$,就需要预知先验分布 $p(f)$,并需要对多源数据的整体物理规律有较好的了解。

2. 证据组合法

证据组合法认为完成某项智能任务,是依据有关环境某方面的信息做出几种可能的决策,而多传感器数据信息在一定程度上反映环境这方面的情况。因此,分析每一数据作为支持某种决策证据的支持程度,并将不同传感器数据的支持程度进行组合,即证据组合,分析得出现有组合证据支持程度最大的决策作为信息融合的结果。

证据组合法是为完成某一任务的需要而处理多种传感器的数据信息。完成某项智能任务,实际是做出某项行动决策。它先对单个传感器数据信息每种可能决策的支持程度给出度量(即数据信息作为证据对决策的支持程度),再寻找一种证据组合方法或规则,在已知两个不同传感器数据(即证据)对决策的分别支持程度时,通过反复运用组合规则,最终得出全体数据信息的联合体对某决策总的支持程度,得到的最大证据支持决策,即信息融合的结果。

利用证据组合进行数据融合的关键在于选择合适的数学方法描述证据、决策和支持程度等概念,建立快速、可靠并且便于实现的通用证据组合算法结构。常用证据组合方法有:概率统计方法和 Dempster-Shafer 证据推理法。

(1)概率统计方法 假设一组随机向量 x_1,x_2,$\cdots$,x_n 分别表示 n 个不同传感器得到的数据信息,根据每一个数据 x_i 可对所完成的任务做出一决策 d_i。x_i 的概率分布为 $P_{a_i}(x_i)$,a_i 为该分布函数中的未知参数,若参数已知时,则 x_i 的概率分布就完全确定了。用非负函数 $L(a_i,d_i)$ 表示当分布参数确定为 a_i 时,第 i 个信息源采取决策 d_i 时所造成的损失函数。在实际问题中,a_i 是未知的,因此,当得到 x_i 时,并不能直接从损失函数中决定出最优决策。

先由 x_i 做出 a_i 的一个估计,记为 $a_i(x_i)$,再由损失函数 $L[a_i(x_i),d_i]$ 决定出损失最小的决策。其中利用 x_i 估计 a_i 的估计量 $a_i(x_i)$ 有很多种方法。概率统计方法适用于分布式传感器目标识别和跟踪信息融合问题

(2)Dempster-Shafer 证据推理法(D-S 证据推理法) 假设 F 为所有可能证据所构成的有限集,φ 为集合 F 中的某个元素(即某个证据),其中 $B(F)=1$ 且 $B(\varphi)=0$,首先引入信任函数 $B(f) \in [0,1]$ 表示每个证据的信任程度,可表达为

$$B(A_1 \cup A_2 \cup \cdots \cup A_n) \geqslant \sum_i B(A_i) - \sum_{i<j} B(A_i \cap A_j) + \cdots + (-1)^{n-1} B(A_1 \cap \cdots \cap A_n)$$

$$(8\text{-}7)$$

从式(8-7)可知,信任函数是概率概念的推广,因为从概率论的知识出发,式(8-7)应取等号得

$$B(A) = B(\overline{A}) \leqslant 1 \tag{8-8}$$

引入基础概率分配函数 $m(f) \in [0, 1]$ 得

$$\begin{cases} m(\varphi) = 0 \\ \displaystyle\sum_{A \in F} m(A) = 1 \end{cases} \tag{8-9}$$

由基础概率分配函数定义与之相对应的信任函数得

$$B(A) = \sum_{C \subseteq A} m(C) \tag{8-10}$$

式中，A，$C \subseteq F$，当利用 N 个传感器检测环境 M 个特征时，每一个特征为 F 中的一个元素。第 i 个传感器在第 k-1 时刻所获得的包括 k-1 时刻前关于第 j 个特征的所有证据，用基础概率分配函数表示，其中 $i = 1, 2, \cdots, m$。第 i 个传感器在第 k 时刻所获得的关于第 j 个特征的新证据用基础概率分配函数表示。由此可得第 i 个传感器在第 k 时刻关于第 j 个特征的联合证据。类似地，利用证据组合算法，由此可得在 k 时刻关于第 j 个特征的第 i 个传感器和第 i+1 个传感器的联合证据。如此递推下去，可获得所有 N 个传感器在 k 时刻对 j 特征的信任函数，信任度最大的即为信息融合过程最终判定的环境特征。

D-S 证据推理法的优点是：算法确定后，无论是静态还是时变的动态证据组合，其具体的算法都有共同的算法结构。但缺点是：当对象或环境的识别特征数增加时，证据组合的计算量会以指数倍增长。

3. 人工神经网络法

人工神经网络通过模仿人脑的结构和工作原理，设计和建立相应的机器和模型并完成一定的智能任务。神经网络根据当前系统所接收到样本的相似性，确定分类标准。这种确定方法主要表现在网络权值分布上，同时，可采用神经网络特定的学习算法来获取知识，得到不确定性推理机制。采用人工神经网络法的多传感器信息融合，分三个主要步骤：

1）根据智能系统要求及传感器信息融合的形式，选择其拓扑结构。

2）各传感器的输入信息综合处理为总体输入函数，并将此函数映射定义为相关单元的映射函数，通过神经网络与环境的交互作用，用环境的统计规律来反映网络本身的结构。

3）对传感器输出信息进行学习、理解，确定权值的分配，进而对输入模式做出解释，将输入数据向量转换成高级逻辑（符号）概念。

基于人工神经网络的传感器信息融合的特点是，具有统一的内部知识表示形式，通过学习算法可将网络获得的传感器信息进行融合，获得相应网络的参数，并且可将知识规则转换成数字形式，便于建立知识库；利用外部环境的信息，便于实现知识自动获取及并联想推理；能够将不确定环境的复杂关系，经过学习推理，融合为系统能理解的准确信号；由于人工神经网络具有大规模并行处理信息能力，使得系统信息处理速度很快。

8.1.6　应用与前景展望

1. 应用

信息融合技术在民事和军事上都有着十分广泛的应用，但军用与民用信息融合之间通常存在着明显的差别，这种差别的出现是由于大部分军事系统必须在"敌对的现实世界"中运行，而大部分民用系统在"设计世界"或"温和的现实世界"中运行。军用信息融合包括从单兵作战、单平台武器系统到战术和战略指挥、控制、通信、计算机、情报、监视和侦

察（C4ISR）任务的广阔领域。民用信息融合包括以下领域：工业过程监视、工业机器人、遥感、医学影像分析、毒品检查、病人照顾系统、金融系统、船舶避碰与交通管制系统和空中交通管制等，信息融合也是物联网的核心技术之一。

    民用信息融合的代表案例是医学图像融合（见图 8-17）。医学图像的处理对象是依据各种不同成像机理形成的各类医学影像，包括 X-射线断层扫描成像（X-CT）、核磁共振成像（MRI）、核医学成像（NMI）和超声波成像（UI）等。多模态医学图像的融合把有价值的生理功能信息与精确的解剖结构结合在一起，可以为临床提供更加全面和准确的资料。图像融合的主要目的，一方面通过对多幅图像间的冗余数据的处理来提高图像的可读性，另一方面通过对多幅图像间的互补信息的处理来提高图像的清晰度。融合图像的创建分为图像数据的融合与融合图像的显示两部分。目前，图像数据融合的方法主要分为两类，即以像素为基础的方法和以图像特征为基础的方法。前者对图像进行逐点处理，把两幅图像对应像素点的灰度值进行加权求和、灰度取大或者灰度取小等操作，算法简单但实现效果和效率都相对较差，融合后图像会出现一定程度的模糊。后者需要对图像进行特征提取、目标分割等处理，用到的算法原理复杂，但实现效果却较为理想。融合图像的显示常用的有伪彩色显示法、断层显示法和三维显示法等。伪彩色显示法一般以某个图像为基准，用灰度色阶显示，将另一幅图像叠加在基准图像上，用彩色色阶显示。断层显示法常用于某些特定图像，可将融合后的三维数据以横断面、冠状面和矢状面断层图像同步地显示，便于观察诊断。三维显示法是将融合后数据以三维图像的形式显示，使观察者可更直观地观察病灶的空间解剖位置，这在外科手术设计和放疗计划制定中有重要意义。

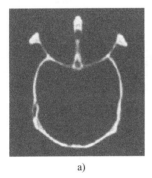 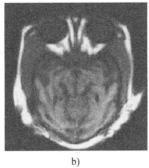 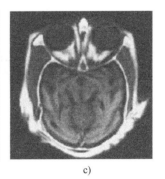

a)   b)   c)

图 8-17 医学图像融合

a）CT   b）MRI   c）融合图像

    采用合成孔径雷达（synthetic aperture radar，SAR）、卫星遥感等对地面进行监视，以识别地貌、气象模式、矿产、植物生长（农作物种植面积和产量预测）、环境条件（省气象局-火灾）和威胁状况（原油泄漏和辐射泄漏等）对物理现象、事件进行定位、识别和解释。在多源图像进行融合时，要利用像素级配准，通过高空间分辨率全色图像和低光谱分辨率图像的融合，得到高空间分辨率和高光谱分辨率的图像，融合多波段和多时段的遥感图像来提高分类的准确性。

    此外，多传感器信息融合在当前机器人、舰船和医学影像领域中也都有着广泛的应用。

2. 前景展望

在多传感器融合技术中，融合结构和融合算法都占有重要地位。随着多传感器融合研究与应用的深入，未来的多传感器融合将是一个更加复杂的信息处理过程。目前，已有大量的融合算法，它们都存在各自的优缺点，需要通过合理的融合结构将这些算法组合在一起，使其扬长避短，构成更加有效的融合方法。如何将实用算法与合理的结构有机结合在一起，为整个融合系统提供更加有效的融合策略，是未来多传感器融合研究所要解决的主要问题。多传感器融合还将面临的一个难题是动态与未知环境下的融合问题，这无疑会对融合方法提出更高要求。这不仅需要性能更好的融合算法，而且需要更加灵活的融合结构，提高融合系统的自适应性和鲁棒性。

8.2 大数据与云计算技术简介

8.2.1 泛在互联的时代

我们已进入无处不网、无时不网的时代，各行各业都随着互联网的兴起而得以迅速发展（见图 8-18）。

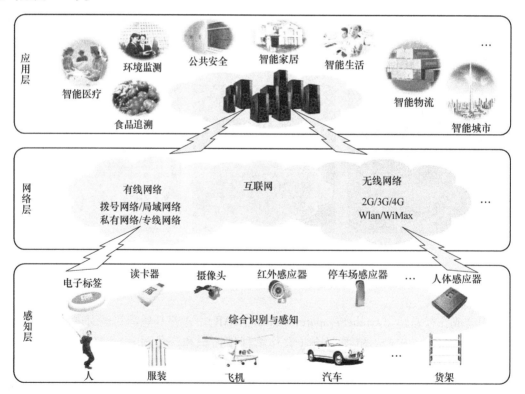

图 8-18 互联网影响着各行各业

现在大多数人已习惯把 IT 业与互联网业分开，前者专指互联网之前的传统信息产业，如以微软的软件、英特尔的处理器和戴尔的电脑等为核心的时代。后者专指以雅虎的邮箱、eBay 的拍卖和 Facebook 的社交网络等为核心的时代。但这两个"亚时代"都属于 IT，即信息技术或信息产业。前一个时代使信息的记录、计算和存储发生质变，而后一个时代使信息的传播发生质变。《IT 不再重要》指出：云计算的出现导致 IT 能力可以向亚马逊这样的大公司随需索取，使单独建立一套 IT 设施的需求大大降低。当互联网以及云计算解决了 IT 能力的使用成本后，会使得信息技术向更大范围的人群普及。其中的分水岭是上网本的出现：先前需要强大的处理器、显卡等硬件设备来武装电脑，而现在只需简单的上网终端就可完成之前需要使用强大的硬件支撑完成的工作，现在所需要的只是连上网络，登录个人云账号，利用网络服务器就可以完成我们的工作。

　　同样的，物物相连的思想当前已深入到我们的生活，例如，智能家居。在不久的将来，当我们出去上班时，扫地机器人将趁空闲时间打扫卫生，家电将会启动自我保护状态，智能监控系统与火警和警察自动连接以启动防控模式，每件家具都被贴上"标签"，实现接收、发射信息与自动操控功能，个人与家中的所有家电进行融合以对其进行轻松控制。而自动驾驶汽车将提前规划路径，根据路况实时分析花费时间最少的路径。在我们下班到家之前，空调会提前开始工作将室内温度调整到舒适程度，等我们回到家，发现衣服已洗好并码放整齐，屋子里面干干净净，晚饭也已准备好。此即互联网后的下一个时代即"物联网"时代，也称泛在互联的时代（见图 8-19）。

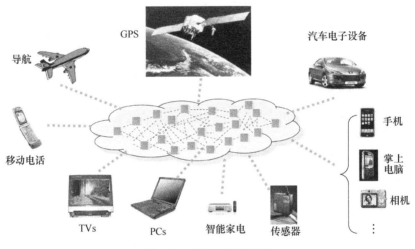

图 8-19　泛在互联的时代

　　在物联网时代，更多的信息将被纳入数字化处理体系，信息数字化是大势所趋。但目前为止，被数字化的信息只占到全部信息的一小部分。先前包含微软、亚马逊在内各大公司都在为历史图书的数字化问题提出建设性意见。生活中将信息与具体实践相结合也必然会擦出火花，例如，卫生部门将餐厅卫生信息与外卖行业结合，以便广大公民吃上放心食物。警察局将城市的犯罪信息和租房信息相融合，使租房者能够选择安全的居住环境。

8.2.2　大数据简介

1. 大数据的定义和特征

　　一天之中，互联网产生的全部内容可以刻满 1.68 亿张 DVD；发出的邮件达 2940 亿封之多（相当于美国两年的纸质信件数量）；发出的社区帖子达 200 万个（相当于《时代》杂志

770 年的文字量）；卖出的手机为 37.8 万台，高于全球每天出生的婴儿数量 37.1 万……每一天，全世界会上传超过 5 亿张图片，每分钟就有 20h 时长的视频被分享。大数据时代已然来临，国际数据公司（IDC）的研究结果表明：2008 年全球产生的数据量为 0.49ZB，2009 年的数据量为 0.8ZB，2010 年增长为 1.2ZB，2011 年的数量更是高达 1.82ZB，相当于全球每人产生 200GB 以上的数据。到 2012 年为止，人类生产的所有印刷材料的数据量是 200PB，全人类历史上说过的所有话的数据量大约是 5EB。《纽约时报》2012 年 2 月的一篇专栏中所称，"大数据"时代已经降临，在商业、经济及其他领域中，决策将日益基于数据和分析而做出，而并非基于经验和直觉。数据并非单纯指人们在互联网上发布的信息，全世界的工业设备、汽车、电表上有着无数的数码传感器，随时测量和传递着有关位置、运动、震动、温度、湿度乃至空气中化学物质的变化，也产生了海量的数据信息。

维基百科（Wikipedia）对大数据的定义是，巨量数据、海量数据，大数据指的是所涉及的数据量规模巨大到无法通过人工在合理时间内达到截取、管理、处理并整理成为人类所能解读的信息。在总数据量相同的情况下，与个别分析独立的小型数据集（data set）相比，将各小型数据集合并后进行分析可得出许多额外的信息和

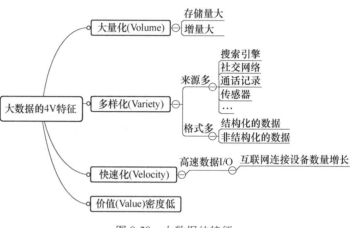

图 8-20　大数据的特征

数据关系，可用来察觉商业趋势、判定研究质量、避免疾病扩散、打击犯罪或测定实时交通路况等。大数据的特征（见图 8-20）如下：

1）大量化（Volume）：数据体量巨大。从 TB 级别，跃升到 PB 级别。

2）多样化（Variety）：数据类型繁多。网络日志、视频、图片、传感器数据和地理位置信息等。

3）快速化（Velocity）：处理速度快，1 秒定律，可从各种类型的数据中快速获得高价值的信息，这是和传统的数据挖掘技术有着本质的不同。

4）价值（Value）：合理利用低密度价值的数据并对其进行正确、准确的分析，将会带来很高的价值回报。

2. 数据中心

维基百科对数据中心的定义是："数据中心是一整套复杂的设施（见图 8-21）。它不仅仅包括计算机系统和其他与之配套的通信和存储系统等设备，还包含冗余数据通信连接、环境控制设备、监控设备以及各种安全装置"。在 *The Datacenter as a Computer* 一书中，将数据中心解释为"多功能的建筑物，能容纳多个服务器以及通信设备。这些设备被放置在一起是因为它们具有相同的环境要求以及物理安全上的需求，并且这样放置便于维护"，而"并不仅仅是一些服务器的集合"。

在信息时代，数据中心也为更多企业带来了便利和经济效益，例如，腾讯公司的 QQ 与

图 8-21　数据中心外内部

微信，几乎每一个手机用户都有。百度可为用户提供更便捷和智能的搜索服务，用户可以在百度中准确地获取病症的原因、症状和治疗信息等，还可以通过百度在线咨询医生、在线挂号，大大降低了人们获得医疗信息和服务的门槛。阿里巴巴云计算的出现，进一步促进了数据中心的发展。

8.2.3　云计算技术

1. 云计算的定义和特征

云计算是能够提供动态资源池、虚拟化和高可用性的下一代计算平台，借用了量子物理中的"电子云"（electron cloud），强调说明信息处理的弥漫性、无所不在的分布性和社会性特征，如图 8-22 所示互联网的生态，有机地将用户、云数据中心和服务等比喻为我们的生态圈。云计算技术可将计算任务分布在大量计算机构成的资源池上，使各种应用系统能根据需要获取计算力、存储空间和信息服务，其一般具备如下三个典型特征：

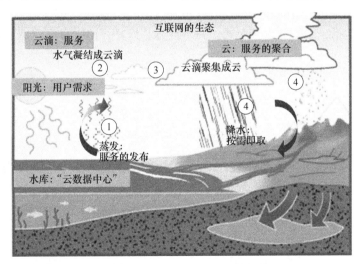

图 8-22　互联网的生态

　　1）硬件基础设施架构在大规模的廉价服务器集群之上；无须性能强悍、价格昂贵的大型处理计算机，只需使用大量廉价的服务器集群，尤其是 x86 架构的服务器即可构成云计算的基础框架。

2）应用程序与底层服务协作开发，最大限度地利用资源；传统的应用是建立在基础结构之上的，如操作系统。而云计算为了更加优化利用资源，采用底层服务与应用程序共同设计的方法完善程序构建。

3）通过多个廉价服务器之间的冗余，使用软件获得高可用性。由于使用的是服务器集群，节点之间产生失效是不可避免的，甚至存在节点同时失效等情况。在软件设计的时候，需要考虑到节点之间的容错问题，提高冗余节点的可用性。

2. 云计算与大数据的关系

提到"大数据"，在互联网时代，这个词对于我们并不陌生，我们每个人都知道在逛手机淘宝时，你搜索什么商品，淘宝首页就会推荐给你想要的相关产品，这就是我们大众所知道的大数据，但是大数据真的就这么简单吗？其实，大数据比你想象的还要强大。例如，通过淘宝搜索商品，首页就会给你推荐相应的产品，这里我们有个专业名词，称为"用户画像"，对于用户画像，我们了解的还只是片面的，相似商品推荐只是其中的一部分，还有很多我们不知道的隐藏功能，如我们在注册一个账号时，输入的所有信息，其实都进入到了大数据里面，所以在大数据中，每个人都是数据化的个体，由生活习惯、购物习惯、身体状况和消费情况等将每个人区分。

如此强大的大数据，其中无数的数据是怎么处理的呢？这就离不开云计算了，通俗来讲，大数据和云计算的关系十分紧密，不能单独分开而论，单台计算机必然无法完成大数据的处理，而是使用分布式计算架构。它依托云计算的分布式处理、分布式数据库、云存储和虚拟化技术来实现对数据的挖掘，二者之间的关系（见图 8-23）可以理解为，大数据是水，云计算技术是一个容器，大数据要依靠云计算技术来进行存储和计算，就像水要依靠容器来容纳一样。

云计算的特点是超大规模、虚拟化、高可靠性、极其廉价、按需服务和高可扩展性等，其关键技术主要包括：虚拟化、分布式、并行计算、海量存储、桌面应用、资源调度和安全等（见图 8-24）。

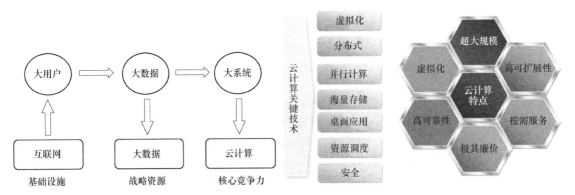

图 8-23 用户、数据与云计算关系　　　　图 8-24 云计算特点与关键技术

3. 云平台与虚拟化技术

（1）云平台的特征 硬件管理对使用者或购买者高度抽象：用户不知道数据是在哪个位置的哪几台机器处理的，也不知道是怎样处理的，当用户需要某种应用时，用户向"云"发出指示，短时间内结果就呈现在屏幕上。云计算分布式的资源向用户隐藏了实现细节，并

最终以整体的形式呈现给用户。使用者或购买者对基础设施的投入被转换为运营成本
（operating expense，OPEX），企业和机构不再需要规划属于自己的数据中心，也不需要将精
力耗费在与自己主营业务无关的 IT 管理上。他们只需要向"云"发出指示，就可以得到不
同程度、不同类型的信息服务。节省下来的时间、精力和金钱，就都可以投入到企业的运营
中。对于个人用户而言，也不再需要投入大量费用购买软件，"云"中的服务已经提供了相
应所需要的功能，任何困难都可以解决。基础设施的能力具备高度的弹性（增和减），可以
根据需要进行动态扩展和配置。云计算平台可以大致分为以下三类：

1）以数据存储为主的存储型云平台。

2）以数据处理为主的计算型云平台。

3）计算和数据存储处理兼顾的综合云计算平台。

云平台的服务类型包括：

1）软件即服务。

2）平台即服务。

3）附加服务。

软件即服务面向用户，提供稳定的在线应用软件。用户购买的是软件的使用权，而不是
购买软件的所有权。用户只需使用网络接口便可访问应用软件。对于一般的用户来说，他们
通常使用如同浏览器一样的简单客户端。供应商的服务器被虚拟分区以满足不同客户的应用
需求，对客户来说，软件即服务的方式无需在服务器和软件上进行前期投入。对应用开发商
来说，只需为大量客户维护唯一版本的应用程序即可。

平台即服务的含义是一个云平台为应用的开发提供云端的服务，而不是建造自己的客户
端基础设施。例如，一个新的软件即应用服务的开发者在云平台上进行研发，云平台直接的
使用者是开发人员而不是普通用户，它为开发者提供了稳定的开发环境。

每一个安装在本地的应用程序本身就可以给用户提供有用的功能，而一个应用有时候可
以通过访问"云"中的特殊的应用服务来加强功能。因为这些服务只对特定的应用起作用，
所以它们可以被看成一种附加服务。例如，Apple 的 iTunes，客户端的桌面应用对播放音乐
及其他一些基本功能非常有用，而一个附加服务则可以让用户在这一基础上购买音频和视
频。微软的托管服务提供了一个企业级的例子，它通过增加一些其他以"云"为基础的功
能（如垃圾信息过滤和档案功能等）来给本地所安装的交换服务提供附加服务。

（2）虚拟化机制和虚拟化技术　虚拟化是一个广义的术语，是指计算元件在虚拟的基
础上而不是真实的基础上运行，是一个为了简化管理、优化资源的解决方案。如同空旷、通
透的写字楼，整个楼层没有固定的墙壁，用户可以用同样的成本构建出更加自主适用的办公
空间，进而节省成本，发挥空间最大利用率。这种把有限的固定的资源根据不同需求进行重
新规划以达到最大利用率的思路，在 IT 领域称为虚拟化技术。

虚拟化技术可以扩大硬件的容量，简化软件的重新配置过程。CPU 的虚拟化技术可以
单 CPU 模拟多 CPU 并行，允许一个平台同时运行多个操作系统，并且应用程序都可以在相
互独立的空间内运行而互不影响，从而显著提高计算机的工作效率。

虚拟化技术与多任务以及超线程技术是完全不同的。多任务是指在一个操作系统中多个
程序同时并行运行，而在虚拟化技术中，则可以同时运行多个操作系统，而且每一个操作系
统中都有多个程序运行，每一个操作系统都运行在一个虚拟的 CPU 或者是虚拟主机上；而

超线程技术只是单 CPU 模拟双 CPU 来平衡程序运行性能，这两个模拟出来的 CPU 是不能分离的，只能协同工作。

维基百科（Wikipedia）的虚拟化定义：虚拟化是表示计算机资源的抽象方法，通过虚拟化可以用与访问抽象前资源一致的方法访问抽象后的资源。这种资源的抽象方法并不受现实、地理位置或底层资源的物理配置的限制。IBM 的虚拟化定义：虚拟化是资源的逻辑表示，它不受物理限制的约束。

虚拟化的三层含义：①虚拟化的对象是各种各样的资源；②经过虚拟化后的逻辑资源对用户隐藏了不必要的细节；

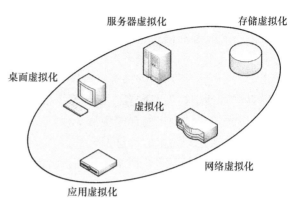

图 8-25　虚拟化范围

③用户可以在虚拟环境中实现其在真实环境中的功能。虚拟化（见图 8-25）包括：网络虚拟化、存储虚拟化、桌面虚拟化、服务器虚拟化和应用虚拟化。

8.2.4　数据中心与云计算架构基础

云计算不仅是技术，更是服务模式的创新。云计算之所以能够为用户带来更高的效率、灵活性和可扩展性，是基于对整个 IT 领域的变革（见图 8-26），其技术和应用涉及硬件系

图 8-26　云计算影响着各个行业

统、软件系统、应用系统、运维管理和服务模式等各个方面。云计算架构的核心思想是"资源池",通过建立基础设施资源池、平台资源池和服务资源池,以一种扁平化的方式,满足各业务信息系统的共享交换,为信息共享平台的研究提供了新的理论和技术支撑。在资源池中,各资源之间是平等的,资源之间的同步维护简单,打破了以往集中模式带来的瓶颈,这种"灵动型"架构对业务应用的影响降到了最低点。

云计算提供了一种共享资源的架构方法,可以将各种资源连接起来,形成资源池以提供服务,以安全和可扩展的方式让资源可以随需访问和共享。在云计算平台中的资源具有动态调配、按需提供和获取便利的优势。云计算架构(见图 8-27)由三层以及贯穿上下的安全层和管理层构成。

图 8-27 基于云计算的架构

在云计算架构模型中,最底层是基础设施层,在基础设施层中主要是物理资源池,物理资源池涵盖服务器、存储设备和网络设备等大量资源。服务器和存储设备等可以整合组成服务器集群、资源存储池等,这些资源池同处在物理资源池中,由物理资源池统一管理,为上层应用提供基础支持,如计算资源池和存储资源池等,以便创造协同的工作基础等。平台层,指可以提供业务应用部署的集成环境,提供公用业务及算法模型运行环境,可以有效地降低部署在业务系统上的压力。应用层,以服务的方式提供用户服务,满足用户的服务需求。管理层和安全层贯穿基础设施层、平台层和应用层,对云计算架构中的资源和任务等进行监控、协调管理及安全维护等。

根据云计算的部署范围可以将"云"分为三类(见图 8-28):公共云、私有云和混合云。

私有云(或称专属云)是部署在企业内部或组织内部,其应用只在企业内部或组织内部开放,不支持限制范围以外的公众应用,这种云应用方式称为私有云。与传统的系统相比,私有云面向企业资源的共享应用,基础设施动态灵活,

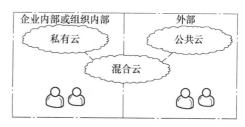

图 8-28 三种"云"之间的关系

降低了系统架构的复杂性,整合优化了企业内部信息资源。在此种基础架构之上可以通过自动化部署应用,并设置业务驱动策略提供服务,使系统资源能够更加容易地满足业务需求的变化,减少资源重新配置和软件部署的时间。相对于公共云,私有云的用户完全拥有整个"云"中设施(如中间件、服务器、网络和磁盘),可以控制应用程序的部署,控制云服务发布使用范围。由于私有云的服务提供对象是针对企业或组织内部,因此,私有云上的服务受到的影响、需要考虑的限制和安全措施等比公共云上更少,如在私有云中应用需要的带宽、费用等可以根据业务需要制定,而且,通过用户范围控制和网络限制等手段,私有云与公用云相比具有更高的安全性和数据私密性。

公共云是提供给多个企业或多个组织以及公众共同使用,此种"云"应用称为公共云。云服务提供商提供从物理基础设施、系统运行环境到应用软件等各方面资源的配置、管理、维护及部署。终端用户通过与云服务连接获取自己需要的资源,并且要为自己使用的资源支付一定的费用,使用公共云可以提高应用速度。但在公共云中,终端用户无法控制底层的物理基础设施,不了解使用资源的配置情况,不知道使用资源的安全状况。所有的安全性和可

靠性等都依赖于构建公共云的第三方。目前，典型的公共云包括："Google App Engine"
"Amazon EC2"和"IBM Developer Cloud"等。

混合云是把公共云和私有云结合到一起的方式。利用混合云，可以发挥公共云和私有云各自的优势。对于可控性要求高、安全性要求高的关键应用部署在私有云上，对于系统内没有足够资源支撑的应用，如超大规模计算，或者主要业务面向公众，为了缩短建设周期和建设成本，可以部署在公共云上。然而，由于私有云和公共云中服务组件间的交互和部署尚未有很好的解决方案，因此同时采用公共云和私有云会带来额外的网络和安全问题，增加整体设计和实施难度。

8.2.5　典型的云计算系统平台

云计算平台也称为云平台，是指基于硬件资源和软件资源的服务，提供计算、网络和存储能力。国外云计算有微软云计算（见图8-29）及惠普云计算等（见图8-30）。

图 8-29　微软云计算

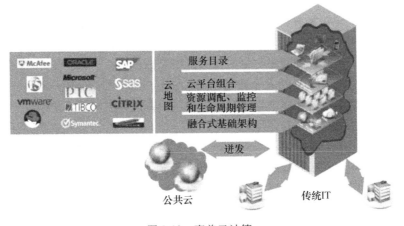

图 8-30　惠普云计算

我国云计算技术从 2015 年开始飞速发展。目前，云计算产业发展已较为成熟。2010 年 2 月腾讯公司开始提供云服务；此外，阿里巴巴公司旗下的阿里云（Alibaba Cloud）与亚马逊云 AWS 同属一个梯队，可以提供 ECS 虚拟服务器服务、OSS 共享存储服务和支持主流关系数据库等较为完善的服务。中国移动为方便客户也在其原有基础上开发中国移动云（见图 8-31）。2011 年华为公司推出了华为云，其特点是按需收费、弹性部署和电信级安全等，并提供 ECC 弹性计算云、OSS 对象存储服务和云托管等服务。

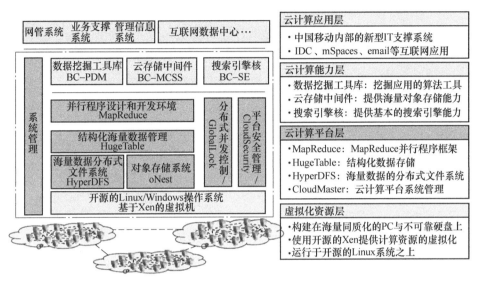

图 8-31　中国移动云

阿里云在技术服务和云计算技术的发展上都处于前列，而阿里云技术则是支撑阿里巴巴电商、金融、物流、移动、数娱和健康等业务高速发展的重要基石，将强大的计算能力开放分享给全社会，为所有拥抱创新的组织与个人赋能，计算经济独有的商业模式让梦想人人可及。当前，"互联网+"已成为各产业发展的主要趋势，产业技术、社会经济和政策环境皆向数据信息化转变，数据是创新创业最重要的生产资料，在供需高效匹配、产业互联网升级、社会化降本增值、商业模式创新和跨界竞合中正在起到关键而深入的作用。要基于已有业务模式产生商业创新增值，唯有依托公共云计算，实现在线全息大数据的实时使用，跨企业、跨地域、跨行业的数据共存、互通和共用是关键。阿里云的定位是"打造社会未来的商业基础设施"，在数字经济时代，大数据日趋成为必不可少又随处可见的生产要素。阿里云基于 YunOS 系统，将其旗下各类产品进行底层融合并打造生态服务，构筑"平台+金融+数据"的生态系统。阿里试图以其大数据涵盖购物、消费、金融、物流和文娱等多个维度。除了其在电商之外，还有互联网金融系统（支付宝和蚂蚁金服等）、互联网文娱/健康系统（光线传媒、华谊兄弟和 DT 财经等）、大互联网生态圈投资（高德、UC 和魅族等），不断完善和填补阿里生态系统的版图。阿里的生态系统建立在一个个完整的生态链之上，通过在物流、支付、金融、电子商务及云计算领域的战略布局，形成资金流、物流和信息流互通的内部生态系统，同时，以阿里云对内部生态系统得到的客户数据处理和分析，通过阿里小贷等应用程序向目标客户推荐新领域产品，如金融产品、体育产品和文娱产品等，建造起资金外围生态圈（见图 8-32）。

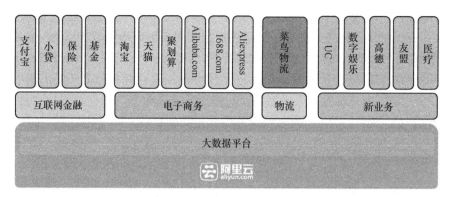

图 8-32   阿里云大数据平台

参 考 文 献

[1] 王仲生，陈东．智能检测与控制技术［M］．西安：西北工业大学出版社，2002．

[2] 方崇智，萧德云．过程辨识［M］．北京：清华大学出版社，1988．

[3] 李海青，黄志尧．软测量技术原理及应用［M］．北京：化学工业出版社，2000．

[4] 舒宁，马洪超，孙和利．模式识别的理论与方法［M］．武汉：武汉大学出版社，2004．

[5] 高隽．人工智能网络原理及仿真实例［M］．2 版．北京：机械工业出版社，2007．

[6] 刘金琨．智能控制［M］．4 版．北京：电子工业出版社，2017．

[7] 机智的博子．特征值和特征向量［EB/OL］．（2016-05-07）［2020-06-30］．https：//blog. csdn. net/fu-ming2021118535/java/article/details/51339881．

[8] 侯媛彬，杜京义，汪梅．神经网络［M］．西安：西安电子科技大学出版社，2007．

[9] 胡向东．传感器与检测技术［M］．3 版．北京：机械工业出版社，2018．

[10] 张志伟，曾光宇，李仰军．光电检测技术［M］．4 版．北京：清华大学出版社，2018．

[11] 喻萍，郭文川．单片机原理与接口技术［M］．北京：化学工业出版社，2006．

[12] 郁有文，常健，程继红．传感器原理及工程应用［M］．4 版．西安：西安电子科技大学出版社，2014．

[13] 0fk6wd5ap9k9ej0rajxj79_ majia. B 超的基本原理与性能指标 PPT 课件［EB/OL］．（2015-05-13）［2020-06-23］．https：//www. docin. com/p-1149763969. html．

[14] 沈功田，耿荣生，刘时风．声发射信号的参数分析方法［J］．无损检测，2002，24（2）：72-77．

[15] 陆婉珍．现代近红外光谱分析技术［M］．2 版．北京：中国石化出版社，2007．

[16] 帕克，卢仁富．食品和农业中的高光谱成像技术［M］．王伟，等译．北京：科学出版社，2020．

[17] 栾桂东，张金铎，金欢阳．传感器及其应用［M］．3 版．西安：西安电子科技大学出版社，2018．

[18] 张先恩．生物传感器［M］．北京：化学工业出版社，2006．

[19] 王润生．信息融合［M］．北京：科学出版社，2007．

[20] 何友．多传感器信息融合及其应用［M］．2 版．北京：电子工业出版社，2007．

[21] 韩崇昭，朱洪艳，段战胜，等．多源信息融合［M］．2 版．北京：清华大学出版社，2010．